新自动化——从信息化到智能化

工业控制网络技术

主　编　赵新秋

参　编　秦昆阳　贺海龙　冯　斌　王　一
　　　　曾云峰　郑晓龙　王　帅

机械工业出版社

本书系统地阐述了几种市场占有率较高的工业控制网络技术的通信协议、技术特点、硬件实现以及系统设计等内容，旨在介绍工业控制网络技术及应用。全书共分为6章，第1章主要介绍了工业控制网络的概念、研究意义及发展现状。第2～5章详细介绍了当今已经具有极大市场占有率和良好应用前景的四种主流工业控制网络技术：PROFIBUS控制网络、Modbus控制网络、CAN控制网络、DeviceNet控制网络。第6章简要介绍了其他几种工业控制网络技术，工业以太网：Ethernet/IP、EtherCAT、EPA；WLAN：WAPI，并简要分析了控制网络的选用原则。

本书可供普通高等院校自动化、计算机科学与技术等专业的研究生和高年级本科生使用，也可供从事工业控制网络系统设计与应用开发的技术人员参考。

图书在版编目（CIP）数据

工业控制网络技术／赵新秋主编 .—北京：机械工业出版社，2022.5
（2025.2 重印）

（新自动化：从信息化到智能化）

ISBN 978-7-111-70341-9

Ⅰ.①工… Ⅱ.①赵… Ⅲ.①工业控制计算机－计算机网络 Ⅳ.① TP273

中国版本图书馆 CIP 数据核字（2022）第 043087 号

机械工业出版社（北京市百万庄大街 22 号 邮政编码 100037）
策划编辑：罗 莉 责任编辑：罗 莉 杨 琼
责任校对：郑 婕 张 薇 封面设计：鞠 杨
责任印制：单爱军

北京虎彩文化传播有限公司印刷

2025 年 2 月第 1 版第 5 次印刷

184mm×260mm · 15 印张 · 371 千字

标准书号：ISBN 978-7-111-70341-9

定价：69.80 元

电话服务 网络服务
客服电话：010-88361066 机 工 官 网：www.cmpbook.com
010-88379833 机 工 官 博：weibo.com/cmp1952
010-68326294 金 书 网：www.golden-book.com
封底无防伪标均为盗版 机工教育服务网：www.cmpedu.com

前　言

随着工业"4.0 时代"概念的提出，以智能制造为主导的第四次工业革命悄然开始。"智能工厂""智能生产""智能物流"成为未来工业的三大主题，旨在通过信息通信技术和网络空间虚拟系统将制造业推向智能化。智能工厂已经被确定为全球制造业未来的发展目标，同时也是我国制造业转型升级的重要突破口，而智能工厂的精髓就是在工业领域的各个层面建立通信网络，使生产智能化和管理信息化深度融合。

工业控制网络是工业控制领域的通信网络技术，是计算机技术、通信技术与自动控制技术相结合的产物，工业控制网络的出现导致了传统控制系统结构的变革，形成了网络控制系统的新型结构，这是继基地式气动仪表控制系统、电动单元组合式模拟仪表控制系统、集中式数字控制系统、集散控制系统之后的新型控制系统，它已成为当今自控领域研究的热点，被誉为跨世纪的自控新技术。工业控制网络技术主要包括现场总线技术、工业以太网技术和工业无线网络技术。工业控制网络技术被广泛地应用于各个领域，许多国家都投入大量的人力和物力来研究开发该项技术，出现了工业控制网络技术与产品百花齐放、百家争鸣的态势。作者编写本书的目的在于向读者介绍工业控制网络的基础知识，以及当今流行的几种工业控制网络的通信协议、技术规范、通信控制芯片、应用电路与应用系统的设计开发等内容。希望本书能够对工业控制网络方面的研究开发、技术培训及技术推广应用起到积极的推动作用。

本书是编者在长期从事"工业控制网络"教学工作的基础上，结合多年来的教学经验和科研成果，并参考相关的国内外文献编写而成的。本书由赵新秋主编，秦昆阳、贺海龙、冯斌、王一、曾云峰、郑晓龙、王帅参与编写。其中，第 1 章由赵新秋编写，第 2、4 章由赵新秋、王一、王帅编写，第 3、5 章由秦昆阳、贺海龙、冯斌编写，第 6 章由赵新秋、曾云峰、郑晓龙编写，吕桐、杨贵翔、孙海涛、杨文龙、李云龙参与部分绘图工作。本书在编写过程中得到了机械工业出版社以及燕山大学电气工程学院的领导和同事们的支持，在此表示诚挚的谢意！在本书完成之际，对书末所附参考文献的作者，在此一并表示衷心的感谢！

由于工业控制网络技术仍处于不断发展的过程中，书中如有不妥之处，恳请读者批评指正。

编　者
2022 年 2 月

前　言

第 1 章

绪　论

工业控制网络是一种自动控制领域的网络技术，是计算机网络与自动控制技术相结合的产物。随着自动控制、网络、微电子等技术的发展，大量智能控制芯片和智能传感器的不断涌现，网络控制系统已经成为自动控制系统发展的主流方向，工业控制网络技术在自动控制领域的作用与日俱增。

1.1　工业控制网络技术的研究意义

随着工业"4.0 时代"概念的提出，以智能制造为主导的第四次工业革命悄然开始。"智能工厂""智能生产""智能物流"成为未来工业的三大主题，旨在通过信息通信技术和网络空间虚拟系统将制造业推向智能化。智能工厂已经被确定为全球制造业未来的发展目标，同时也是我国制造业转型升级的重要突破口，而智能工厂的精髓就是在工业领域的各个层面建立通信网络，使生产智能化和管理信息化深度融合。

智能工厂不仅能够实现生产过程的自动控制、远程监控，还能够将各生产厂家的生产管理、物流管理及仓库管理信息进行整合，实现用户需求与生产计划的实时匹配，避免资源浪费，提高生产效益，满足客户个性化定制产品的实时服务需求。工业 4.0 具有的三大技术特征：高度自动化、高度信息化、高度网络化，能够实现工厂内部的纵向集成、产业链的端到端集成、生态的横向集成。工业控制网络作为一种应用于工业生产环境的信息网络技术，从诞生之初，就担负着现场设备之间、现场设备与控制装置之间的数据传输功能，是现代工业自动化生产体系中的重要组成部分和工厂信息化的基础。它的构建必将成为智能工厂建设的核心。

工业控制网络技术是实现工业现场级控制设备数字化通信的一种技术，它可以使用一条通信电缆将带有智能模块和数字通信接口的现场设备连接起来，实现全分布式数字通信，完成现场设备的控制、监测、远程参数化等功能。它打破了自动控制系统作为工厂里信息孤岛的局面，实现了整个生产过程中设备之间及系统与外界之间的互联互通、实时控制，为安全、节能、高效生产创造了条件。

近年来，随着工业控制网络的发展，其实用性、灵活性不断提高，应用范围不断扩展，应用需求逐年增加。然而，应用的快速增长也必然伴随着各厂商在这一领域的激烈竞争。时至今日，受到不同厂商支持的各种工业控制网络纷纷搭建了自己的平台，许多不同的通信协议已成为工业控制网络市场中的标准协议，因此，希望支持市场所需不同协议，或者希望在同一台设备中支持多种协议的工业控制系统设计人员就要面临开发时间增加的问题。不同种类的工业控制网络之间是可以互联和互通的，但设备间不能互操作。在工业4.0大背景下，要想构建高速、高效、大数据安全的工业控制网络，我们必须了解目前通用的主流工业控制网络协议，它们的应用特点以及如何实现互联互通，争取在未来的某一天最终解决工业控制网络的多标准问题。

1.2 工业控制网络

1.2.1 工业控制网络概述

随着计算机网络技术的发展以及人们对自动控制水平要求的不断提高，计算机网络技术日益向自动控制领域渗透，工业控制网络应运而生。工业控制网络简称控制网络，是应用于自动控制领域的计算机网络技术。

在工业生产过程中，除了计算机及其外围设备，还存在大量检测工艺参数数值与状态的变送器和控制生产过程的控制设备。这些设备的各功能单元之间、设备与设备之间以及这些设备与计算机之间遵照通信协议，利用数据传输技术进行数据交换。

工业控制网络就是指将具有数字通信能力的测量控制仪表作为网络节点，采用公开、规范的通信协议，把控制设备连接成可以相互沟通信息，共同完成自控任务的网络系统。

与普通的计算机网络系统相比，工业控制网络具有以下特点：

1）具有实时性和时间确定性。

2）信息多为短帧结构，且交换频繁。

3）可靠性和安全性高。

4）网络协议简单实用。

5）网络结构具有分散性。

6）易于实现与信息网络的集成。

目前，工业控制网络技术主要包括现场总线技术、工业以太网技术以及工业无线网络技术。

1.2.2 现场总线

按照国际电工委员会（International Electrotechnical Commission，IEC）对现场总线一词的定义，现场总线是一种应用于生产现场，在现场设备之间、现场设备与控制装置之间实行双向、串行、多节点数字通信的技术。

现场总线技术产生于20世纪80年代。随着微处理器与计算机功能的不断增强及价格的急剧下降，计算机网络系统得到了迅速发展，信息通信的范围不断扩大。而处于企业生产底层的自动控制系统，仍在通过开关、阀门、传感测量仪表间的一对一连线，用电压、电流的模拟信号进行测量控制，或者采用某种自封闭式的集散系统，这使得设备之间以及系统与外界之间的信息交换难以实现，严重制约了自动控制系统的发展。要实现企业的信息集成，实施综合自动化，就必须设计一种能在工业现场环境运行的、可靠性高、实时性强、价格低廉的通信系统，形成工厂底层网络，完成现场设备之间的多节点数字通信，实现底层设备之间，以及自动化设备与外界的信息交换。现场总线就是在这种形势下发展形成的。

1.2.3　工业以太网

工业以太网技术是普通以太网技术在工业控制网络中的延伸。所谓工业以太网，是指采用与商用以太网（IEEE 802.3 标准）兼容的技术，选择适应工业现场环境的产品构建的控制网络。

随着工业自动化技术和信息技术的不断发展，建立统一开放的通信协议和网络，在企业内部，从底层设备到高层，实现全方位的信息系统无缝集成成为网络控制系统亟待解决的问题。现场总线显然难担此任，而工业以太网则是解决这一问题的有效办法。

20 世纪 90 年代中期，以往用于办公自动化的以太网开始逐渐进入工业控制领域。由于以太网具有应用广泛、价格低廉、通信速率高、软硬件产品丰富、应用技术成熟等优点，它开始被广泛应用于工业企业综合自动化系统中的资源管理层、制造执行层，并呈现向下延伸直接应用于工业控制现场的趋势。为了促进以太网在工业领域中的应用，国际上成立了工业以太网协会（Industrial Ethernet Association，IEA），工业自动化开放网络联盟（Industrial Automation Network Alliance，IAONA）等组织，在世界范围内推进工业以太网技术的发展、教育和标准化管理，在工业应用领域的各个层次运用以太网。美国电气与电子工程师协会（Institute of Electrical and Electronics Engineers，IEEE）也着手制定现场装置与以太网通信的标准。据美国权威调查机构 ARC（Automation Research Company）报告，今后 Ethernet 不仅继续垄断商业计算机网络和工业控制系统的上层网络通信市场，也必将领导未来现场控制设备的发展，Ethernet 和 TCP/IP 将成为器件总线和现场设备总线的基础协议。

1.2.4　工业无线网络

所谓无线网络，是指无需布线就能实现各种通信设备互联的网络。在工业环境中使用的无线网络，称之为工业无线网络。工业无线网络技术是一种新兴的，面向现场应用的信息交互技术。

工业无线网络技术通常分为两类：短距离通信技术和广域网通信技术。短距离通信技术是目前工业领域应用最广泛的无线通信技术，主要包括 WLAN、蓝牙以及 RFID 等传统短距离通信技术和以 WirelessHART、ZigBee、ISA100.11a、WIA-PA 等为代表的面向工业应用的专用短距离通信技术。它具有覆盖频率宽、使用范围广、连接设备数量大等特点。随着工业领域各类无线通信需求的不断增加，蜂窝移动通信技术以及基于蜂窝技术的低功耗广域网技术也开始应用在工业领域中。目前已经在工业领域应用的广域网通信技术包括 2G/3G/4G 蜂窝移动通信技术，以及以 NB-IoT、eMTC、Multefire、LoRa 等为代表的低功耗广域网技术。此外，5G 技术正在不断推进与发展。广域网通信技术具有传输距离远、带宽低、功耗低等特点。

工业无线网络技术是一种测控成本低、应用范围广的革命性技术，具有结构简单、组网灵活等优点，不仅适用于普通的工业环境，还适用于高温、高噪声、偏远地区等不适宜人工操作的环境。据艾默生的测算,无线网络技术可以降低 60% 的设备成本,减少 65% 的设备管理时间并且能够节省 95% 的布线空间。工业无线网络技术是对各类工业有线网络技术的重要补充,已经成为工业控制网络的一个重要发展方向。

1.3 网络控制系统

1.3.1 网络控制系统的发展

以控制网络为基础的控制系统称为网络控制系统,它改变了传统控制系统的结构,是一种新型结构的控制系统。自动控制系统的发展主要经历了五个阶段:气动信号控制阶段、模拟信号控制阶段、集中式数字控制阶段、集散式数字控制阶段、网络控制阶段。

20 世纪 50 年代以前,由于当时的生产规模较小,检测控制仪表尚处于发展的初级阶段,所采用的仅仅是安装在生产现场、只具备简单测控功能的基地式气动仪表,其信号仅在本仪表内起作用,一般不能传送给别的仪表或系统,即各测控点只能处于封闭状态,无法与外界沟通信息。操作人员只能通过对生产现场的巡视,了解生产过程的状况。

随着生产规模的扩大,操作人员需要综合掌握多点的运行参数与信息,需要同时按多点的信息实行操作控制,于是出现了气动、电动系列的单元组合式仪表,出现了集中控制室。生产现场各处的参数通过统一的模拟信号,例如 0.02 ~ 0.1MPa 的气压信号,0 ~ 10mA、4 ~ 20mA 的直流电流信号,1 ~ 5V 直流电压信号等,送往集中控制室,在控制盘上连接。操作人员可以坐在控制室纵观生产流程各处的状况,并可以把各单元仪表的信号按需要组合,连接成不同类型的控制系统。

由于模拟信号的传递需要一对一的物理连接,信号变化缓慢,提高计算速度与精度的开销、难度都较大,信号传输的抗干扰能力也较差,因此人们开始寻求用数字信号取代模拟信号,从而出现了直接数字控制。由于当时数字计算机的技术尚不发达,计算机价格昂贵,人们企图用一台计算机取代尽可能多的控制室仪表,于是出现了集中式数字控制系统。但当时计算机的可靠性还较差,一旦计算机出现某种故障,就会造成所有相关控制回路瘫痪,生产停产的严重局面,这种危险集中的系统结构很难为企业所接受。

随着计算机可靠性的提高,价格的大幅度下降,出现了数字调节器、可编程序控制器(Programmable Logic Controller,PLC)以及由多个计算机递阶构成的集中与分散相结合的集散控制系统。这就是今天正在被许多企业采用的 DCS。在 DCS 中,测量变送仪表一般为模拟仪表,因而它是一种模拟数字混合系统。这种系统在功能、性能上较模拟仪表、集中式数字控制系统有了很大进步,可在此基础上实现装置级、车间级的优化控制。但是在 DCS 形成的过程中,由于受计算机系统早期存在的系统封闭的缺陷影响,各厂家的产品自成系统,不同厂家的设备不能互连在一起,所以难以实现互换与互操作,组成更大范围信息共享的网络系统存在很多困难。

控制网络则突破了 DCS 中因专用网络的封闭造成的缺陷,采用开放化、标准化的解决方案,把来自不同厂商而遵守同一协议规范的自动化设备连接成控制网络,组合成各类控制系统，实现综合自动化的各种功能。这就是新型的网络控制系统。它改变了 DCS 中模拟、数字信号混合，一个简单控制系统的信号传递需历经从现场到控制室，再从控制室到现场的往返专线传递过程。由于控制网络中的作为节点的现场仪表具备通信与数字计算能力，依靠几个位于生产现场的控制设备之间的数据通信便可支持多种控制功能，因而这种在控制网络支持下完全在生产现场形成的控制系统结构，又称为全分布式控制系统。

应该指出的是，在发展日新月异的时代，控制系统的结构形式也不是一成不变的。工业 4.0 的提出，对控制网络技术的发展也造成了强大的影响与冲击，制造商正在改变控制系统的结构，使它朝着更加开放、兼容的方向前进。

1.3.2　网络控制系统的优点

由控制网络构成的网络控制系统与传统的控制系统相比具有以下优点：

第一，结构简单，安装、维护方便。传统模拟控制系统采用一对一的设备连线，它必须在位于现场的测量变送器与位于控制室的控制器之间，控制器与执行器、开关、电动机之间进行一对一的物理连接。而网络控制系统则可以在一条双绞线上（无线网络不需要电缆）挂接几个、几十个自控设备，这与传统设备间一对一的接线方式相比，可节省大量的线缆、槽架、连接件。连线设计与接头校对的工作量也大大减少。当需要增加现场控制设备时，一般无需增设新的电缆，可就近连接在原有的网络上，既节省了投资，也减少了设计、安装的工作量。有些控制网络技术还支持总线供电，通信总线在为多个自控设备传送数字信号的同时，还为这些设备传送直流工作电源。图 1-1 给出了网络控制系统与传统控制系统的结构比较。

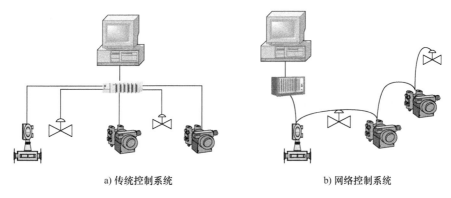

a) 传统控制系统　　　　　　　　　　　　　b) 网络控制系统

图 1-1　网络控制系统与传统控制系统的结构比较

第二，信息集成度高。控制网络采用总线式串行通信，除了传输测量控制的状态与数值信息外，还可以提供信息管理，能实现各现场节点之间、现场节点与过程控制管理层之间的信息传递与沟通，并实现各种复杂的综合自动化功能。

第三，现场设备测控功能强。在网络控制系统中，现场控制仪表被植入微处理器，因此它具有数字计算和数字通信能力。这一方面提高了信号的测量、控制和传输精度，另一方面丰富了控制信息，并可以实现信息的远程传输，还可以提供参数调整、故障诊断、阀门开关的动作次数等信息，便于操作管理人员更好、更深入地了解生产现场和自控设备的运行状态。在图 1-1b 中位于现场的测量变送仪表与阀门等执行机构之间直接借助网络传送信号，控制系统功能可直接在现场完成，而不依赖控制室的计算机或控制仪表。

第四，便于实现远程监控。控制网络的出现，打破了自动化系统原有的信息孤岛的僵局，为工业数据的集中管理与远程传送，以及自动化系统与其他信息系统的沟通创造了条件。控制网络跟办公网络和 Internet 的结合拓宽了控制系统的视野与作用范围，为实现企业的管理控制一体化、实现远程监视与操作提供了基础条件。

1.4 控制网络与信息网络的关系

1.4.1 控制网络与信息网络的区别

控制网络技术源于信息网络技术，又与一般的信息网络有许多不同。控制网络应用于工业现场环境，在现场设备之间、现场设备与计算机之间传递测量控制信息，最终实现监视控制现场设备的目的。它不同于以传输信息和资源共享为目的的信息网络，具有自己的独特之处。控制网络与信息网络的不同主要表现在以下几个方面：

1）控制网络具有较高的数据传输实时性和系统响应实时性。一般情况下，信息网络的响应时间要求为 2.0 ～ 6.0s，甚至有时可以忽略；而过程控制系统的响应时间要求为 0.01 ～ 0.5s，制造自动化系统的响应时间要求为 0.5 ～ 2.0s。

2）控制网络具有较强的环境适应性和较高的可靠性。工业现场环境相对比较恶劣。控制网络应具有在高温、振动、腐蚀，特别是在电磁干扰的工业环境中长时间、连续、可靠地传输数据的能力，并能抵抗工业电网的浪涌、跌落和尖峰干扰，在易燃易爆的场合具有本质安全特性。

3）控制网络必须解决多家公司产品和系统在同一网络中的相互兼容问题，即互操作性的问题。

1.4.2 控制网络与信息网络的集成

工业企业网络一般包含处理工业控制系统管理与决策信息的信息网络和处理控制现场实时测控信息的控制网络两部分。信息网络一般处于企业中上层，处理大量的、变化的、多样的信息，具有高速、综合的特征。控制网络主要位于企业中下层，处理实时的、现场的信息，具有实时性强、安全可靠等特征。

将控制网络和信息网络集成主要基于以下几点考虑：

1）可以建立企业综合实时信息库，为企业的优化控制、调度决策提供依据。

2）可以建立分布式数据库管理系统，保证数据的一致性、完整性和可操作性。

3）可以实现对现场设备及控制网络的远程监控、优化调度及远程诊断等功能。

4）可以实现控制网络的远程软件维护与更新功能。

5）可以将测控网络连接到更大的网络系统中，如 Intranet、Extranet 和 Internet。

控制网络和信息网络集成，可以通过以下几种方式加以实现。

（1）采用硬件实现

在控制网络和信息网络之间加入中继器、网桥、路由器等专门设备，把控制网络和信息网络集成起来。硬件设备可以是一台专门的计算机，依靠其中运行的软件完成数据包的识别、解释和转换；硬件设备还可以是一块智能接口网卡，完成现场总线设备与以太网中监控计算机之间的数据通信。这种集成方式功能较强，但实时性较差。信息网络一般是采用 TCP/IP 的以太网，而 TCP/IP 没有考虑数据传输的实时性。当现场设备有大量信息上传或远程监控操作频繁时，转换接口将成为实时通信的瓶颈。

（2）采用动态数据交换（Dynamic Data Exchange，DDE）技术实现

当控制网络和信息网络之间有一个共享工作站或通信处理机时，可采用 DDE 方式实现两者的集成。通信处理机既是信息网络上的一个工作站，也是控制网络的一个工作站或分布式控制系统的上位机。通信处理机完成控制网络和信息网络的动态数据交换任务。Windows 动态数据交换系统实际上是一种协议，DDE 协议使用共享内存的方式在应用程序之间传输数据，完成应用程序之间的数据交换。这种 DDE 集成方式具有较强的实时性，而且比较容易实现，可以采用 Windows 技术，但是协议转换较复杂，软件开销比较大，只适合配置简单的小系统。

（3）采用统一的协议标准实现

采用统一的协议标准是实现控制网络和信息网络完全集成的最好办法。由于控制网络和信息网络采用了面向不同应用的协议标准，因此两者的集成需要进行某种数据格式的转换，这将使系统复杂化，也不能保证数据的完整性。如果控制网络的协议提高其传输速度，信息网络的协议提高其实时性，两者的兼容性就会提高，二者可以合而为一。

如现在工业控制领域比较流行的工业以太网。它是在以太网技术和 TCP/IP 技术的基础上开发出来的一种控制网络，可以方便地实现与 Internet 的集成。目前工业以太网协议有多种，如 PROFINET、HES、Ethernet/IP、Modbus TCP 等，要广泛应用于工业控制还有很多具体的问题需要解决。

（4）采用数据库访问技术实现

当控制网络采用以太网时，控制网络中的工作站可采用 Windows 操作系统平台。信息网络一般采用开放数据库系统，这样可以方便地通过数据库访问技术实现控制网络和信息网络的集成。信息网络 Intranet 的一个浏览器接入控制网络，通过 Web 技术，该浏览器可与信息网络数据库进行动态的、交互式的信息交换，实现控制网络和信息网络的集成。

（5）采用 OPC 技术实现

OPC（OLE for Process Control，应用于过程控制的 OLE）技术是由世界上多个自动化公司、软硬件供应商与微软合作开发的一套数据交换接口的工业标准，它能够为现场设备、自动控制应用、企业管理应用软件之间提供开放、一致的接口规范，为来自不同供应商的软硬件提供"即插即用"的连接。OPC 在软件之间建立单一的数据访问规范，这个接口规范不但能够应用于单台计算机，而且可以支持网络上的分布应用程序之间的通信和不同平台上应用程序之间的通信，该技术完全支持分布应用和异构环境下应用程序之间的无缝集成和互操作性。

OPC 技术的主要特点是"即插即用"。它采用标准方式配置硬件和软件接口，一个设备可以很容易地加入现有系统并立即使用，不需要复杂的配置，且不会影响现有的系统。

1.5 工业控制网络的发展

1.5.1 工业控制网络的发展历程

现场总线技术产生于 20 世纪 80 年代,但对它的研究开发却是后来之举。这一方面是因为信息时代各项技术的发展对自动化系统提出了新的要求,促进了该领域的网络化、信息化进程;另一方面也是出于它本身所蕴涵的技术潜力。欧洲、北美、亚洲的许多国家都投入巨额资金与大量人力研究开发该项技术,出现了现场总线技术与产品百花齐放、兴盛发展的态势。

随着现场总线技术的发展,形成了各式各样的企业、国家、地区及国际标准。单就国际标准而言,国际标准化组织 ISO、IEC 都参加了该项标准的制定。但由于行业、地域发展历史和商业利益的驱使以及种种经济社会的复杂原因,总线标准的制定工作并非一帆风顺。在历经了多年的艰难历程和波及全球的现场总线标准大战之后,迎来的依然是多种总线并存的尴尬局面。

与 DCS 比较,现场总线技术具有明显的优势,曾被认为是 21 世纪控制系统的主流,但随着控制网络技术的发展,也暴露出许多问题。现场总线的开放性是有条件的、不彻底的,它没有统一的标准。不同总线的技术侧重点不同,各有针对的领域,缺乏可以满足不同工业应用要求、为各工业领域所普遍接受的统一的现场总线标准,不同总线设备之间难以实现互操作与互换,现场总线与信息网络无缝集成难度大。人们开始不断完善现场总线技术,寻找新的出路,开始关注以太网。

20 世纪 90 年代中期,当现场总线大战正酣时,以太网开始逐渐进入工业控制领域。由于以太网基于 TCP/IP 技术,具有技术成熟、成本低廉、通信速率高,易与信息网络无缝集成等特点,它被人们认为是未来控制网络的最佳解决方案。目前,在国际上有多个组织从事工业以太网的标准化工作,2001 年 9 月,我国科技部发布了基于高速以太网技术的现场总线设备研究项目,其目标是攻克应用于工业控制现场的高速以太网的关键技术,其中包括解决以太网通信的实时性、可互操作性、可靠性、抗干扰性和本质安全等问题,同时研究开发相关高速以太网技术的现场设备、网络化控制系统和系统软件。

21 世纪初期,在现场总线和工业以太网博弈未果之际,工业无线网络悄悄兴起。工业无线网络是从新兴的无线传感器网络发展而来的,相比于现有的工业有线网络具有明显的优势:1)可大幅降低网络建设和维护成本。无线网络能够快速部署,无须在现场、车间、厂房等环境铺设线缆及相关保护装置,可以使测控系统的安装与维护成本降低。2)提高生产线的灵活性。无线技术实现了现场设备的移动性,提高了生产设备部署的灵活性,可以根据工业生产及应用需求,快速进行生产线的重构,为实现柔性生产线奠定技术基础。3)实现部署环境的广泛性。由于无线技术突破了线缆部署限制,具有网状、星型等多种网络部署架构,在各种工业场景下都可实现快速部署。许多国家对工业无线网络的发展都非常重视。德国"工业 4.0 研发白皮书"及"工业 4.0 实施战略及参考架构"将无线技术作为工业 4.0 网络通信技术研究和创新中的重要组成部分。美国工业互联网联盟(IIC)专门成立了网络连接组来开展网络技术的研究,其中 Wi-Fi、

NFC、ZigBee、2G/3G/4G 等无线技术成为连接传输层的重要技术。"中国制造 2025"对"互联网＋制造业"的发展基础进行了规划，并提出加快制造业集聚区光纤网、移动通信网和无线局域网的部署和建设。我国由中科院沈阳自动化研究所牵头自主研制的工业无线网络技术 WIA－PA 和 WIA－FA，已成为中国国家标准（国家标准编号为 GB/T 26790.4–2020）和欧洲标准。

1.5.2 工业控制网络标准化

伴随着工业控制网络的发展，形成了各式各样的企业、国家、地区及国际工业控制网络标准。国际标准化组织（ISO）和国际电工委员会（IEC）都加入了该项标准的制定。我国工业过程测量和控制标准化技术委员会（SAC/TC124）也制定了相应的中国国家标准。

国际电工委员会于 1985 年成立了 IEC/TC65/SC65C/WG6 工作组，开始制定现场总线标准。经过近十年的努力，IEC 61158.2 现场总线物理层规范于 1993 年正式成为国际标准；IEC 61158.3 和 IEC 61158.4 链路服务定义和协议规范经过 5 轮投票于 1998 年 2 月成为 FDIS 标准；IEC 61158.5 和 IEC 61158.6 应用层服务定义与协议规范于 1997 年 10 月成为 FDIS 标准。1999 年第一季度，SC65C 决定将 FDIS 作为技术规范出版，于是产生了 IEC 61158 第一版现场总线标准。

随后各国代表为了各自的利益，提出了各种修改 IEC 61158 第一版技术规范的动议。2000 年 1 月 4 日，经 IEC 各国家委员会投票表决，修改后的 IEC 61158 第二版标准最终获得通过。新版标准包括了 8 种类型工业控制网络，分别是：TS61158、ControlNet、PROFIBUS、P-NET、FF-HSE、SwiftNet、WorldFIP 以及 INTERBUS。

为了反映现场总线与工业以太网技术的最新发展，IEC/SC65C/MT9 小组对 IEC 61158 第二版标准进行了扩充和修订，新版标准规定了 10 种类型现场总线，除了原有的 8 种类型，还增加了 FF H1 现场总线和 PROFINET 现场总线。2003 年 4 月，IEC 61158 Ed.3 现场总线第三版正式成为国际标准。

由于现场总线争论不休，互连、互通与互操作问题很难解决，于是现场总线开始转向以太网。近年来工业以太网形成了多种类型的协议标准，分别是由主要的现场总线生产厂商和集团支持开发的，如：1）FF 和 WorldFIP 向 FF-HSE 发展；2）ControlNet 和 DeviceNet 向 EtherNet/IP 发展；3）INTERBUS 和 Modbus 向 IDA 发展；4）PROFIBUS 向 PROFINET 发展。这些工业以太网标准，都有其支持的厂商并且已有相应产品。

目前，以太网技术已经被工业自动化系统广泛接受。为了满足高实时性能应用的需要，各大公司和标准组织纷纷提出各种提升工业以太网实时性的技术解决方案，从而产生了实时以太网（Real Time Ethernet，RTE）。为了规范这部分工作的行为，2003 年 5 月，IEC/SC65C 专门成立了 WG11 实时以太网工作组，负责制定 IEC 61784-2"基于 ISO/IEC 8802-3 的实时应用系统中工业通信网络行规"国际标准，该标准包括：CPF2 EtherNet/IP、CPF3 PROFINET、CPF4 P-NET、CPF6 INTERBUS、CPF10 VNET/IP、CPF11 TC-net、CPF12 EtherCAT、CPF13 Ethernet Powerlink、CPF14 EPA、CPF15 Modbus/TCP 和 CPF16 SERCOS 11 种实时以太网行规集。在此基础上，2007 年发布了 IEC 61158 第四版。

IEC 61158 第四版是由多个部分组成的系列标准，它包括：

IEC/TR 61158-1　总论与导则;

IEC 61158-2　　物理层服务定义与协议规范;

IEC 61158-300　数据链路层服务定义;

IEC 61158-400　数据链路层协议规范;

IEC 61158-500　应用层服务定义;

IEC 61158-600　应用层协议规范。

该系列标准是经过长期技术争论而逐步走向合作的产物,标准包括了20种主要类型的现场总线、工业以太网,具体类型见表1-1。

表 1-1　IEC 61158 Ed.4 现场总线类型

类型	技术名称	类型	技术名称
Type1	TS61158 现场总线	Type11	TC-net 实时以太网
Type2	CIP 现场总线	Type12	EtherCAT 实时以太网
Type3	PROFIBUS 现场总线	Type13	Ethernet Powerlink 实时以太网
Type4	P-NET 现场总线	Type14	EPA 实时以太网
Type5	FF-HSE 高速以太网	Type15	Modbus-RTPS 实时以太网
Type6	SwiftNet 被撤销	Type16	SERCOS I、II 现场总线
Type7	WorldFIP 现场总线	Type17	VNET/IP 现场总线
Type8	INTERBUS 现场总线	Type18	CC-Link 现场总线
Type9	FF H1 现场总线	Type19	SERCOS III 现场总线
Type10	PROFINET 实时以太网	Type20	HART 现场总线

表 1-1 中的 Type1 是原 IEC 61158 第一版技术规范的内容,由于该总线主要依据 FF 现场总线和部分吸收 WorldFIP 现场总线技术制定的,所以经常被理解为 FF 现场总线。Type2 CIP 包括 DeviceNet、ContolNet 现场总线和 EtherNet/IP 实时以太网。Type6 SwiftNet 现场总线由于市场推广应用很不理想,在第四版标准中被撤消。Type14 EPA 是由我国浙江大学、浙江中控技术有限公司、中科院沈阳自动化所、重庆邮电学院、清华大学、大连理工大学等单位联合制定的用于工厂自动化的实时以太网通信标准。

工业 4.0 时代,现场总线和工业以太网有线网络技术标准众多、布线改造时走线复杂、网络路由容量扩展受限以及升级改造会导致停机维护等问题,制约了工业生产和管理效率的提升,工业无线网络有效地弥补了这些不足,成为当代工业控制网络的重要发展方向。目前,工业无线技术的国际标准主要包括三种:由 IEC/TC 65 推出的 Wireless HART(HART 基金会)标准、美国仪表系统与自动化协会(ISA)推出的 ISA100.11a 标准和中国科学院沈阳自动化研究所研发的 WIA-PA 标准。

1.5.3　工业控制网络的应用

工业控制网络技术被广泛地应用于汽车、市政、交通、化工、公共设施、食品饮料、制造业等领域，新增节点数逐年增加。根据瑞典工业网络专家 HMS 发布的最新年度报告显示，尽管新型冠状病毒肺炎疫情流行，工业网络市场仍然呈现增长态势，2021年增长约 6%。工业以太网仍然增长最快，现占据新安装节点的 65%，现场总线占比为 28%，无线网络不断攀升，占比为 7%。不同的工业控制网络市场占有份额如图 1-2 所示。

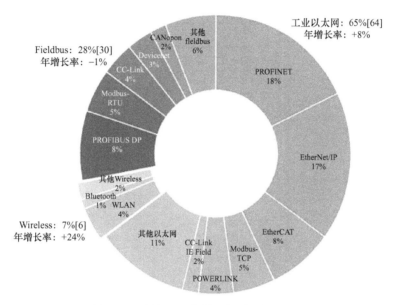

图 1-2　不同的工业控制网络市场占有份额

目前，工业网络市场呈现出恢复稳定的状态。工业以太网以 8% 的增长速度持续占据市场份额，现在占全球工厂自动化新安装节点市场的 65%。其中 PROFINET 以 18% 的市场份额超过了 17% 的 EtherNet/IP，位居榜首，EtherCAT 以 8% 的份额和领先的现场总线 PROFIBUS 并驾齐驱。其次是 Modbus TCP，市场份额为 5%，与其同份额的是现场总线 Modbus RTU，这样 Modbus 技术现在的市场份额为 10%，确定了它们在全球工厂安装中的持续重要性。现场总线下降趋势几乎已经停止，到 2021 年现场总线下降仅为 1%，在新安装节点总数中占 28% 的市场份额。PROFIBUS 仍然是现场总线的领导者，占 8%，其次是 Modbus-RTU，占 5%，随后是 CC-Link，占 4%。无线技术继续以 24% 的速度快速增长，现在拥有 7% 的市场份额。考虑到全球无线蜂窝技术对智能制造的影响，HMS 预计未来无线连接设备和机器的市场需求将会继续增加。

工业控制网络应用呈现地域性。在欧洲和中东地区 EtherNet/IP 和 PROFINET 是领先的网络技术，PROFIBUS 和 EtherCAT 紧随其后，其他流行的网络是 Modbus（RTU/TCP）和 Ethernet Powerlink。在美国市场，EtherNet/IP 占据主导地位，同时 EtherCAT 也获得了一些市场份额。而亚洲市场比较分散，PROFINET 和 EtherNet/IP 占据主导地位，紧随其后的是 CC-Link/CCLinkIE Field、PROFIBUS、EtherCAT 和 Modbus（RTU/TCP）。

2014 ～ 2021 年工业网络市场份额与增长总体情况如图 1-3 所示。

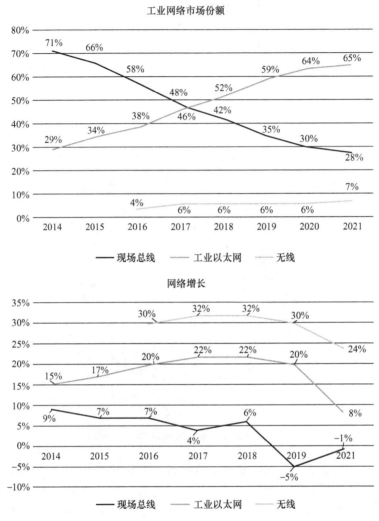

图 1-3　2014 ～ 2021 年工业网络市场份额与增长总体情况

1.5.4　工业控制网络的发展趋势

"工业 4.0" 时代，智能工厂、智能生产和智能物流是未来工业发展的主题，将智能设备、人和数据连接起来组成"虚拟网络—实体物理系统（CPS）"，实现智能数据交换。未来，工业控制网络主要向以下几个方面发展：

（1）工业控制网络和信息网络融合

随着工业网络技术的发展，现场总线正在逐步被工业以太网替代。未来工业，基于通用标准的工业以太网逐步取代各种私有的工业以太网，实现信息网络和工业控制的 IP 贯通、一网到底。IPv6 技术将在工业领域广泛应用。

（2）无线网络技术进一步发展

无线网络通信技术逐步向工业领域渗透，呈现从信息采集到生产控制，从局部方案到全网方案的发展趋势，无线技术将成为现有工业有线控制网络有力的补充或替代。

（3）实现工业设备网络互联

未来工业设备能够实现互联互通，可将生产单元进行灵活重构，智能设备可在不同的生产单元间迁移和转换，并在生产单元内实现即插即用。

（4）提高信息安全性

随着更多工厂关键设备的联网，安全问题成为工业控制网络和总线产品应用的关键问题。因此，构建高速、安全和节能的工业控制网络和总线产品是未来研究的方向之一。

第 2 章

PROFIBUS

PROFIBUS 是过程现场总线（Process Field Bus）的缩写，是一种国际化、开放式、不依赖于设备生产商的现场总线标准。PROFIBUS 的传输速率可达 9.6kbit/s ～ 12Mbit/s。PROFIBUS 是一种用于工厂自动化车间级监控和现场设备层控制的现场总线技术，可实现现场设备层到车间级监控的分散式数字控制和通信，从而为实现工厂综合自动化和现场设备智能化提供了可行的解决方案。

2.1 概述

PROFIBUS 是由德国慕尼黑大学的一位教授提出的技术构想，是由联邦德国科技部组织多家公司和科研院所共同研制开发的一种国际现场总线标准。它被广泛地应用于制造业自动化、流程工业自动化、楼宇、交通、电力等领域。PROFIBUS 技术已经成为德国工业标准 DIN19245、欧洲标准 EN50170 V.2、国际标准 IEC 61158、中国的机械行业标准 JB/T 10308.3–2001。

PROFIBUS 由以下三个兼容部分组成：

1）PROFIBUS-FMS：它用于解决车间一级通用性通信任务。FMS 提供大量的通信服务，用于完成以中等传输速率进行的循环和非循环的通信任务。由于它是完成控制器和智能现场设备之间的通信以及控制器之间的信息交换，因此它主要考虑的是系统的功能而不是系统响应时间，应用过程通常要求的是随机的信息交换（如改变设定参数等）。强有力的 FMS 服务向人们提供了广泛的应用范围和更大的灵活性，可用于大范围和复杂的通信系统。

2）PROFIBUS-DP：它用于解决设备一级的高速数据通信。它以 DIN19245 的第一部分为基础，根据其所需要达到的目标对通信功能加以扩充，DP 的传输速率可达 12Mbit/s，一般构成单主站系统，主站、从站间采用循环数据传输方式工作。它用于传感器和执行器的数据传输。中央控制器（如 PLC/PC）通过高速串行线同分散的现场设备（如 I/O、驱动器、阀门等）进行通信，这些数据交换多数是周期性的。

3）PROFIBUS-PA：它用于安全性要求较高的场合，具有本质安全性。PROFIBUS-PA 是 PROFIBUS 的工程自动化解决方案，实现分散式自控系统和现场设备之间的通信。PROFIBUS-PA 以 PROFIBUS-DP 为基础，增加了 PA 行规以及相应的传输技术，使

PROFIBUS 更好地满足各种过程控制的要求。它不仅可用于冶金、造纸、烟草、污水处理等一般工业领域，也可用于带有本质安全防护要求的石化化工爆炸危险区，现场设备可以按照不同的拓扑结构进行连接并且由总线供电。

PROFIBUS 协议具有如下特点：

1）采用短帧结构（实际最大长度为 255B）。

2）采用总线型或树型拓扑结构。

3）传输速率：9.6kbit/s ～ 12Mbit/s。

4）使用半双工，异步的传输模式。

5）使用两类站：主站（主动站，具有总线访问控制权）和从站（被动站，没有总线访问控制权）。最多可用 32 个主站，总站数可达 127 个。

6）总线访问采用两种方式：主站之间的令牌传递方式；主站与从站之间的主 – 从方式。

7）PROFIBUS-PA 可用于本质安全的场所，还可以总线供电。

2.2　PROFIBUS 的模型结构

PROFIBUS 协议采用了 ISO/OSI 模型中的第 1 层、第 2 层以及第 7 层。如图 2-1 所示。第 1 层和第 2 层的导线和传输协议依据美国标准 EIA RS–485、国际标准 IEC 870–5–1 和欧洲标准 EN 60870–5–1。总线访问程序、数据传输和管理服务基于标准 DIN 19241 的第 1 部分至第 3 部分和标准 IEC 955。管理功能（FMA7）采用 ISO DIS 7498–4（管理框架）的概念。

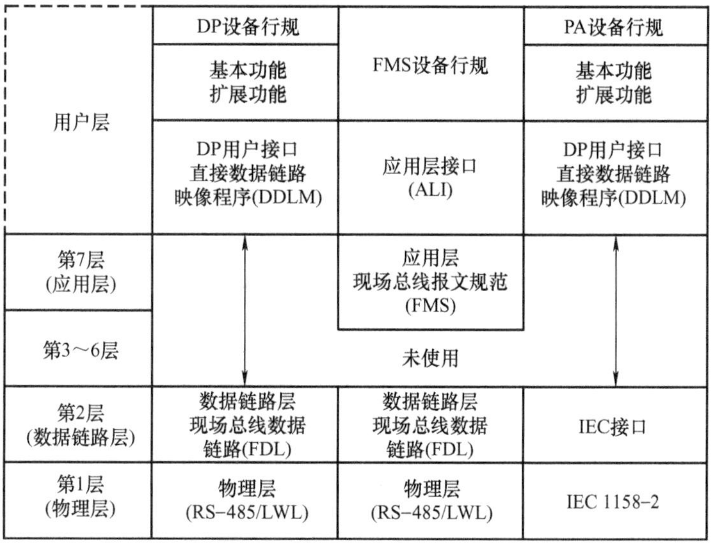

用户层	DP设备行规	FMS设备行规	PA设备行规
	基本功能 扩展功能		基本功能 扩展功能
	DP用户接口 直接数据链路 映像程序(DDLM)	应用层接口 (ALI)	DP用户接口 直接数据链路 映像程序(DDLM)
第7层 (应用层)		应用层 现场总线报文规范 (FMS)	
第3～6层		未使用	
第2层 (数据链路层)	数据链路层 现场总线数据 链路(FDL)	数据链路层 现场总线数据 链路(FDL)	IEC接口
第1层 (物理层)	物理层 (RS-485/LWL)	物理层 (RS-485/LWL)	IEC 1158-2

图 2-1　PROFIBUS 的协议结构

PROFIBUS 提供了三种通信协议类型：FMS、DP 和 PA。

2.2.1　PROFIBUS-FMS

PROFIBUS-FMS 使用了第 1 层、第 2 层和第 7 层。第 7 层（应用层）包括 FMS（现场总线报文规范）子层和 LLI（低层接口）。FMS 包含应用协议和它所提供的通信服务；LLI 建立各种类型的通信关系，并给 FMS 提供不依赖于设备的对第 2 层的访问途径。

PROFIBUS-FMS 是处理单元级（PLC 和 PC）的数据通信，功能强大的 FMS 服务可在广泛的应用领域内使用，并为解决复杂通信任务提供了很大的灵活性。

PROFIBUS-FMS 和 PROFIBUS-DP 使用相同的传输技术和总线访问协议。因此，它们可以在同一根电缆上同时运行。

2.2.2　PROFIBUS-DP

PROFIBUS-DP 使用了第 1 层、第 2 层和用户接口层。第 3 层到第 7 层未使用，这种精简的结构确保了高速数据传输。直接数据链路映像程序（DDLM）提供对第 2 层的访问，在用户接口中规定了 PROFIBUS-DP 设备的应用功能以及各种类型的系统和设备的行为特性。

这种为高速传输用户数据而优化的 PROFIBUS 协议，特别适用于 PLC 与现场级分散的 I/O 设备之间的通信。

2.2.3　PROFIBUS-PA

PROFIBUS-PA 使用扩展的 PROFIBUS-DP 协议进行数据传输。它执行 PROFIBUS-PA 设备行规，传输技术依据 IEC 1158–2 标准，能够确保本质安全和通过总线对现场设备供电。使用段耦合器可将 PROFIBUS-PA 设备很容易地集成到 PROFIBUS-DP 网络中。

PROFIBUS-PA 是为过程自动化工程中的高速、可靠的通信要求而特别设计的。用 PROFIBUS-PA 可以把传感器和执行器连接到普通的现场总线段上，即使在防爆区域的传感器和执行器也可如此。

2.3　PROFIBUS 的通信协议

2.3.1　物理层

在 PROFIBUS 的 ISO/OSI 参考模型中，第 1 层定义物理层的数据传输技术（即接口和传输介质的电气特性和机械特性）。这里包括编码类型和所采用的传输标准，见表 2-1。不同的 PROFIBUS 传输技术（物理层）所描述的设备接口的物理特性也有所差异。

表 2-1　PROFIBUS 的传输技术（物理层）

	MPB	RS–485	RS–485–IS	光纤
数据传输	数字，比特同步，曼彻斯特编码	数字，差分信号符合 RS–485，NRZ	数字，差分信号符合 RS–485，NRZ	光，数字，NRZ
传输速率 /(kbit/s)	31.25	9.6～12000	9.6～1500	9.6～12000

（续）

	MPB	RS–485	RS–485–IS	光纤
数据安全性	前同步码，错误保护，起始 / 终止界定符	HD=4，奇偶校验比特，起始 / 终止界定符	HD=4，奇偶校验比特，起始 / 终止界定符	HD=4，奇偶校验比特，起始 / 终止界定符
电缆	屏蔽 / 双绞铜缆	屏蔽 / 双绞铜缆，电缆类型 A	屏蔽 / 双绞 4 线，电缆类型 A	多模玻璃光纤，单模玻璃光纤，PCF，塑料
远程馈送	通过信号线可用（可选）	通过附加线可用	通过附加线可用	通过混合线可用
保护类型	本质安全（EEX ia/ib）	无	本质安全（EEX ib）	无
拓扑	带终端器的总线型和树状拓扑，组合型	带终端器的总线型拓扑	带终端器的总线型拓扑	典型的星状和环状拓扑，也可以是总线型
站的数量	每段最多 32 个；每个网络上最多 126 个	不用中继器时每段最多 32 个；用中继器时最多 126 个	每段最多 32 个；用中继器时 126 个	每个网络最多 126 个
中继器的数量	最多 4 个中继器	有信号刷新的最多 9 个中继器	有信号刷新的最多 9 个中继器	无限制，有信号刷新（信号的时间延迟）

1. DP/FMS（RS–485）的物理层

RS–485 是 PROFIBUS 传输技术中最常见的一种通信标准。它使用屏蔽双绞铜质电缆，总线共用一根导线，主要用于需要高传输速率的任务，是一种简单的、低成本的传输技术。RS–485 总线段的结构如图 2-2 所示。

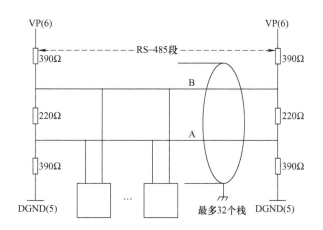

图 2-2　RS–485 总线段的结构

总线段的两端各有一个终端器，采用对称的数据传输，遵循 EIA–485 标准（也称 H2）。

RS–485 传输技术简单实用，总线结构允许随时增加或拆除站点或逐步投入系统，后来的扩展（在定义的限制内）不影响已经投入运行的站点。RS–485 传输技术可以在 9.6kbit/s ～ 12Mbit/s 之间任意选择各种传输速率，但在总线上的全部设备均须选用同一传输速率。每个总线段最多可以连接 32 个站点，最大总线长度取决于传输速率，见表 2-2。

表 2-2　RS–485 传输速率与 A 型电缆的距离

波特率 / (kbit/s)	9.6；19.2；45.45；93.75	187.5	500	1500	3000；6000；12000
距离 /m	1200	1000	400	200	100

（1）传输技术

PROFIBUS RS–485 采用半双工、异步或无间隙同步的传输方式，数据编码采用 NRZ（不归零）编码，每个字符由 11 位（bit）组成，起始位为"0"，结束位为"1"，如图 2-3 所示。

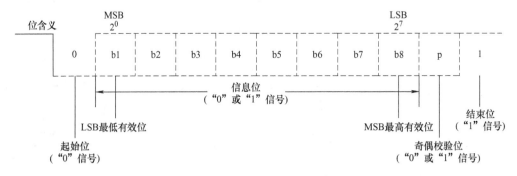

图 2-3　PROFIBUS UART 数据帧

在传输期间，二进制"1"对应于 RXD/TXD-P（Receive/Transmit-Data-P）线上的正电位，而在 RXD/TXD-N 线上则相反。各报文间的空闲（idle）状态对应于二进制"1"信号，如图 2-4 所示。

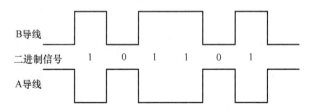

图 2-4　用 NRZ 传输时的信号形状

两根 PROFIBUS 数据线也常称之为 A 线和 B 线，A 线对应于附加信号，而 B 线则对应于 RXD/TXD-P 信号。

（2）总线及总线连接

针对不同的应用场合，市场上有不同类型的电缆可供使用，既可用于设备与设备之间的连接，也可用于设备与网络元件（如段耦合器、连接器和中继器）之间的连接。PROFIBUS DP/FMS 现场总线使用的电缆应符合表 2-3 的要求。

表 2-3　PROFIBUS DP/FMS 电缆的特性取值

电缆参数	阻抗 /Ω	电容 / (pF/m)	回路电阻 / (Ω/km)	导线截面积 /mm²
A 型	135～165 (f=3～20Hz)	≤30	≤110	>0.34
B 型	100～130 (f>130kHz)	<60	—	≥0.22

总线站与总线的连接采用连接器，连接器的选型取决于保护等级。PROFIBUS 国际标准 EN 50170 推荐使用 9 针 D 型连接器。D 型连接器的插座与总线站相连接，而 D 型连接器的插头与总线电缆相连接。9 针 D 型连接器如图 2-5 所示。

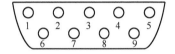

图 2-5　9 针 D 型连接器

9 针 D 型连接器的针脚分配见表 2-4。

表 2-4　9 针 D 型连接器的针脚分配

针脚号	信号名称	设计含义
1	SHIELD	屏蔽或功能地
2	M24	24V 输出电压的地（辅助电源）
3	RXD/TXD-P①	接收 / 发送数据 – 正，B 线
4	CNTR-P	方向控制信号 P
5	DGND①	数据基准电位（地）
6	VP①	供电电压 – 正
7	P24	正 24V 输出电压（辅助电源）
8	RXD/TXD-N①	接收 / 发送数据 – 负，A 线
9	CNTR-N	方向控制信号 N

① 该类信号是强制性的，它们必须使用。

（3）总线终端器

根据标准 EIA–485，在数据线 A 和 B 的两端均加接总线终端器。PROFIBUS 的总线终端器包含一个下拉电阻（与数据基准电位 DGND 相连接）和一个上拉电阻（与 VP 相连接），如图 2-2 所示。当在总线上没有站发送数据时，也就是说在两个报文之间总线处于空闲状态时，这两个电阻确保在总线上有一个确定的空闲电位。几乎在所有标准的 PROFIBUS 总线连接器上都组合了所需的总线终端器，而且可以由跳接器或开关来启动。

当总线系统运行的传输速率大于 1.5Mbit/s 时，由于所连接的站的电容性负载会引起导线反射，因此必须使用附加有轴向电感的总线连接插头，如图 2-6 所示。

2. DP/FMS（光纤）的物理层

PROFIBUS 物理层的另一种类型是以光纤作为传输媒介，通过光纤导体中光线来传输数据。光纤允许 PROFIBUS 系统站之间的距离最大达到 15km，同时光纤对电磁干扰不敏感并能确保总线站之间的电气隔离。近年来，由于光纤的连接技术已大大简化，因此这种传输技术已经普遍地用于现场设备的数据通信。

（1）总线传输介质

PROFIBUS DP/FMS 的光纤传输技术采用玻璃或塑料纤维制成的光纤作为传输介质。所用导线类型不同，最大传输距离也不同，目前玻璃光纤能处理的传输距离达到 15km，而塑料光纤只能达到 80m。表 2-5 指出了 PROFIBUS 所支持的光纤类型。

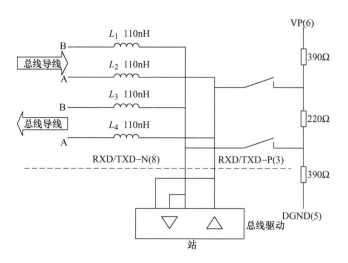

图 2-6　传输速率大于 1.5Mbit/s 的连接结构

表 2-5　光纤的特性

光纤类型	核心直径 /μm	范围
多模玻璃光纤	62.5/125	2 ～ 3km
单模玻璃光纤	9/125	>15km
塑料光纤	980/1000	<80m
HCS 光纤	200/230	大约 500m

（2）总线连接

为了把总线站连接到光纤导体，有以下几种连接技术可以使用：

1）OLM（Optical Link Module，光链路模块）技术。类似于 PROFIBUS 的中继器，OLM 有两个功能隔离的电气通道，并根据不同的模型占有一个或两个光通道。OLM 通过一根 RS-485 导线与各个总线站或总线段相连接。

2）OLP（Optical Link Plug，光链路插头）技术。OLP 可将很简单的被动总线站（从站）用一个单光纤电缆环连接。OLP 直接插入总线站的 9 针 D 型连接器。OLP 由总线站供电而不需要它们自备电源，但总线站的 RS-485 接口的 +5V 电源必须保证能提供至少 80mA 的电流。主动总线站（主站）与 OLP 环连接需要一个光链路模块（OLM）。

3）集成的光纤电缆连接。使用集成在设备中的光纤接口将 PROFIBUS 节点与光纤电缆直接连接。

3. PA 的物理层

PROFIBUS-PA 采用符合 IEC 1158-2 标准的传输技术，这种技术能确保本质安全并通过总线直接给现场设备供电。数据传输使用非直流传输的位同步，编码采用曼彻斯特编码（也称 H1 编码）。用曼彻斯特编码传输数据时，信号沿从低变到高时发送二进制"0"，信号沿从高变到低时发送二进制"1"。数据的发送采用调节电流 ±9mA 到总线系统的基本电流 I_B^0 的方法来实现，如图 2-7 所示。传输速率为 31.25kbit/s。传输介质是屏蔽 / 非屏蔽双绞线。总线段的两端用一个无源的 RC 线终端器来终止，如图 2-8 所示，在一个 PA 总线段上最多可连接 32 个站。最大的总线段长度在很大程度上取决于供电装置、导线类型和所连接的站的电流消耗。

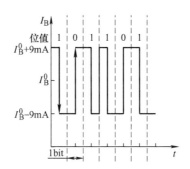

图 2-7　用电流调节法实现 PROFIBUS-PA 的数据传输（曼彻斯特编码）

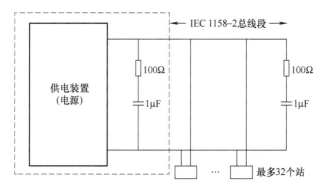

图 2-8　PA 总线段的结构

PA 总线段的本质安全传输技术通常被用于工厂的一个特定的区域（爆炸危险区域），通过段耦合器或链接器与 RS-485 总线段（在控制室内的控制系统和工程设备）相连接，如图 2-9 所示。段耦合器是一个信号转换器，它能够实现 RS-485 信号和 PA 信号之间的电平转换，用于简单网络和运算程度要求不高的场合；链接器由多个耦合器（最多 5 个）组成，它们通过一块主板作为一个工作站连接到 DP 总线上。链接器一方面作为 DP 网段的从站，同时作为 PA 网段的主站，实现 PA 网络和 DP 网络之间的通信。

PROFIBUS 支持树型或总线型（或二者的组合）结构的网络拓扑。在总线型结构中，使用 T 型连接器将站连接到主干电缆上。在树型拓扑结构中，采用现场分配器连接现场设备和检测总线终端器阻抗的功能。在所有的情况下，计算总线总长度时都必须把最大允许的短接线长度考虑进去。在本质安全的应用中，短接线的最大允许长度为 30m。

2.3.2　现场总线数据链路层

在 PROFIBUS 中，第 2 层称为现场总线数据链路层（FDL 层）。根据 OSI 参考模型，第 2 层规定了总线访问控制、数据安全控制以及报文的传输和处理等内容。

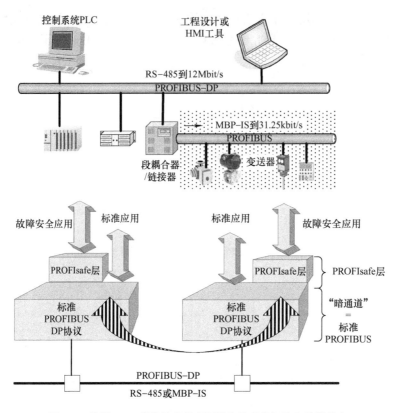

图 2-9   使用 MBP 传输技术的现场设备的系统拓扑和总线供电

1. PROFIBUS 总线访问协议

PROFIBUS 的 DP、FMS 和 PA 均使用一致的总线访问协议。它需要控制数据传输的程序，确保在任何时刻只能有一个站点发送数据。协议的设计必须满足介质访问控制的基本要求，如下所述：

1）在复杂的自动化系统（主站）间通信，必须保证在确定的时间间隔中，任何一个站点要有足够的时间来完成通信任务。

2）在复杂的程序控制器和简单的 I/O 设备（从站）间通信，应尽可能快速又简单地完成数据的实时传输。

因此，PROFIBUS 总线访问协议包括主站之间的令牌传递方式和主站与从站之间的主 / 从方式。

令牌传递方式保证了每个主站在一个确切规定的时间内得到总线访问权（令牌），令牌是一条特殊的报文，它在所有主站中循环一周的最长时间是事先规定的。在 PROFIBUS 中，令牌只在各主站之间通信时使用。令牌环是所有主站的组织链，按照主站的地址构成逻辑环，在这个环中，令牌在规定的时间内按照地址的升序在各主站中依次传递。在总线系统初建时，主站介质访问控制的任务是实现总线上的站点分配并建立逻辑环。在总线运行期间，断电或损坏的主站必须从环中排除，新上电的主站必须加入逻辑环。主 / 从方式允许主站在得到总线访问令牌时可与从站通信，每个主站均可向从站发送或索取信息。

通过以上方法可以实现下列系统配置：纯主 – 从系统；纯主 – 主系统（带令牌传递）；混合系统。以由 3 个主站、7 个从站构成的 PROFIBUS 系统为例，3 个主站之间构成令牌逻辑环，当某主站得到令牌报文后，该主站可在一定的时间内执行主站的工作，在这段时间内，它可依照主 – 从关系表与所有从站通信，也可依照主 – 主关系表与所有主站通信。

2. PROFIBUS 报文传输

PROFIBUS 报文格式如图 2-10 所示。

图 2-10 中各符号意义如下：

1）SD1 ～ SD4 为起始字节，用于区别不同的报文格式（起始界定符）。

2）DA 为目的地址字节，指出将接收此信息的站。

3）SA 为源地址字节，指出发送此信息的站。

4）FC 为控制字节（帧控制），包含用于此信息的服务和此信息的优先权的详细说明。

5）FCS 为校验字节（帧校验序列），包含报文的校验和编码（不进位地加所有报文元素的和）。

6）ED 为终止字节（终止界定符），指出此报文终止。

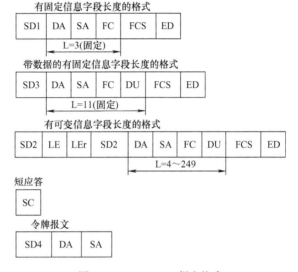

图 2-10　PROFIBUS 报文格式

7）L 为信息字段长度。

8）DU 为数据单元，包含报文的有用信息，必要时还包含扩展地址的详细说明。

9）LE/LEr 为长度字节，指出可变长报文中信息字段的长度。

10）SC 为单字符，仅用于应答。

第 2 层报文格式提供高等级的传输安全性，所有报文均具有海明距离 HD=4。HD=4 的含义是：在数据报文中，可以检查出最多 3 个同时出错的位。这是通过使用国际标准 IEC 870-5-1 的规定、选择特殊的报文起始和终止标识符、使用间隙同步以及使用奇偶校验位和控制字节来实现的。可以检查出以下类型的错误：1）字符格式错误（奇偶校验、溢出、帧错误）；2）协议错误；3）起始和终止界定符错误；4）帧校验字节错误；5）报文长度错误。错误的报文至少要被自动地重发一次。在第 2 层中，报文的重发次数最多可设定为 8（"retry" 总线参数）。

除逻辑的点对点的数据传输外，第 2 层还允许进行广播和组播通信。在广播通信中，一个主站发送信息给其他所有站（主站和从站），数据的接收不需应答。在组播通信中，一个主站发送信息给一组站（主站和从站），数据的接收不需应答。

第 2 层提供的数据服务如下：

1）发送数据需应答（SDA），此服务允许用户给单个远程站发送数据，如果发现错误，将重复数据传输。

2）发送数据无需应答（SDN），此服务允许用户给单个远程站、多个远程站（组播）或同时给全部远程站（广播）发送数据，不需要任何确认。

3）发送和请求数据需回答（SRD），此服务允许用户给单个远程站发送数据，同时请求此远程站回答数据。如果有错误，将重复数据传输。

4）循环地发送和请求数据需回答（CSRD），此服务允许用户循环地给远程站发送数据，同时请求此远程站回答数据。

PROFIBUS-DP 和 PROFIBUS-PA 各使用第 2 层服务的子集。例如，PROFIBUS-DP 只使用 SRD 和 SDN 服务。应用层通过第 2 层的 SAP（服务访问点）调用这些服务。对 PROFIBUS-FMS 来说，这些服务访问点被用来编址逻辑通信关系。在 PROFIBUS-DP 和 PROFIBUS-PA 中，每一个服务访问点分配一个确定的功能。所有主站和从站被允许同时使用若干个服务访问点。

2.3.3 应用层

ISO/OSI 参考模型的应用层（第 7 层）提供用户需要的各种通信服务。PROFIBUS 总线只有 FMS 定义了应用层，它的服务包括访问变量、程序传递事件控制等。PROFIBUS-FMS 应用层包括两部分：

1）现场总线信息规范（FMS）：描述了通信对象和应用服务。

2）低层接口（LLI）：用于 FMS 适配到第 2 层的接口。

（1）PROFIBUS-FMS 通信关系

PROFIBUS-FMS 利用通信关系将分散的应用过程通过通信关系表（Communication Relationship List，CRL）统一到一个共用的过程中。现场设备中用来通信的那部分应用过程叫作虚拟现场设备（VFD）。在实际现场设备与 VFD 之间设立一个 CRL。CRL 是 VFD 通信变量的集合，如零件数、故障率、停机时间等。VFD 使用 CRL 完成实际现场设备的通信。

（2）通信对象与通信对象字典（OD）

1）FMS 面向对象通信，它能识别 5 种静态通信对象：简单变量、数组、记录、域和事件，静态通信对象可由设备的制造者预定义或在总线系统组态时指定。FMS 还可识别 2 种动态通信对象：程序调用和变量表，动态通信对象可由 FMS 服务预定义或定义。这些通信对象具体定义如下：

① 简单变量：变量类型如整数、布尔数等。

② 数组：同类型的简单变量的数组。

③ 记录：各种类型的简单变量的数组。

④ 域：大数量的数据。

⑤ 事件：事件信息。

⑥ 程序调用：程序的描述。

⑦ 变量表：简单变量、数组或记录。

2）每个 FMS 设备的所有通信对象都填入对象字典（OD）。对简单设备，OD 可以预定义；对复杂设备，OD 可以本地或远程通过组态加到设备中去。静态通信对象进入静态对象字典，动态通信对象进入动态通信对象字典。每个对象均有一个唯一的索引，为避免非授权访问，每个通信对象可选用访问保护，只有用一定的口令才能对一个对象进行访问，或对某设备访问。在 OD 中每个对象可分别指定口令或设备组。此外，可对访问对象的服务进行限制（如只读）。

（3）PROFIBUS-FMS 服务

FMS 服务项目是 ISO 9506 制造信息规范（Manufacturing Message Specification，MMS）服务项目的子集。这些现场总线应用已被优化，而且还加上了相应通信提出的实际需求，服务项目的选用取决于特定的应用，具体的应用领域在 FMS 行规中规定。

（4）低层接口（LLI）

第 7 层到第 2 层映射由 LLI 来解决，其主要任务包括数据流量控制和连接监视。用户通过通信关系的逻辑通道与其他应用过程进行通信。FMS 设备的全部通信关系都列入CRL。每个通信关系通过通信索引（CREF）来查找，CRL 中包含了 CREF 和第 2 层及LLI 地址间的关系。

（5）网络管理

FMS 还提供网络管理功能，其主要功能有：上、下关系管理、配置管理、故障管理等。

2.3.4　PROFIBUS 行规

在 PROFIBUS 总线不同的应用中，具体需要的功能范围必须与具体应用相适应，这些适应性定义称为行规。行规提供了设备的可互换性，保证不同厂商生产的设备具有相同的通信功能。

1. PROFIBUS-FMS 行规

为了使 FMS 通信服务适应实际需要的功能范围和定义符合实际应用的设备功能，PNO（PROFIBUS 用户组织）制定了 FMS 行规。这些 FMS 行规确保由不同制造商生产的同类设备具有同样的通信功能，目前已制定了如下的 FMS 行规：

（1）PLC 之间的通信行规（3.002）

此通信行规定义了用于 PLC 之间通信的 FMS 服务，以及根据控制器的类型，PLC 支持的服务类型、参数和数据类型。

（2）楼宇自动化的行规（3.011）

此行规是一个面向应用的行规，可作为楼宇自动化方面许多公共需求的基础。它描述怎样通过 FMS 来处理监视、开闭环控制、操作员控制、报警和楼宇自动化系统的归档等问题。

（3）低压开关设备行规（3.032）

此行规是一个面向行业的 FMS 应用行规。在使用 FMS 的数据通信时，它规定了低压开关设备的特性。

2. DP 用户接口和 DP 行规

PROFIBUS-DP 只使用了第 1 层和第 2 层。而用户接口定义了 PROFIBUS-DP 设备可使用的应用功能以及各种类型的系统和设备的行为特性。

PROFIBUS-DP 协议只是定义用户数据怎样通过总线从一个站传输到另一个站，并没有对所传输的用户数据进行评价，这是 DP 行规的任务。由于精确规定了相关应用的参数和行规的使用，从而使由不同制造商生产的 DP 部件能够方便地交换使用。目前已制定的 DP 行规主要有：

（1）NC/RC 行规（3.052）

此行规描述怎样通过 PROFIBUS-DP 来控制加工和装配的自动化设备。从高一级自动化系统的角度看，精确的顺序流程图描述了这些自动化设备的运动和程序控制。

（2）编码器行规（3.062）

此行规描述具有单转或多转分辨率的旋转、角度和线性编码器怎样与 PROFIBUS-DP 相连。两类设备均定义了基本功能和高级功能，如标定、报警处理和扩展的诊断。

（3）变速驱动的行规（3.071）

主要的驱动技术制造商共同参加开发了 PROFIdrive 行规。该行规规定了传动设备怎样参数化，以及设定值和实际值怎样发送，这样就能在同一个系统中使用和互换不同制造商生产的驱动设备。此行规包含运行状态"速度控制"和"定位"所需要的规范。它规定了基本的驱动功能，并为有关应用的扩展和进一步开发留有足够的余地。此行规包括 DP 应用功能或 FMS 应用功能的映象。

（4）操作员控制和过程监视行规，HMI（人机接口）（3.082）

此行规为简单 HMI 设备规定了怎样通过 PROFIBUS-DP 把它们与高一级自动化部件相连接。本行规使用 PROFIBUS-DP 扩展功能进行数据通信。

（5）PROFIBUS-DP 防止错误数据传输的行规（3.092）

此行规定义了用于有故障安全设备通信的附加数据安全机制，如紧急 OFF。

3. PROFIBUS–PA 行规

PROFIBUS-PA 行规保证了不同厂商所生产的现场设备的互换性和互操作性。

PA 行规的任务是选用各种类型现场设备真正需要的通信功能，并提供这些设备功能和设备行为的一切必要规范，也包括使用于各种类型设备的组态信息的设备数据单。对所有通用的测量变送器和其他被选类型的设备做了具体规定，这些设备如：压力、液位、温度和流量用测量变送器；数字量输入和输出；阀门；定位器。每台设备将提供 PROFIBUS-PA 行规所规定的各项参数。

2.4 PROFIBUS 的实现

由于目前 PROFIBUS 协议芯片系列广泛，所以实现起来既简单又便宜。原则上只要微处理器配有内部或外部的异步串行接口（UART），PROFIBUS 协议就可以在这些微处理器上实现，但是如果协议的传输速度超过 500kbit/s 或与 IEC 1158-2 传输技术连接时，则推荐使用 ASIC（Application Specific Integrated Circuit，专用集成电路）协议芯片。采用何种实现方法主要取决于现场设备的复杂程度、需要的性能和功能。常用的 PROFIBUS 协议芯片见表 2-6。

表 2-6　PROFIBUS 协议芯片一览表

厂商	芯片	站点类型	特色	FMS	DP	PA
IAM	PBS	从站	可依赖微处理器的 I/O 芯片，3Mbit/s，可完成第 2 层功能	*	*	
IAM	PBM	主站	可依赖微处理器的 I/O 芯片，3Mbit/s，可完成第 2 层功能	*	*	
Motorola	68302	主－从站	带 PROFIBUS 核心功能的 16 位微控制器，500kbit/s，可完成第 2 层部分功能	*	*	
Motorola	68360	主－从站	带 PROFIBUS 核心功能的 32 位微控制器，1.5Mbit/s，可完成第 2 层部分功能	*	*	
Siemens	SIM1	Modem	Modem 芯片连结本质安全的传输技术			*
Siemens	SPC4	从站	可依赖微处理器的 I/O 芯片，12Mbit/s，可完成第 2 层和 DP 功能	*	*	*
Siemens	SPC3	从站	可依赖微处理器的 I/O 芯片，12Mbit/s，可完成第 2 层和 DP 功能		*	
Siemens	SPM2	从站	单芯片，实现 DP 功能，64 I/O 位直接与芯片连接		*	
Siemens	ASPC2	主站	可依赖微处理器的 I/O 芯片，12Mbit/s，可完成第 2 层功能	*	*	*
Siemens	LSPM2	从站	低成本芯片，完全实现 DP 功能，32 I/O 位直接与芯片相连		*	
Delta-t	IX1	主－从站	单芯片或可依赖微处理器的 I/O 芯片，1.5 Mbit/s，可加载协议	*	*	*
SMAR	PA-ASIC	Modem	Modem 芯片，连接本质安全的传输技术（PROFIBUS–PA）			*

注：*代表该芯片支持的功能。

2.4.1　DP 从站单片的实现

这是最简单的协议实现方式。在单片中包括了协议的全部功能，不需要任何微处理器或软件，只需外加总线接口驱动装置、晶振和电力电子器件。如 Siemens 的 SPM2 ASIC（见图 2-11）或 Delta-t 的 IX1 芯片，使用这些 ASIC 芯片只受 I/O 数据位数的限制。

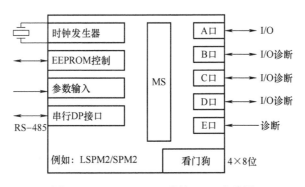

图 2-11　Siemens SPM2 从站 ASIC 芯片图

2.4.2 智能化 FMS 和 DP 从站的实现

在这个方式中，PROFIBUS 协议的关键时间部分由协议芯片实现，其余部分由微控制器的软件完成。目前常用的智能化从站设备有 Siemens 的 ASIC、SPC4，Delta-t 的 IX1 和 IAM 的 PBS。这些 ASIC 芯片提供的接口是通用性的，它可与一般的 8 位或 16 位微处理器连用。带 PROFIBUS 集成芯片的微处理器是另一种使用方案，它们由 Motorola 和其他厂商生产提供。

2.4.3 复杂的 FMS 和 DP 主站的实现

在这个方式中，PROFIBUS 协议的关键时间部分由协议芯片实现，其余部分由微控制器的软件完成。目前常用的主站设备有 Siemens 的 ASIC、ASPC2，Delta-t 的 IX1 和 IAM 公司的 PBM，这些芯片均可与各种通用的微处理器连用。

2.4.4 PA 现场设备的实现

实现 PA 现场设备时，低电源消耗特别重要，因为这种设备经常的电流量仅为 10mA。为满足这一要求，Siemens 开发了一种专门的 SIMI Modem 芯片，它通过 IEC 1158-2 电缆得到全部设备的电源，并向设备其他部件供电。SIMI 与 SPC4 协议芯片连用是一个优化组合，如图 2-12 所示。

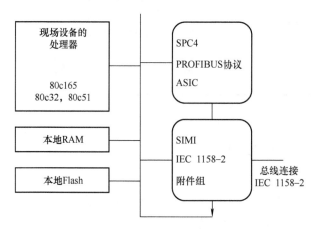

图 2-12　具有 SIMI 和 SPC4 的 PA 现场设备的实现

2.5　从站通信控制器 SPC3

2.5.1　ASIC 介绍

Siemens 为 PLC 之间简单高速的数字通信提供用户 ASIC。参照 PROFIBUS DIN 19245 第 1 部分和第 3 部分设计的这些 ASIC，支持并可以完全处理 PLC 站之间的数据通信。ASIC 概要如图 2-13 所示。

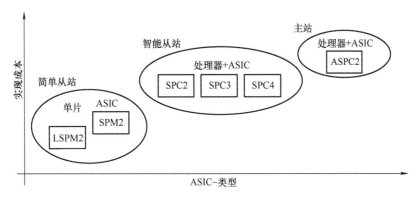

图 2-13　ASIC 概要

SPC 的设计基于 OSI 参考模型的第 1 层，需要附加一个微处理器用于实现第 2 层和第 7 层的功能。

SPC2 中已经集成了第 2 层的执行总线协议的部分，需要附加微处理器执行第 2 层的其余功能（即接口服务和管理）。

ASPC2 已经集成了第 2 层的大部分功能，但仍需要微处理器。可以支持 12Mbaud 总线。主要用于复杂的主站设计。

SPC3 由于集成了全部 PROFIBUS-DP 协议，有效地减轻了处理器的压力，因此可以用于 12Mbaud 总线。

SPC4 支持 DP、FMS 和 PA 协议类型，且可以工作于 12Mbaud 总线。

在自动化工程领域有一些简单的设备，如：开关、热元件，不需要微处理器记录它们的状态。LSPM2/SPM2 可用于这些设备的低成本改造。这两种 ASIC 都可以作为总线系统上的从站（根据 DINE19245 T3），工作在 12Mbaud 总线。主站在第 2 层寻址这些 ASIC，从站收到正确的报文后，自动生成所要求的相应报文。

LSPM2 与 SPM2 有相同的功能，只是减少了 I/O 端口和诊断端口的数量。

2.5.2　SPC3 功能简介

SPC3 是用于智能从站开发的 PROFIBUS 协议芯片，它可以支持多种处理器，如：Intel 的 80C31，80×86；Siemens 的 80C166/165/167；Motorola 的 HC11，HC16，HC916。

SPC3 集成了 OSI 模型的第 1 层（除了 RS–485 驱动器）和第 2 层的大部分功能。第 2 层的其余功能（软件功能和管理）就需要通过软件来实现。

SPC3 内部采用 1.5KB 的双口 RAM 作为 SPC3 与软件 / 程序的接口。整个 RAM 被分为 192 段，每段 8 个字节。用户寻址由内部微顺序控制器（MS）通过基址指针来实现。

如果 SPC3 工作在 DP 方式下，SPC3 将完成所有的 DP-SAP 的设置。在数据缓冲区生成各种报文（如参数数据和配置数据），为数据通信提供 3 个可变的缓存器，2 个输出，1 个输入。通信时可以使用可变的缓存器，因此不会发生任何资源问题。SPC3 还有两个诊断缓存器，用户可存入刷新的诊断数据。在这一过程中，一个诊断缓存总是分配给 SPC3。

SPC3 总线接口是一参数化的 8 位同步 / 异步接口，可连接各种 Intel 和 Motorola 处理器 / 微处理器。用户可通过 11 位地址总线直接访问 1.5KB 的双口 RAM 或参数存储器。

处理器上电后，程序参数（站地址、控制位等）传送到参数寄存器和方式寄存器。状态寄存器监视 MAC 的状态。各种事件（诊断、错误）送入中断寄存器，通过屏蔽寄存器使能，然后通过响应寄存器清除，SPC3 有一个共同的中断输出。

SPC3 内部集成了 1 个看门狗计数器，可工作于 3 种不同的状态：波特率监测、波特率控制和 DP 控制。SPC3 能自动标识总线波特率（9.6kbit/s ～ 12Mbit/s）。

2.5.3　引脚介绍

SPC3 为 44 引脚 PQFP 封装，引脚说明见表 2-7。

表 2-7　SPC3 引脚说明

引脚	引脚名称	描述		源 / 目的
1	XCS	片选	C32 方式：接 V_{DD}	CPU（80C165）
			C165 方式：片选信号	
2	XWR/E_Clock	写信号 /EI_CLOCK 对 Motorola 总线时序		CPU
3	DIVIDER	设置 CLKOUT2/4 的分频系数，低电平表示 4 分频		
4	XRD/R_W	读信号 /Read_Write Motorala		CPU
5	CLK	时钟脉冲输入		系统
6	Vss	地		
7	CLKOUT2/4	2 或 4 分频时钟脉冲输出		系统，CPU
8	XINT/MOT	<log>0=Intel 接口 <log>1=Motorola 接口		系统
9	X/INT	中断		CPU，中断控制
10	AB10	地址总线	C32 方式：<log>0 C165 方式：地址总线	
11	DB0	数据总线	C32 方式：数据 / 地址复用 C165 方式：数据 / 地址分离	CPU，存储器
12	DB1			
13	XDATAEXCH	PROFIBUS_DP 的数据交换状态		LED
14	XREADY/XDTACK	外部 CPU 的准备就绪信号		系统，CPU
15	DB2	数据总线	C32 方式：数据 / 地址复用 C165 方式：数据 / 地址分离	CPU，存储器
16	DB3			
17	Vss	地		
18	V_{DD}	电源		
19	DB4	数据总线	C32 方式：数据 / 地址复用 C165 方式：数据 / 地址分离	CPU，存储器
20	DB5			
21	DB6			
22	DB7			

（续）

引脚	引脚名称	描述		源 / 目的
23	MODE	<log>0=80C166 数据地址总线分离；准备信号 <log>1= 80C32 数据地址总线复用；固定定时		系统
24	ALE/AS	地址锁存使能	C32 方式：ALE C165 方式：<LOG>0	CPU（80C32）
25	AB9	地址总线	C32 方式：<LOG>0 C165 方式：地址总线	CPU（80C165），存储器
26	TXD	串行发送端口		RS–485 发送器
27	RTS	请求发送		RS–485 发送器
28	Vss	地		
29	AB8	地址总线	C32 方式：<LOG>0 C165 方式：地址总线	
30	RXD	串行接收端口		RS–485 接收器
31	AB7	地址总线		系统，CPU
32	AB6	地址总线		系统，CPU
33	XCTS	清除发送 <log>0= 发送使能		FSK Modem
34	XTEST0	必须接 V_{DD}		
35	XTEST1	必须接 V_{DD}		
36	RESET	接 CPU RESET 输入		
37	AB4	地址总线		系统，CPU
38	Vss	地		
39	V_{DD}	电源		
40	AB3	地址总线		系统，CPU
41	AB2	地址总线		系统，CPU
42	AB5	地址总线		系统，CPU
43	AB1	地址总线		系统，CPU
44	AB0	地址总线		系统，CPU

注：1. 有以 X 开头的信号低电平有效。

　　2. V_{DD}=+5V，V_{SS}=GND。

2.5.4　存储器分配及参数

1. SPC3 存储器分配

SPC3 内部 1.5KB 双口 RAM 的分配见表 2-8。

表 2-8　SPC3 内存分配

地址	功能	
000H	处理器参数锁存器 / 寄存器（22B）	内部工作单元
016H	组织参数（42B）	
040H · · · 5FFH	DP 缓存器 Data In（3）[①] Data Out（3）[②] Diagnostics（2） Parameter Setting Data（1） Configuration Data（2） Auxiliary Buffer（2） SSA–Buffer（1）	

注：SP3 内存分配禁止超出地址范围，也就是如果用户写入或读取超出存储器末端，用户将得到一新的地址，即原来地址减去 400H。禁止覆盖处理器参数，在这种情况下，SPC3 产生一访问中断。如果由于微顺序控制器缓冲器初始化有误导致地址超出范围，也会产生这种中断。

① Date In 指数据由 PROFIBUS 从站到主站。

② Date Out 指数据由 PROFIBUS 主站到从站。

内部锁存器 / 寄存器位于前 21 字节，用户可以读取或写入。一些单元只读或只写，用户不能访问的内部工作单元也位于该区域。

组织参数位于以 16H 开始的单元，这些参数影响整个缓存区（主要是 DP-SAP）的使用。另外，一般参数（站地址、标识号等）和状态信息（全局控制命令等）都存储在这些单元中。

与组织参数的设定一致，用户缓存位于 40H 开始的单元，所有的缓存器都开始于段地址。

SPC3 的整个 RAM 被划分为 192 段，每段包括 8B，物理地址是按 8 的倍数建立的。

2. 处理器参数（锁存器 / 寄存器）

这些单元只读或只写。在 Motorola 方式下 SPC3 访问 00H ~ 07H 单元（字寄存器），将进行地址交换，也就是高低字节交换。内部参数寄存器分配见表 2-9 和表 2-10。

表 2-9　内部参数寄存器分配（读）

地址（Intel/Motorola）		名称	位号	说明（读访问）
00H	01H	Int_Req_Reg	7…0	中断控制寄存器
01H	00H	Int_Req_Reg	15…8	
02H	03H	Int_Reg	7…0	
03H	02H	Int_Reg	15…8	
04H	05H	Status_Reg	7…0	状态寄存器
05H	04H	Status_Reg	15…8	状态寄存器
06H	07H	Reserved		保留
07H	06H			
08H		DIN_Buffer_SM	7…0	Dp_Din_Buffer_State_Machine 缓存器设置

（续）

地址（Intel/Motorola）	名称	位号	说明（读访问）
09H	New_DIN_Buffer_Cmd	1…0	用户在 N 状态下得到可用的 DP Din 缓存器
0AH	DOUT_Buffer_SM	7…0	Dp_Dout_Buffer_State_Machine 缓存器设置
0BH	Next_DOUT_Buffer_Cmd	1…0	用户在 N 状态下得到可用的 DP Dout 缓存器
0CH	DIAG_Buffer_SM	3…0	Dp_Diag_Buffer_State_Machine 缓存器设置
0DH	New_DIAG_Buffer_Cmd	1…0	SPC3 中用户得到可用的 DP Diag 缓存器
0EH	User_Prm_Data_OK	1…0	用户肯定响应 Set_Param 报文的参数设置数据
0FH	User_Prm_Data_NOK	1…0	用户否定响应 Set_Param 报文的参数设置数据
10H	User_Cfg_Data_OK	1…0	用户肯定响应 Check_Config 报文的配置数据
11H	User_Cfg_Data_NOK	1…0	用户否定响应 Check_Config 报文的配置数据
12H	Reserved		保留
13H	Reserved		保留
14H	SSA_Bufferfreecmd		用户从 SSA 缓存器中得到数据并重新使该缓存使能
15H	Reserved		保留

表 2-10　内部参数寄存器分配（写）

地址（Intel/Motorola）		名称	位号	说明（写访问）
00H	01H	Int_Req_Reg	7…0	中断控制寄存器
01H	00H	Int_Req_Reg	15…8	
02H	03H	Int_Ack_Reg	7…0	
03H	02H	Int_Ack_Reg	15…8	
04H	05H	Int_Mask_Reg	7…0	
05H	04H	Int_Mask_Reg	15…8	
06H	07H	Mode_Reg0	7…0	对每位设置参数
07H	06H	Mode_Reg0_S	15…8	
08H		Mode_Reg1_S	7…0	
09H		Mode_Reg1_R	7…0	
0AH		WD Band Ctrl Val	7…0	波特率监视基值
0BH		MinTsdr_Val	7…0	从站响应前应等待的最短时间

（续）

地址（Intel/Motorola）	名称	位号	说明（写访问）
0CH	保留		
0DH			
0EH			
0FH	保留		
10H			
11H			
12H			
13H			
14H			
15H			

3. 组织参数（RAM）

用户把组织参数存储在特定的内部 RAM 中，用户可读也可写。组织参数说明见表 2-11。

表 2-11　组织参数说明

地址（Intel/Motorola）		名称	位号	说明
16H		R_TS_Adr	7…0	设置 SPC3 相关从站地址
17H		保留		默认设置为 0FFH
18H	19H	R_User_WD_Value	7…0	16 位看门狗定时器的值，DP 方式下监视用户
19H	18H	R_User_WD_Value	15…8	
1AH		R_Len_Dout_Buf		3 个输出数据缓存器的长度
1BH		R_Dout_Buf_Ptr1		输出数据缓存器 1 的段基值
1CH		R_Dout_Buf_Ptr2		输出数据缓存器 2 的段基值
1DH		R_Dout_Buf_Ptr3		输出数据缓存器 3 的段基值
1EH		R_Len_Din_Buf		3 个输入数据缓存器的长度
1FH		R_Din_Buf_Ptr1		输入数据缓存器 1 的段基值
20H		R_Din_Buf_Ptr2		输入数据缓存器 2 的段基值
21H		R_Din_Buf_Ptr3		输入数据缓存器 3 的段基值
22H		保留		默认为 00H
23H		保留		默认为 00H
24H		R_Len_Diag_Buf1		诊断缓存器 1 的长度
25H		R_Len_Diag_Buf2		诊断缓存器 2 的长度
26H		R_Diag_Buf_Ptr1		诊断缓存器 1 的段基值
27H		R_Diag_Buf_Ptr2		诊断缓存器 2 的段基值

（续）

地址（Intel/Motorola）	名称　　　　　　　　位号	说明
28H	R_Len_Cntrl_Buf1	辅助缓存器1的长度，包括控制缓存器，如SSA_Buff、Prm_Buf、Cfg_Buf、Read_Cfg_Buf
29H	R_Len_Cntrl_Buf2	辅助缓存器2的长度，包括控制缓存器，如SSA_Buff、Prm_Buf、Cfg_Buf、Read_Cfg_Buf
2AH	R_Aux_Buf_Sel	Aux_Buffer1/2可被定义为控制缓存器，如SSA_Buff、Prm_Buf、Cfg_Buf
2BH	R_Aux_Buf_Ptr1	辅助缓存器1的段基值
2CH	R_Aux_Buf_Ptr2	辅助缓存器2的段基值
2DH	R_Len_SSA_Data	在Set_Slave_Address_Buffer中输入数据的长度
2EH	R_SSA_Buf_Ptr	Set_Slave_Address_Buffer的段基值
2FH	R_Len_Prm_Data	在Set_Param_Buffer中输入数据的长度
30H	R_Prm_Buf_Ptr	Set_Param_Buffer段基值
31H	R_Len_Cfg_Data	在Check_Config_Buffer中输入数据的长度
32H	R_Cfg_Buf_Ptr	Check_Config_Buffer段基值
33H	R_Len_Read_Cfg_Data	在Get_Config_Buffer中输入数据的长度
34H	R_Read_Cfg_Buf_Ptr	Get_Config_Buffer段基值
35H	保留	默认00H
36H	保留	默认00H
37H	保留	默认00H
38H	保留	默认00H
39H	R_Real_No_Add_Change	这一参数规定了DP从站地址是否可改变
3AH	R_Ident_Low	标识号低位的值
3BH	R_Ident_High	标识号高位的值
3CH	R_GC_Command	最后接收的Global_Control_Command
3DH	R_Len_Spec_Prm_Buf	如果设置了Spec_Prm_Buffer_Mode（参见方式寄存器0），这一单元定义为参数缓存器的长度

2.5.5　ASIC 接口

下面将要介绍的寄存器规定了 ASIC 硬件功能和报文处理过程。

1. 方式寄存器

控制器直接访问或设置的参数与 SPC3 中的方式寄存器 0 和方式寄存器 1 有关。

（1）方式寄存器 0

只能在离线状态下（如：合上开关）设置方式寄存器 0，当方式寄存器中所有的处理器参数、组织参数被装载后，SPC3 才离开离线状态（方式寄存器 1，START_SPC3=1）。方式寄存器 0 各位的定义见表 2-12。

表 2-12　方式寄存器 0 各位的定义（地址 06H、07H）

Bit0	DIS_START_CONTROL
	在 UART 中监视起始位，在 DP 方式下 Set_Param 报文覆盖该单元（参见 user_specific）
	0= 使能起始位监视 1= 关闭起始位监视
Bit1	DIS_STOP_CONTROL
	在 UART 中监视停止位，在 DP 方式下 Set_Param 报文覆盖该单元（参见 user_specific）
	0= 使能停止位监视 1= 关闭停止位监视
Bit2	EN_FDL_DDB
	Reserved
	0= 关闭 FDL_DDB 接收
Bit3	MinTSDR
	复位后 DP 操作或 combi 操作的 MinTSDR 默认设置
	0= 纯 DP 操作（默认设置） 1=combi 操作
Bit4	INT_POL
	中断输出的极性
	0= 中断输出低有效 1= 中断输出高有效
Bit5	EARLY_RDY
	准备信号前移
	0= 当数据有效（读）或数据接收（写）时产生准备好信号 1= 准备就绪信号前移 1 时钟脉冲
Bit6	Sync_Supported
	支持同步方式
	0= 不支持同步方式 1= 支持同步方式
Bit7	Freeze_Supported
	支持锁定方式
	0= 不支持锁定方式 1= 支持锁定方式

（续）

	DP_MODE	
Bit8	DP 方式使能	
	0= 关闭 DP 方式 1=DP 方式使能，SPC3 设置所有的 DP_SAP	
	EOI_TIME base	
Bit9	中断脉冲结束的时间基值	
	0= 中断无效时间至少 1μs 1= 中断无效时间至少 1ms	
	User_Time base	
Bit10	User_Time_Clock_Interrupt 周期的时间基值	
	0=User_Time_Clock_Interrupt 每 1ms 发生一次 1=User_Time_Clock_Interrupt 每 10ms 发生一次	
	WD_Test	
Bit11	看门狗定时器的测试方式，非运行方式	
	0= 在运行方式下 WD 工作 1= 不允许	
	Spec_Prm_Buf_Mode	
Bit12	特殊参数缓存器	
	0= 无特殊参数缓存器 1= 特殊参数缓存器方式，参数数据直接存储在特殊参数缓存器	
	Spec_Clear_Mode	
Bit13	特殊清除方式（故障安全模式）	
	0= 不是特殊清除方式 1= 特殊清除方式，SPC3 接收 data unit=0 的数据报文	

（2）方式寄存器 1（Mode_REG1，可写）

一些控制位必须在操作中改变，这些控制位与方式寄存器 1 有关，可以单独被设置（Mode_Reg_S），也可以单独被清除（Mode_Reg_R），设置或清除时必须在位地址写入逻辑 1。方式寄存器 1S（地址 08H）和方式寄存器 1R（地址 09H）各位的定义见表 2-13。

表 2-13　方式寄存器 1S（地址 08H）和方式寄存器 1R（地址 09H）各位的定义

	START_SPC3	
Bit0	退出离线状态	
	1=SPC3 退出离线状态，进入 Passive_Idle 状态，并且启动总线定时器和看门狗定时器，设置 Go_Offline=0	
	EOI	
Bit1	中断结束	
	1= 中断结束，SPC3 中断输入无效，并重新设置 EOI=0	

（续）

	Go_Offline	
Bit2	进入离线状态	
	1= 在当前请求结束后，SPC3 进入离线状态，并重新设置 Go_Offline=0	
	User_Leave_Master	
Bit3	要求 DP_SM 进入 Wait_Prm 状态	
	1= 用户使 DP-SM 进入 Wait_Prm 状态，并重新设置 User_Leave_Master=0	
	En_Change_Cfg_Buffer	
Bit4	缓存器交换使能（Cfg buffer for Read_Cfg buffer）	
	0= 通过 User_Cfg_Data_Okay_Cmd，只读配置缓存器，不可交换配置缓存器 1= 通过 User_Cfg_Data_Okay_Cmd，只读配置缓存器，可以交换配置缓存器	
	Res_User_WD	
Bit5	重新设置 User_WD_Timer	
	1=SPC3 重新将 Res_User_WD_Timer 参数化为 User_WD_Value 的值，然后 SPC3 重新设 Res_User_WD 为 0	

2. 状态寄存器

状态寄存器反映 SPC3 当前的状态并且为只读，状态寄存器各位的定义见表 2-14。

表 2-14　状态寄存器各位的定义（只读，地址 04H，05H）

	Offline/Passive_Idle	
Bit0	Offline/Passive_Idle 状态	
	0=SPC3 处于 offline 状态 1=SPC3 处于 passive idle 状态	
	FDL_IND_ST	
Bit1	临时缓存器中有无 FDL 标识（indication）	
	0= 临时缓存器中有 FDL 标识 1= 临时缓存器中无 FDL 标识	
	Diag_Flag	
Bit2	状态诊断缓存器	
	0=DP 主站得到诊断缓存器的数据 1=DP 主站还未得到诊断缓存器的数据	
	RAM 访问冲突	
Bit3	存取内存 > 1.5KB	
	0= 无地址冲突 1= 如果地址大于 1536B，从当前地址中减去 1KB，然后访问这一新的地址	

（续）

Bit4, 5	DP_State1···0
	DP 状态机的状态
	00=Wait_Prm 状态 01=Wait_Cfg 状态 10=Data_EX 状态 11= 不允许
Bit6, 7	WD_State1···0
	看门狗状态机制的状态
	00=Baud_Search 状态 01=Baud_Control 状态 10=DP_Control 状态 11= 不允许
Bit8, 9, 10, 11	Baud Rate3···0
	SPC3 正常工作的波特率
	0000=12Mbit/s 0001=6Mbit/s 0010=3Mbit/s 0011=1.5Mbit/s 0100=500kbit/s 0101=187.5kbit/s 0110=93.75kbit/s 0111=45.45kbit/s 1000=19.2kbit/s 1001=9.6kbit/s 其他 = 不允许
Bit12, 13, 14, 15	SPC3_Release3···0
	SPC3 的版本号
	0000=Release 0 Rest= 不允许

3. 中断控制器

通过中断控制器通知处理器各种中断信息和错误事件。中断控制器最多可存储 16 个中断事件。中断事件传送到共同的中断输出，中断控制器不提供优先级和中断矢量（与8259 不兼容）。

中断控制器包括中断请求寄存器（IRR）、中断屏蔽寄存器（IMR）、中断寄存器（IR）和中断响应寄存器（IAR）。

中断事件存储在 IRR 中，个别事件通过 IMR 被屏蔽，IRR 中的中断输入与中断屏蔽无关。在 IMR 没有被屏蔽的中断信号通过网络综合产生 X/INT 中断。用户调试时可在IRR 中设置各种中断。

中断处理器处理过的中断必须通过 IAR（New_Prm_Data，New_DDB_Prm_Data，New_Cfg_Data 除外）清除，在相应位上写入 1 即可清除。如果前一个已经确认的中断正在等待时，IRR 中有接收到一个新的中断请求，则此中断被保留。接着处理器使能屏蔽，则确保 IRR 中没有以前的未处理中断。出于安全考虑，使能屏蔽之前必须清除 IRR 中的位。

退出中断程序之前，处理器必须在方式寄存器中设置"end of interrupt_signal（EOI）=1"，此跳变使中断失效。如果另一个中断仍保留着，则至少经过 1μs 或 1～2ms 中断失效时间后，该中断输出将再次激活。中断失效时间可以通过 EOI_Timebase 位设置，这样可以利用边沿触发的中断输入再次进入中断程序。

中断输出的极性可以通过 INT_POL 方式位设置，硬件复位后输出低电平有效。IRR 各位的定义见表 2-15。

表 2-15　IRR 各位的定义（可写，可读，地址 00H、01H）

Bit0	MAC_Reset
	当处理完当前的请求，SPC3 进入离线状态（通过设置 Go_Offline 位或由于 RAM 访问冲突）
Bit1	Go/Leave_Data_EX
	DP_SM 进入或离开 DATA_EX 状态
Bit2	Baudrate_Detect
	SPC3 找到合适的波特率，并离开 Baud_Search 状态
Bit3	WD_DP_Control_Timeout
	在 DP_Control WD 状态下，看门狗定时器溢出
Bit4	User_Timer_Clock
	User_Timer_Clock 的时间基值溢出（1/10ms）
Bit5	Res
	保留
Bit6	Res
	保留
Bit7	Res
	保留
Bit8	New_GC_Command
	SPC3 接收到带有变化的 GC_Command_Byte 的 Globle_Control 报文，把这一字节存储在 R_GC_Command 内存单元中
Bit9	New_SSA_Data
	SPC3 接收到 Set_Slave_Address 报文，使 SSA 缓存器中的数据可用
Bit10	New_Cfg_Data
	SPC3 接收到 Check_Cfg 报文，使 Cfg 缓存器中的数据可用

（续）

Bit11	New_Prm_Data
	SPC3 接收到 Set_Param 报文，使 Prm 缓存器中的数据可用
Bit12	Diag_Buffer_Changed
	由于 New_Diag_Cmd 的请求，SPC3 交换诊断缓存器，并使原来的缓存器对用户可用
Bit13	DX_OUT
	SPC3 接收到 Write_Read_Data 报文，使新的输出数据在 N 状态下对用户可用，对于 Power_On 或 Leave_Master，SPC3 清除 N 缓存器，并产生中断
Bit14	Res
	保留
Bit15	Res
	保留

IR、IMR、IAR 各位的定义见表 2-16。

New_Prm_Data，New_Cfg_Data 输入不能通过 IAR 清除，只能通过用户确认后由状态机制来清除（如 User_Prm_Data_Okay 等）。

表 2-16　IR、IMR、IAR 各位的定义

地址	寄存器	读 / 写	复位状态	说明	
02H/03H	IR	只读	清除所有位		
04H/05H	IMR	可写，在操作中可改变	设置所有位	Bit=1	设置屏蔽，中断失效
				Bit=0	清除屏蔽，允许中断
02H/03H	IAR	可写，在操作中可改变	清除所有位	Bit=1	IRR 位清除
				Bit=0	IRR 位未发生变化

4. 看门狗定时器

（1）自动确定波特率（Baud_Search 状态）

SPC3 能自动确定波特率。每次复位或在 Baud_Control_State WD 溢出后，SPC3 自动进入 Baud_Search 状态。协议规定 SPC3 从最高的波特率开始查询。在监控时间内，如果没有接收到 SD1、SD2 或 SD3 报文，并且没有错误，SPC3 将从下一级波特率开始查询。

一旦确定正确的波特率，SPC3 进入 Baud_Control 状态，并且监视此波特率。监视时间可参数化（WD_Baud_Control_Val）。看门狗的时钟频率是 100Hz（10ms），每接收到一个发往本站的无误报文后，看门狗自动复位。如果看门狗时间溢出，SPC3 重新进入 Baud_Search 状态。

（2）波特率监视（Baud_Control 状态）

在 Baud_Control 状态下，看门狗不停地监视波特率。每接收到发往本站的正确报文后，看门狗自动复位。监视时间是 WD_Baud_Control_Val（用户设置参数）与时间基值（10ms）的乘积。如果监视时间溢出，WD_SM 重新回到 Baud_Search 状态。如果用户执行 SPC3 的 DP 协议（在方式寄存器中 DP_MODE=1），并接收到一个能响应时间监视（WD_On=1）的 Set_Param 报文后，看门狗工作在 DP_Control 状态。若 WD_On=0，看门狗一直工作在波特率监视状态。当定时时间溢出时，PROFIBUS_DP 状态机制也不复位。也就是说，从站一直工作在数据交换状态。

（3）响应时间监视（DP_Control 状态）

DP_Control 状态能响应 DP 主站的时间监视。设置的时间值是看门狗因数与有效时间基值（1ms 或 10ms）的乘积：Twd=（1ms 或 10ms）× WD_Fact_1 × WD_Fact_2。

用户可通过参数设置报文（取值可以是 1 ～ 255）装载两个看门狗（WD_Fact_1 和 WD_Fact_2）因数和时间基值。

例外：WD_Fact_1= WD_Fact_2=1 不允许，电路不检测这种设置。

监视时间可以是 2ms ～ 650s 之间的值，取决于看门狗因子，与波特率无关。

如果监视时间溢出，SPC3 回到 Baud_Control 状态，SPC3 产生 WD_DP_Control_Timeout 中断。另外，DP 状态机制复位，也就是产生缓存器管理的复位。

如果其他主站接收 SPC3，则转入 Baud_Control（WD_On=0），或在 DP_Control 下产生延时（WD_On=1），与响应时间监视使能有关（WD_On=0）。

2.5.6　PROFIBUS-DP 接口

下面是 DP 缓存器结构。

DP_Mode=1 时，SPC3 DP 方式使能。在这种过程中，下列 SAP 服务于 DP 方式。

DefaultSAP：　　　数据交换（Write_Read_Data）

SAP53：　　　　　DDB 参数设置报文选择（Set_DDB_Param）

SAP55：　　　　　改变站地址（Set_Slave_Address）

SAP56：　　　　　读输入（Read_Inputs）

SAP57：　　　　　读输出（Read_Outputs）

SAP58：　　　　　DP 从站的控制命令（Global_Control）

SAP59：　　　　　读配置数据（Get_Config）

SAP60：　　　　　读诊断信息（Slave_Diagnosis）

SAP61：　　　　　发送参数设置数据（Set_Param）

SAP62：　　　　　检查配置数据（Check_Config）

DP 从站协议完全集成在 SPC3 中，并独立执行。用户必须给 ASIC 设置参数，处理和响应传送报文。除了 Default SAP、SAP56、SAP57 和 SAP58，其他的 SAP 一直使能，这 4 个 SAP 在 DP 从站状态机制进入数据交换状态才使能。用户也可以使 SAP55 无效，这时相应的缓存器指针 R_SSA_Buf_Ptr 设置为 00H。在 RAM 初始化时已描述过使 DDB 单元失效。

用户在离线状态下配置所有的缓存器（长度和指针），在操作中除了 Dout/Din 缓存器长度外，其他的缓存配置不可改变。

用户在配置报文以后（Check_Config），等待参数化时，仍可改变这些缓存器。在数据交换状态下只可接收相同的配置。输出数据和输入数据都有三个长度相同的缓存器可用，这些缓存器的功能是可变的。一个缓存器分配给 D（数据传输），一个缓存器分配给 U（用户），第三个缓存器出现在 N（Next State）或 F（Free State）状态，然而其中一个状态不常出现。

两个诊断缓存器长度可变。一个缓存器分配给 D，用于 SPC3 发送数据；另一个缓存器分配给 U，用于准备新的诊断数据。

SPC3 首先将不同的参数设置报文（Set_Slave_Address 和 Set_Param）和配置报文（Check_Config），读取到辅助缓存 1 和辅助缓存 2 中。

与相应的目标缓存器交换数据（SSA 缓存器、PRM 缓存器、CFG 缓存器）时，每个缓存器必须有相同的长度，用户可在 P_Aux_Puf_Sel 参数单元定义使用哪一个辅助缓存。辅助缓存器 1 一直可用，辅助缓存器 2 可选。如果 DP 报文的数据不同，比如设置参数报文长度大于其他报文，则使用辅助缓存器 2（Aux_Sel_Set_Param=1），其他的报文则通过辅助缓存器 1 读取（Aux_Sel_Set_Param）。如果缓存器太小，SPC3 将响应"无资源"。

用户可用 Read_Cfg 缓存器读取 Get_Config 缓存中的配置数据，但二者必须有相同的长度。在 D 状态下可从 Din 缓存器中进行 Read_Input_Data 操作。在 U 状态下可从 Dout 缓存中进行 Read_Output_Data 操作。

由于 SPC3 内部只有 8 位地址寄存器，因此所有的缓存器指针都是 8 位段地址。访问 RAM 时，SPC3 将段地址左移 3 位与 8 位偏移地址相加（得到 11 位物理地址）。关于缓存器的起始地址，这 8 位是明确规定的。

2.5.7 通用处理器总线接口

SPC3 有一个 11 位地址总线的并行 8 位接口。SPC3 支持基于 Intel 的 80C51/52（80C32）处理器和微处理器，Motorola 的 HC11、HC16 和 HC916 系列处理器和微处理器，Siemens 的 80C166 处理器和微处理器。由于 Motorola 和 Intel 的数据格式不兼容，SPC3 在访问 16 位寄存器（中断寄存器、状态寄存器、方式寄存器 0）和 16 位 RAM 单元（R_User_Wd_Value）时，自动进行字节交换。这就使 Motorola 处理器能够正确读取 16 位单元的值。通常对于读或写，要通过两次访问完成（8 位数据线）。

由于使用了 11 位地址总线，SPC3 不再与 SPC2（10 位地址总线）完全兼容。然而 SPC2 的 XINTCI 引脚在 SPC3 的 AB10 引脚处，且这一引脚至今未用。而 SPC3 的 AB10 输入端有一内置下拉电阻。如果 SPC3 使用 SPC2 硬件，用户只能使用 1KB 的内部 RAM。否则，AB10 引脚必须置于相同的位置。

总线接口单元（BIU）和双口 RAM 控制器（DPC）控制着 SPC3 处理器内部 RAM 的访问。

另外，SPC3 内部集成了一个时钟分频器，能产生 2 分频（DIVIDER=1）或 4 分频（DIVIDER=0）输出，可实现与低速控制器相连。SPC3 的时钟脉冲是 48MHz。

1. 总线接口单元（BIU）

BIU 是连接处理器 / 微处理器的接口，有 11 位地址总线，是同步或异步 8 位接口。接口配置由 2 个引脚（XINT/MOT 和 MODE）决定，XINT/MOT 引脚决定连接的处理器系列（总线控制信号，如：XWR、XRD、R_W 和数据格式），MODE 引脚决定同步或异步。

在 C32 方式下必须使用内部锁存器和内部译码器。

2. 双口 RAM 控制器

SPC3 内部 1.5KB 的 RAM 是单口 RAM。然而，由于内部集成了双口 RAM 控制器，允许总线接口和处理器接口同时访问 RAM。此时，总线接口具有优先权，从而使访问时间最短。如果 SPC3 与异步接口处理器相连，则 SPC3 产生 Ready 信号。

3. 接口信号

在复位期间，数据输出总线成高阻状态。微处理器总线接口信号见表 2-17。

表 2-17　微处理器总线接口信号

名称	输入 / 输出	类型	说明
DB（7…0）	I/O	Tristate	复位时高阻
AB（10…0）	I		AB10 带下拉电阻
MODE	I		设置：同步 / 异步接口
XWR/E_CLOCK	I		Intel：写 /Motorola：E-CLK
XRD/R_W	I		Intel：读 /Motorola：读 / 写
XCS	I		片选
ALE/AS	I		Intel/Motorola：地址锁存允许
DIVIDER	I		CLKOUT2/4 的分频系数 2/4
X/INT	O	Tristate	极性可编程
XRDY/XDTACK	O	Tristate	Intel/Motorola：准备好信号
CLK	I		48MHz
XINT/MOT	I		设置：Intel/Motorola 方式
CLKOUT2/4	O	Tristate	24/12MHz
RESET	I	Schmitt-trigger	最少 4 个时钟周期

2.5.8　UART

发送器将并行数据结构转变为串行数据流。在发送第一个字符之前，产生 Request-to-Send（RTS）信号，XCTS 输入端用于连接调制器。RTS 激活后，发送器必须等到 XCTS 激活后才发送第一个报文字符。接收器将串行数据流转换成并行数据结构，并以 4 倍的传输速率扫描串行数据流。为了测试，可关闭停止位（方式寄存器 0 中 DIS_STOP_CONTROL=1 或 DP 的 Set_Param_Telegram 报文），PROFIBUS 协议的一个要求是报文字符之间不允许出现其他状态，SPC3 发送器保证满足此规定。通过 DIS_START_CONTROL=1（模式寄存器 0 或 DP 的 Set_Param 报文中），关闭起始位测试。

2.5.9　PROFIBUS 接口电路

PROFIBUS 接口数据通过 RS-485 传输。SPC3 通过 RTS、TXD、RXD 引脚与电流隔离接口驱动器相连。PROFIBUS 接口电路如图 2-14 所示。PROFIBUS 接口通常为 9 针 D 型接插件。注意，在图 2-14 中，M、2M 为不同的电源地，P5、2P5 为两组不共地的 +5V 电源，74HC132 为施密特与非门。

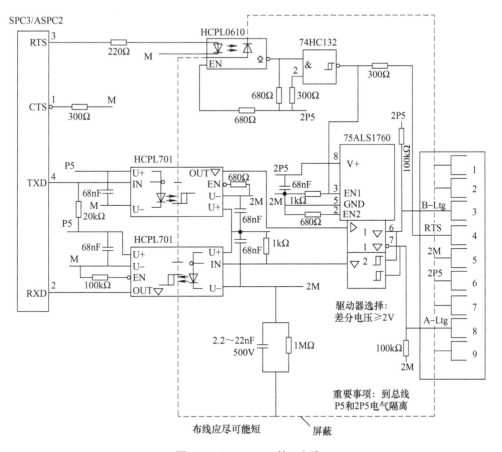

图 2-14　PROFIBUS 接口电路

2.6 主站通信控制器 ASPC2 与网络接口卡

2.6.1 ASPC2 介绍

ASPC2 是 Siemens 公司生产的主站通信控制器，该通信控制器可完全处理 PROFIBUS EN 50170 的第 1 层和第 2 层协议，可以为 PROFIBUS-DP 和使用段耦合器的 PROFIBUS-PA 提供一个主站。对于 PLC、个人计算机、电机控制器、过程控制系统直至下面的操作员监控系统来说，ASPC2 有效地减轻了通信任务。它还可用于从站，连接低级设备（如控制器、执行器、测量变换器和分散 I/O 设备）。

（1）ASPC2 ASIC 特性

1）单片支持 PROFIBUS-DP、PROFIBUS-FMS 和 PROFIBUS-PA。

2）用户数据吞吐量高。

3）支持 DP 在非常快的反应时间内通信。

4）支持所有令牌管理和任务处理。

5）与所有普及的处理器类型优化连接，无需在微处理器上安置时间帧。

（2）ASIC 与主机接口

1）处理器接口，可设置为 8/16 值，可设置为 Intel/Motorola Byte Ordering。

2）用户接口，ASPC2 可外部寻址，1MB 作为共享 RAM。

3）存储器和微处理器可与 ASIC 连接为共享存储器模式或双口存储器模式。

4）在共享存储器模式下，几个 ASIC 共同工作等价于一个微处理器。

（3）支持的服务

1）标识。

2）请求 FDL 状态。

3）不带确认发送数据（SDN）广播或多点广播。

4）带确认发送数据（SDA）。

5）发送和请求数据带应答（SRD）。

6）SRD 带分布式数据库（ISP 扩展）。

7）SM 服务（ISP 扩展）。

（4）传输速度

1）9.6kbit/s、19.2kbit/s、93.75kbit/s、187.5kbit/s、500kbit/s。

2）1.5Mbit/s、3Mbit/s、6Mbit/s 和 12Mbit/s。

（5）反应时间

1）短确认（如 SDA）：1ms（11bit 时间）。

2）典型值（如 SRD）：3ms。

（6）站点数

1）最大期望值 127 个主站或从站。

2）每站 64 个服务访问点（SAP）及一个默认 SAP。

（7）传输方法依据

1）EN 50170 PROFIBUS 标准，第 1 部分和第 3 部分。

2）ISP 规范 3.0（异步串行接口）。

（8）环境温度

1）工作温度：–40 ～ 85℃。

2）存放温度：–65 ～ 150℃。

3）工作期间芯片温度：–40 ～ 125℃。

（9）物理设计

P-MQFP100 封装 14 × 20mm² 或 17.2 × 23.2mm²，如图 2-15 所示。

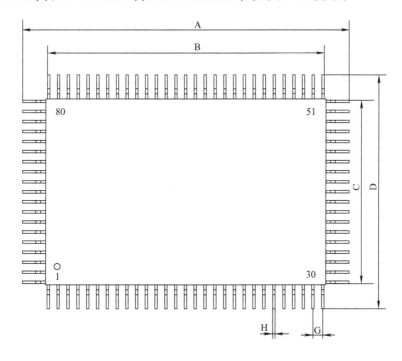

A	(23.20±0.25)mm
B	(20.00±0.20)mm
C	(14.00±0.20)mm
D	(17.20±0.25)mm
E	(2.70±0.20)mm
F	(0.88±0.15)mm
G	0.65mm
H	(0.30±0.08)mm
L	0.25mm(最小值)
M	0.16mm(典型值)

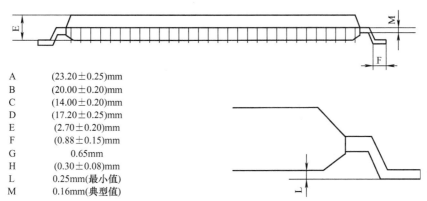

图 2-15　P-MQFP100 物理封装

引脚配置见表 2-18。

表 2-18 引脚配置

01：XRD	T	26：XREQ	T	51：AB11		76：DIA5	
02：DT/XR		27：XREQRDY		52：AB10		77：V_{SS}	
03：V_{SS2}		28：XENBUF		53：V_{SS}		78：DIA4	
04：V_{DD3}		29：V_{SS2}		54：V_{DD3}		79：DIA3	
05：XBHE/XWRH	TPU	30：XINT/MOT	CPD	55：AB9		80：V_{SS2}	
06：HOLD		31：XTEST0	C	56：AB8		81：DIA2	
07：DB7	TPU	32：XTEST1	C	57：AB7		82：DIA1	
08：DB6	TPU	33：XWRL-MODE	CPU	58：AB6		83：DIA0	
09：V_{DD}		34：XCTS	C	59：V_{DD}		84：X/INT-EV	
10：V_{SS}		35：DIA9		60：V_{SS}		85：X/INT-CI	
11：DB5	TPU	36：XB8/B16	CPU	61：AB5	T	86：RTS	
12：DB4	TPU	37：XWR/XWRL	T	62：AB4	T	87：TXD	
13：DB3	TPU	38：AB19		63：AB3	T	88：DB15	TPU
14：DB2	TPU	39：AB18		64：AB2	T	89：DB14	TPU
15：V_{DD}		40：V_{DD}		65：V_{DD}		90：V_{DD}	
16：V_{SS}		41：V_{SS}		66：V_{SS}		91：V_{SS}	
17：V_{SS3}		42：AB17		67：V_{SS3}		92：V_{SS3}	
18：DB1	TPU	43：AB16		68：AB1	T	93：DB13	TPU
19：DB0	TPU	44：AB15		69：AB0	T	94：DB12	TPU
20：X/HOLDAOUT		45：AB14		70：XCLK2		95：DB11	TPU
21：X/HOLDAIN	T	46：V_{SS}		71：CLK	CS	96：DB10	TPU
22：RESET	CS	47：V_{DD}		72：XHTOK		97：V_{SS}	
23：RXD	C	48：V_{SS2}		73：DIA8		98：V_{DD}	
24：XRDY	T	49：AB13		74：DIA7		99：DB9	TPU
25：XCS	T	50：AB12		75：DIA6		100：DB8	TPU

注：V_{DD}：输出且内部配置；V_{SS3}：输入；CPU：CMOS 输入带上拉；V_{DD3}：输入；T：TTL 电平；CPD：CMOS 输入带下拉；V_{SS}：输出；TPU：TTL 电平带上拉；CS：CMOS-Schmitt-Trigger 输入；V_{SS2}：内部配置；C：COMS 输入。

2.6.2 CP5611 网络接口卡

CP5611 是 Siemens 公司推出的网络接口卡，用于将工控机连接到 PROFIBUS、SIMATIC S7 和 MPI。支持 PROFIBUS 的主站和从站、PG/OP、S7 通信。

（1）CP5611 网络接口的主要特点

1）不带有微处理器。

2）具有经济的 PROFIBUS 接口。

3）OPC 作为标准接口。

4）CP5611 是基于 PCI 总线的 PROFIBUS-DP 网络接口卡，可以插在 PC 及其兼容机的 PCI 总线插槽上，在 PROFIBUS-DP 网络中作为主站或从站使用。

5）作为 PC 上的编程接口，可使用 NCM PC 和 STEP7 软件。

6）作为 PC 上的监控接口，可使用 WinCC、Fix、组态王、力控等软件。

7）支持的通信速率最大为 12Mbit/s。

8）设计可用于工业环境。

（2）CP5611 与从站通信的过程

当 CP5611 作为网络上的主站时，CP5611 通过轮询方式与从站进行通信。这就意味着主站要想和从站通信，首先发送一个请求数据帧，从站得到请求数据帧后，向主站发送一响应帧。请求帧包含主站给从站的输出数据，如果当前没有输出数据，则向从站发送一空帧。从站必须向主站发送响应帧，响应帧包含从站给主站的输入数据，如果没有输入数据，也必须发送一空帧，才完成一次通信。通常按地址增序轮询所有的从站，当与最后一个从站通信完成以后，接着再进行下一个周期的通信。这样就保证所有的数据（包括输出数据，输入数据）都是最新的。

通信的主要报文有：令牌报文、固定长度没有数据单元的报文、固定长度带数据单元的报文、变数据长度的报文。

2.6.3　CP5613 网络接口卡

CP5613 是 Siemens 公司推出的基于 PCI 总线的 PROFIBUS-DP 网络接口卡，用于将工控机连接到 PROFIBUS 总线，一个 PROFIBUS 接口，仅支持 DP 主站、PG/OP、S7 通信。CP5613 网络接口卡的主要特点如下：

1）集成微处理器。

2）经由双端口 RAM 能最快速地访问过程数据。

3）由于减轻主机 CPU 的负载，工控机的计算性能得以提高。

4）OPC 作为标准接口。

5）在一个 DP 循环过程中，保持数据的一致性。

6）依靠即插即用和诊断工具，缩短调试时间。

7）通过等距模式支持，实现运动控制应用。

8）用双端口 RAM，易于移植到其他操作系统。

9）可用于高温的工业环境。

另外，带有微处理器的网络接口卡还有 CP5613 FO、CP5614、CP5614 FO。CP5613 FO 用于光纤通信，其他特点与 CP5613 相同。CP5614 用于工控机连接到 PROFIBUS，两个 PROFIBUS 接口，支持 DP 主站和从站、PG/OP、S7 通信，CP5614 FO 用于光纤通信，其他特点与 CP5614 相同。

2.6.4　CP5511/5512 网络接口卡

CP5511/5512 网络接口卡用于将带有 PCMCIA 插槽的编程器 / 便携式 PC 连接到 PROFIBUS、SIMATIC S7 的 MPI。支持 PROFIBUS 主站和从站、PG/OP、S7 通信。

2.7 PROFIBUS-DP 开发包 4

目前开发 PROFIBUS-DP，主要是开发它的从站，主站的开发因费用较高，工作进展较慢。

Siemens 公司为了方便用户利用其通信控制器芯片开发 PROFIBUS 产品，提供了一些相关的开发套件，其中开发包 4（PACKAGE4）是专门对 Siemens 的从站 ASIC 芯片 SPC3 开发而提供的，它包括 SPC3 与单片微控制器的接口电路图以及主站和从站的所有源代码，有了开发包 4 将会加快用户 PROFIBUS-DP 产品的开发，Siemens 公司所提供的接口模块的优点在于开发人员不需要再开发附加的外围电路，不同的接口模块可用于各种需求及应用场合。

2.7.1 开发包 4 的组成

开发包 4 很容易将一个产品快速连接到 PROFIBUS-DP 上。

开发包 4 主要由硬件、软件和应用文档组成，主站和从站都可以使用开发包 4 进行开发，最大数据传输速率为 12Mbit/s。

1. 硬件组成

（1）IM180 主站接口模块

IM180 可将第三方设备作为主站连接到 PROFIBUS-DP 上，可完全独立完成总线控制，处理通信任务，最大数据传输速率为 12Mbit/s。

1）组成：IM180 接口模块主要由 ASIC 芯片 ASPC2、80C165 微处理器、Flash 和 RAM 组成。ASPC2 由 48MHz 晶振提供脉冲。模块尺寸为 100mm×100mm，适合面对面方式的安装。IM180 连接一般编程设备或 PC 还需要一块母板，这块母板是 IM181，是一块 ISA 短卡。

2）操作：专用集成电路 ASPC2 芯片可独立处理总线协议，与主系统的通信通过双口 RAM 完成。数据交换由应用程序完成。

3）主要技术指标：

① 最大数据传输速率为 12Mbit/s。

② PROFIBUS-DP 协议由 ASPC2 ASIC 处理。

③ 模块核心组件：80C165CPU、40MHz 晶振、2×128KB RAM、256KB EPROM。

④ 主系统接口：16/8 位数据总线连接双口 RAM（8k×16B）；64 针连接器（4 排），可选的 16/8 位数据总线连接表。

⑤ 通过双口 RAM 实现高效数据交换。

⑥ DC5V 供电。

⑦ 工作温度 0～70℃。

⑧ 外型尺寸：W×H=100mm×100mm。

4）固态程序：固态程序运行于微处理器，完成全部的协议处理和所有主站具有的功能。

5）驱动：提供 Windows NT 的驱动。

6）演示软件：IM180/181 演示软件可演示在 DOS 环境下使用 IM180 双口 RAM 的方法和使用 IM180 用户接口的各种操作。

7）配置：IM180 可使用 COM PROFIBUS 软件包完成配置。用户不必开发自己的配置工具。

IM180 主站接口模块框图如图 2-16 所示。

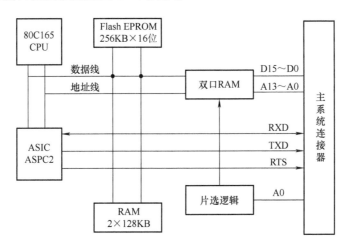

图 2-16　IM180 主站接口模块框图

（2）IM183-1 从站接口模块

IM183-1 用于智能从站，可将第三方设备作为从站简便地连接到 PROFIBUS-DP 上，最大数据传输速率为 12Mbit/s。

1）组成：IM183-1 接口模块主要由 ASIC 芯片 SPC3、80C32 微处理器、EPROM、RAM 和一个用于 PROFIBUS-DP 的 RS-485 接口组成。IM183-1 还提供一个 RS-232 接口，可将具有 RS-232 接口设备，如 PC 连接到 PROFIBUS-DP 上。SPC3 由 48MHz 晶振提供脉冲源。IM183-1 模块尺寸如支票夹大小，适用面对面（face-to-face）方式的安装。

2）操作：专用集成电路 SPC3 芯片可独立处理总线协议，与主系统的通信通过数据和地址总线实现，由连接器连接。数据交换由应用程序完成。

3）主要技术指标：

①最大数据传输速率为 12Mbit/s，可自动检测总线数据传输速率。

②PROFIBUS 协议由 SPC3 ASIC 处理，SPC3 芯片使用 48MHz 晶振。

③模块核心组件：80C32CPU、20MHz 晶振、32KB SRAM、32KB/64KB EPROM。

④连接器：50 针连接器用于连接主设备，14 针连接器用于连接 RS-232，10 针连接器用于连接 RS-485。

⑤可软件复位 SPC3。

⑥隔离的 RS-485 用于连接 PROFIBUS-DP。

⑦DC5V 供电；典型功耗 11mA；具有反向保护。

⑧工作温度：0 ～ 70℃。

⑨外型尺寸：W × H=86mm × 76mm。

4）固态程序：固态程序（以 C 源码方式提供）可实现在 SPC3 内部寄存器与应用

接口之间连接。固态程序的运行基于微处理器，为应用提供了简单集成化的接口。固态程序大约 6KB 并包含了一定比例的实例。使用 IM183–1 并不是一定要使用固态程序，因为 SPC3 中的寄存器是完全格式化的，使用固态程序可使用户节省自主开发的时间。IM183–1 接口模块框图如图 2-17 所示。

（3）IM184 从站接口模块

IM184 可将第三方设备作为从站简便地连接到 PROFIBUS-DP 上。最大数据传输速率是 12Mbit/s。IM184 用于简单从站，如传感器和执行机构。

1）组成：IM184 接口模块主要由 ASIC 芯片 LSPM2、EEPROM 扩展槽和一个用于 PROFIBUS-DP 的 RS–485 接口组成。LED 可显示"RUN""BUS ERROR"和"DIAGNOSTICS"状态。LSPM2 由 48MHz 晶振提供脉冲源。IM184 模块尺寸如支票夹大小，适合 face-to-face 方式的安装。

2）操作：专用集成电路 LSPM2 芯片可独立处理总线协议，与主系统的通信通过连接器连接。因此，输入输出信号也必须由连接器的端子提供。

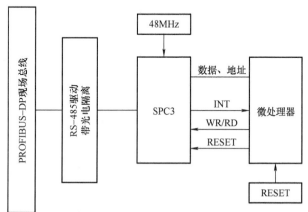

图 2-17　IM183–1 接口模块框图

3）主要技术指标：

① 最大数据传输速率为 12Mbit/s，可自动检测总线数据传输速率。

② PROFIBUS 协议由 LSPM2 ASIC 处理。LSPM2 芯片使用 48MHz 晶振。

③ 32 个可配置输入 / 输出，其中最多可有 16 个诊断输入。

④ 8 个独立的诊断输入。

⑤ 连接器：2×34 针连接器用于连接主设备，10 针连接器用于连接 RS–485。

⑥ 隔离的 RS–485 用于连接 PROFIBUS-DP。

⑦ EEPROM 插槽，64×16bit。

⑧ DC 5V 供电；典型功耗 150mA；具有反向保护。

⑨ 工作温度：0 ~ 70℃。

⑩ 外型尺寸：W×H=85mm×64mm。

4）固态程序：IM184 不需要任何固态程序。模块上的 ASIC 可处理全部协议。IM184 接口模块框图如图 2-18 所示。

2. 软件部件

1）用于组态总线系统和 IM180 接口模板的 COM PROFIBUS。

2）用于 IM183–1 和 IM180 接口模板的固件，它包括主站与从站的源代码。

3）演示软件，它特别适宜于开发包的配置。

3. 文档

1）SPC3.pdf：这个文件是从站
芯片 SPC3 的器件手册。

2）IM180-e.pdf：这个文件是
主站接口板 IM180 的用户手册。

2.7.2　硬件安装

首先打开文件 IM180-e.pdf，找
到有关主站接口卡 IM181-1 的设
置与安装说明，按上面的说明设置
IM180-1 的双口 RAM 基址与中断
号、I/O 地址；然后打开文件 Dpmt.

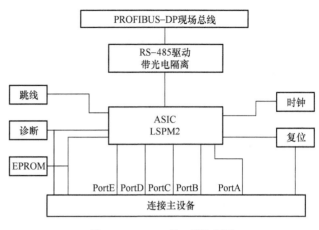

图 2-18　IM184 接口模块框图

cfg，将修改后的硬件参数在文件的对应位置修改；接着可以将带有 IM181-1 ISA 接口板
的主站模板 IM180 安装在一台计算机上或一个 PLC 上，最后将智能从站模块 IM183 和简
单从站模块 IM184 接上电源和电缆。

2.7.3　软件使用

1. GSD 编辑器 GSDEdit.exe 和 GSD 检验工具 GSDCheck.exe

获取途经：网络 www.Profibus.com

为了使 PROFIBUS 能成为一个国际性的、开放的总线，PROFIBUS 要求生产商必须
遵守一个互操作的规约 EN50170V.2 "Device Description Data Files GSD"。简单说，它
要求生产商为每个 PROFIBUS 设备提供一个 GSD 文件，这个文件对设备的通信属性进行
了一个比较明确的描述。IM184 接口模块的 GSD 文件如下：

```
; GSD-File for IM184                          SIEMENS AG
; MLFB：6ES7 184-0AA00-0XA0
; Sync-supp，Freeze-supp，Auto-Baud-supp，12MBaud
; Stand：14.11.96 fr
; File：SIEMFFFF.GSD
#Profibus-DP
; Unit-Definition-List：
GSD-Revision=1
Vendor-Name= "SIEMENS"
Model-Name= "TEST IM184"
Revision= "Rev.1"
Ident-Number=0Xffff
Protocol-Ident=0
Station-Type=0
```

Hardware-Release="Axxx"

Software-Release="Axxxx"

9.6-supp=1

19.2-supp=1

93.75-supp=1

187.5-supp=1

500-supp=1

1.5M-supp=1

3M-supp=1

6M-supp=1

12M-supp=1

…

从上面可以看出，这个文件有许多关于总线参数定义和生产商的名称等。有了这个文件，主站才能知道下面的从站速度，以及是否支持波特率自适应等。为了方便生产商，PROFIBUS 用户组织开发提供了一些很方便的软件，用于 GSD 文件的产生和检验的小工具。这些软件可以从网上下载，也可以从 PROFIBUS 技术支持中心免费得到。

GSD 编辑器用于开发者方便地产生自己所需的 GSD 文件，所以只要对一些相应的地方做一些改动就行了，然后可以用 GSDCheck.exe 对这个文件进行检验，看它是否符合 GSD 协议。如果没有开发包 4，则可以在 GSD 编辑器中新建一个文件，并根据设备类型选取各个属性，当然想简单的话，还可从网上或当地的 PROFIBUS 技术中心免费获取所有注册过的 PROFIBUS 设备的 GSD 文件，也许能从中找到一个和开发类似的设备，并在它上面进行修改。

2. PROFIBUS 总线配置软件 COM PROFIBUS（Comet.exe）

获取途径：开发包 4。

COM PROFIBUS 对系统的配置和参数化将是非常简单的，先将各个设备的 GSD 文件拷贝到 COM PROFIBUS 的相应路径下，再新建一个项目文件，并在项目文件中加入各个设备，并设置好设备的属性和总线参数，最后导出一个二进制的参数化文件并将这个文件送到主站的参数模块内。开发包 4 内有演示系统的项目文件 Ekit4v3.et2，可以用 COM PROFIBUS 打开这个项目文件，在 COM PROFIBUS 内双击项目文件，会看见一个主站（IM180）和两个从站（IM183、IM184）组成的一个小型系统。通过这个软件的帮助可很快学会如何配置系统和产生一个二进制文件。当然也可以输出一个 ASIC 文件来验证系统是不是符合要求。演示系统的二进制文件在开发包 4 内已经有了（Ekit4v3.2bf）。在 COM PROFIBUS 中的一个功能是如果有 V3.0 版以上的 IM180，可通过 COM PROFIBUS 在线参数化，系统如同 PROFIBUS 的二类主站一样。最后补充一句，Siemens 公司的 STEP7 中也可以做上述工作，不过要按说明书拷贝几个文件到相应的目录下。

3. 主站演示软件 DPMT.EXE

获取途径：开发包 4。

安装好硬件后，可以运行光盘中的主站演示软件 DPMT.EXE，如果接口卡 IM181 设置正确，它会提示"Hardware reset to IM180?（jJyY）"，这时请输入 Y，如果成功进入系统，则表明硬件安装成功了，如果提示"!!! SYSTEM ERROR FUNCTION !!!"则表明设置不对，软件没有找到主站卡，这时应该看看是不是 PC 上的硬件有冲突。

硬件安装成功后会看见一个简明的界面，可以根据开发包的说明文档进行一些简单测试，不过由于没有参数化文件，所以不能访问从站。这时将用 COM PROFIBUS 产生的二进制参数化文件或者在开发包内找个现成的参数化文件 Ekit4v3.2bf，将它的路径填入菜单 IM180-command 中的 paramater IM180 目录中，然后选择 software reset，通过功能键将系统开启。这时就可以通过菜单的 IM180-new-command 向从站发送数据和接收数据。这个软件也可以用来调试新开发的主站和从站。

2.8 PROFIBUS-DP 从站的开发

从站的设计分两种：一种就是利用现成的从站接口如 IM183、IM184 开发，这时只要通过 IM183/184 上的接口开发就行了，另一种则是利用芯片进行深层次的开发。对于简单的开发如远程 I/O 测控，用 LSPM 系列就能满足要求，但是如果开发一个比较复杂的智能系统，那么最好选择 SPC3，下面介绍采用 SPC3 进行 PROFIBUS-DP 从站的开发过程。

2.8.1 硬件设计

SPC3 通过一块内置的 1.5KB 双口 RAM 与 CPU 接口，它支持多种 CPU，包括 Intel、Siemens、Motorola 等。SPC3 与 AT89S52 CPU 的接口电路如图 2-19 所示。SPC3 中双口 RAM 的地址为 1000H ～ 15FFH。

2.8.2 软件设计

SPC3 的软件开发难点是在系统初始化时对其 64 字节的寄存器进行配置，这个工作必须与设备的 GSD 文件相符，否则将会导致主站对从站的误操作。这些寄存器包括输入、输出、诊断、参数等缓存区的基地址以及大小等，用户可在器件手册中找到具体的定义。当设备初始化完成后，芯片开始进行波特率扫描，为了解决现场环境与电缆延时对通信的影响，Siemens 所有 PROFIBUS ASIC 芯片都支持波特率自适应，当 SPC3 加电或复位时，它将自己的波特率设置最高，如果设定的时间内没有接收到三个连续完整的包，则将它的波特率调低一个档次并开始新的扫描，直至找到正确的波特率为止。当 SPC3 正常工作时，它会进行波特率跟踪，如果接收到一个给自己的错误包，它会自动复位并延时一个指定的时间再重新开始波特率扫描，同时它还支持对主站回应超时的监测。当主站完成所有轮询后，如果还有多余的时间，它将开始通道维护和新站扫描，这时它将对新加入的从站进行参数化，并对其进行预定的控制。

SPC3 集成了物理层和数据链路层的功能，与数据链路层的接口是通过服务访问点来完成的，SPC3 支持 10 种服务，这些服务大部分都是由 SPC3 来自动完成的，用户只能通过设置寄存器来影响它。SPC3 是通过中断与单片微控制器进行通信的，但是单片微控制器的中断显然不够用，所以 SPC3 内部有一个中断寄存器，当接收到中断后再去寄存器查中断号来确定具体操作。

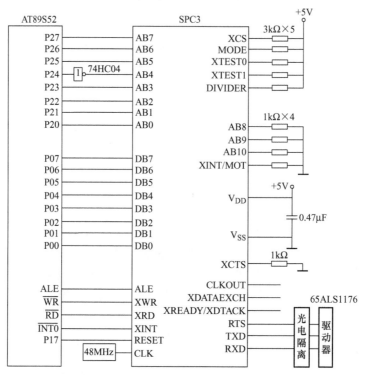

图 2-19　SPC3 与 AT89S52 CPU 的接口电路

　　在开发包 4 中有 SPC3 接口单片微控制器的 C 源代码（Keil C51 编辑器），用户只要对其做少量改动就可在项目中运用。从站的代码共有四个文件，分别是 Userspc3.c、Dps2spc3.c、Intspc3.c、Spc3dps2.h，其中 Userspc3.c 是用户接口代码，所有的工作就是找到标有 example 的地方将用户自己的代码放进去，其他接口函数源文件和中断源文件都不必改。如果认为 6KB 的通信代码太大的话，也可以根据 SPC3 的器件手册写自己的程序，当然这样是比较花时间的。

　　在开发完从站后一定要记住 GSD 文件要与从站类型相符，比方说，从站是不许在线修改从站地址的，但是 GSD 文件是：Swe_Slave_Add_supp=1（意思是支持在线修改从站地址），那么在系统初始化时，主站将参数化信息送给从站，从站的诊断包则会返回一个错误代码 "Diag.Not_Supported Slave doesn't support requested function"。

2.9　PROFIBUS 控制系统的集成

2.9.1　PROFIBUS 控制系统的构成

　　PROFIBUS 控制系统主要包括以下三部分。

1. 一类主站

一类主站指 PLC、PC 或可做一类主站的控制器，由它完成总线通信控制与管理。

2. 二类主站

二类主站包括操作员工作站、编程器、操作员接口等，完成各站点的数据读写、系统配置、故障诊断等。

3. 从站

（1）PLC（智能型 I/O）

PLC 自身有程序存储，PLC 的 CPU 部分执行程序并按程序驱动 I/O。作为 PROFIBUS 主站的一个从站，在 PLC 存储器中有一段特定区域作为与主站通信的共享数据区。主站可通过通信间接控制从站 PLC 的 I/O。

（2）分散式 I/O（非智能型 I/O）

通常由电源部分、通信适配器部分、接线端子部分组成。分散式 I/O 不具有程序存储和程序执行功能，通信适配器部分接收主站指令，按主站指令驱动 I/O，并将 I/O 输入及故障诊断等信息返回给主站。通常分散型 I/O 是由主站统一编址，这样在主站编程时使用分散式 I/O 与使用主站的 I/O 没有什么区别。

（3）驱动器、传感器、执行机构等现场设备

即带 PROFIBUS 接口的现场设备，可由主站在线完成系统配置、参数修改、数据交换等功能。至于哪些参数可进行通信及参数格式由 PROFIBUS 行规决定。

2.9.2　PROFIBUS 控制系统的配置

1. 根据现场设备是否具备 PROFIBUS 接口可分为三种形式

（1）总线接口型

现场设备不具备 PROFIBUS 接口，采用分散式 I/O 作为总线接口与现场设备连接。这种形式在应用现场总线技术初期容易推广。如果现场设备能分组，组内设备相对集中，这种模式会更好地发挥现场总线技术的优点。

（2）单一总线型

现场设备都具备 PROFIBUS 接口，可使用现场总线技术，实现完全的分布式结构，可充分获得现场总线技术所带来的利益。新建项目可使用单一总线，但这种方案设备成本相对较高。

（3）混合型

现场设备部分具备 PROFIBUS 接口。这将是一种相当普遍的情况。这时应采用 PROFIBUS 现场设备加分散式 I/O 混合使用的办法。无论是旧设备改造还是新建项目，希望全部使用具备 PROFIBUS 接口现场设备的场合可能不多，分散式 I/O 可作为通用的现场总线接口，是一种灵活的集成方案。

2. 根据实际应用需要的几种结构类型

根据实际需要通常有如下几种结构类型：

1）以 PLC 或控制器做一类主站，不设监控站，但调试阶段配置一台编程设备。这种结构类型，PLC 或控制器完成总线通信管理，从站数据读写，从站远程参数化工作。

2）以 PLC 或控制器做一类主站，监控站通过串口与 PLC 一对一地连接。这种结构类型，监控站不在 PROFIBUS 网上，不是二类主站，不能直接读取从站数据和完成远程参数化工作。监控站所需的从站数据只能从 PLC 控制器中读取。

3）以 PLC 或其他控制器做一类主站，监控站（二类主站）连接到 PROFIBUS 总线上。这种结构类型，监控站在 PROFIBUS 网上作为二类主站，可完成远程编程、参数化及在线监控功能。

4）使用 PC 机加 PROFIBUS 网卡做一类主站，监控站与一类主站一体化。这是一个低成本方案，但 PC 机应选用具有高可靠性、能长时间连续运行的工业级 PC 机。对于这种结构类型，PC 机故障将导致整个系统瘫痪。另外，通信厂商通常只提供一个模板的驱动程序，总线控制、从站控制程序、监控程序可能要由用户开发，因此应用开发工作量可能会较大。

5）紧凑式 PC 机 + PROFIBUS 网卡 +SOFTPLC 的结构形式。如果上述方案中 PC 机换成一台紧凑式 PC 机，系统可靠性将大大增强。但这是一台监控站与一类主站一体化控制器工作站，要求它的软件完成如下功能：

① 支持编程，包括主站应用程序的开发、编辑、调试。

② 执行应用程序。

③ 通过 PROFIBUS 接口对从站的数据读写。

④ 从站远程参数化设置。

⑤ 主 / 从站故障报警及记录。

⑥ 主持设备图形监控画面设计、数据库建立等监控程序的开发、调试。

⑦ 设备在线图形监控、数据存储及统计、报表等功能。

近来出现一种称为 SOFTPLC 的软件产品，是将通用型 PC 机改造成一台由软件（软逻辑）实现的 PLC。这种软件将 PLC 的编程（IEC 1131）及应用程序运行功能，和操作员监控站的图形监控开发、在线监控功能集成到一台紧凑式 PC 机上，形成一个 PLC 与监控站一体的控制器工作站。

6）使用两级网络结构，这种方案充分考虑了未来扩展的需要，比如要增加几条生产线即扩展出几条 DP 网络，车间监控要增加几个监控站等，都可以方便进行扩展。采用了两级网络结构形式，充分考虑了扩展余地。

2.9.3 PROFIBUS 系统配置中的设备选型

目前国内外生产 PROFIBUS 产品的公司有很多家，下面以 Siemens 公司产品为例，介绍 PROFIBUS 系统配置和设备选型。

1. 选择主站

（1）选择 PLC 做一类主站

有两种形式：

1）处理器内置 PROFIBUS 接口：这种 CPU 通常内置一个 PROFIBUS-DP 和一个 MPI 接口。

2）PROFIBUS 通信处理器：CPU 不带 PROFIBUS 接口，需要配置 PROFIBUS 通信处理器模块。

① IM308-C 接口模块。

a. 用于 SIMATIC S5-115U/H 至 S5-155H，此模块只占一槽。

b. 作主站，IM308-C 接口模块管理 PROFIBUS-DP 数据通信，可连接多达 122 个从站，如 ET200 系列分散型 I/O 或 S5-95U/DP。

c. 可作为从站与主站交换数据。

d. 数据传输速率：9.6kbit/s ～ 12Mbit/s。

② CP5431 FMS/DP 通信处理器。

a. 该模块可将 SIMATIC S5-115U 至 SIMATIC S5-155U 连接到 PROFIBUS 上，当作主站时，符合 EN50170，具有 FMS、DP、FDL 通信协议。

b. 该模块在 SIMATIC S5 系统中，占单槽。

c. 数据传输速率：9.6kbit/s ～ 1.5Mbit/s。

③ CP342-5/CP343-5 通信处理器。

a. CP342-5/CP343-5 通信处理器用于 S7-300 系列，CP342-5 可将 S7-300 连接到 PROFIBUS-DP 上，CP343-5 可将 S7-300 连接到 PROFIBUS-FMS/DP 上。

b. CP342-5 可作主站或从站，符合 EN50170 标准，提供的通信功能包括 DP、S7-Function、SEND/RECEIVE。

c. 作为主站，最多可带 125 个从站。

d. 数据传输率前者为 9.6kbit/s ～ 1.5Mbit/s，后者为 9.6kbit/s。

④ CP443-5 通信处理器。

a. 该模块用于 S7-400 系列，可将 S7-400PLC 连接到 PROFIBUS-FMS/DP 上。

b. 该模块可作主站或从站，符合 EN50170 标准，提供的通信功能包括 FMS、DP、S7-Function、SEND/RECEIVE。

c. 数据传输速率：9.6kbit/s ～ 12Mbit/s。

（2）选择 PC+ 网卡作一类主站

PC 机加 PROFIBUS 网卡可作一类主站，也可作编程监控的二类主站，其特性由网卡所带的软件包设置决定。

1）CP5411,CP5511,CP5611 网卡。CP5X11 自身不带微处理器；CP5411 是短 ISA 卡；CP5511 是 TYPE Ⅱ PCMCIA 卡；CP5611 是短 PCI 卡。CP5X11 可运行多种软件包，9 针 D 型插头可成为 PROFIBUS-DP 或 MPI 接口。

2）CP5412 通信处理器。

① 用于 PG 或 AT 兼容机，ISA 总线卡，9 针 D 型接口。

② 具有 DOS，Windows98、Windows NT、UNIX 操作系统下的驱动软件包。

③ 支持 FMS，DP、FDL，S7 Function，PG Function。

④ 具有 C 语言接口（C 库或 DLL）。

⑤ 数据传输速率：9.6kbit/s ～ 12Mbit/s。

2. 选择从站

根据实际需要，选择带 PROFIBUS 接口的分散式 I/O、传感器、驱动器等从站。从站性能指标一定要首先满足现场设备控制需要，再考虑 PROFIBUS 接口问题。如从站不具备 PROFIBUS 接口，可考虑分散式 I/O 方案。

（1）分散式 I/O

1）ET200M。

ET200M 是一种模块式结构的远程 I/O 站，由 IM153 PROFIBUS-DP 接口模块、电源、各种 I/O 模块组成。ET200M 可使用 S7–300 系列所有 I/O 模块，SM321/322/323/331/332/334、EX、FM350–1/351/352/353/354，最多可扩展到 8 个 I/O 模块，最多可提供的 I/O 地址为 128BYTEINPUT/128 BYTEOUTPUT，防护等级为 IP20，最大传输速率是 12Mbit/s，具有集中和分散式的诊断数据分析。

2）ET200L。

ET200L 是小型固定式 I/O 站，由端子模块和电子模块组成，端子模块由电源及接线端子组成，电子模块由通信部分及各种类型的 I/O 部分组成。ET200L 可选择多种 DC24V 开关量输入、输出及混合输入 / 输出模块：16DI、16DO、32DI、32DO、16DI/16DO。ET200L 具有集成的 PROFIBUS-DP 接口，防护等级为 IP20，最大传输速率为 1.5Mbit/s，具有集中和分散式的诊断数据分析。

ET200L-SC 是可扩展的 ET200L，由 TBl6SC 扩展端子，可扩展 16 个 I/O 通道，这 16 个通道可按 8 组自由组态，即由几个微型 I/O 模块组成，每一个微型 I/O 模块可以是 2DI、2DO、1AI、1AO。

3）ET200B。

ET200B 是小型固定式 I/O 站，由端子模块和电子模块组成，端子模块由电源、通信口及接线端子组成，电子模块由各种类型的 I/O 部分组成。ET200B 可选择各种 DC 24V 螺钉端子模块、DC 24V 弹簧端子模块、AC 120V/230V 螺钉端子模块及用于模拟量的弹簧端子模块；各种 DC 24V 开关量输入、输出及混合输入 / 输出模块，包括：16DI、32DI、16DO、32DO、24DI/8DO、16DI/16DO、8DO、8DI/8DO；各种 AC 120V/230V 开关量输入、输出及混合输入 / 输出模块，包括：16DI、32DI、16DO、16RO、8DI/8RO、32DO；各种模拟量输入、输出及混合输入 / 输出模块，包括：4/8AI、4AI、4AO。ET200B 具有集成的 PROFIBUS-DP 接口，防护等级为 IP20，最大数据传输速率为 12Mbit/s，具有集中和分散式的诊断数据分析。

4）ET200C。

ET200C 是小型固定 I/O 站，具有高防护等级 IP66/67，"UL50，TYPE4"认证。ET200C 具有集成的 PROFIBUS-DP 接口，具有各种 DC 24V 开关量输入、输出及混合输入 / 输出模块，包括：8DI、8DO、16DI/16DO；各种模拟量输入、输出及混合输入 / 输出模块，包括：4/8AI、4AI、4AO。ET200C 最大数据传输速率：开关量输入 / 输出时 12Mbit/s，模拟量输入 / 输出时 1.5Mbit/s。

5）ET200X。

ET200X 是一种紧凑型结构的分散式 I/O 站，设计保护等级为 IP65，模块化结构。ET200X 由一个基本模块和若干扩展模块组成，最多可扩展 7 个扩展模块。基本模块包括：8DI/DC 24V、4DO/DC 24V/2A；扩展模块包括：4DI/DC 24V、8DI/DC 4V、4DO/DC 24V/2A、4DO/DC 24V/0.5A、2AI/±10V、2AI/±20mA、2AI/420mA、2AI/RTD/PT100、2AO/±10V、2AO/±20mA、2AO/420mA；EM300DS 和 EM300RS 扩展模块，适用于开关和保护任何 AC 负载，主要用于标准电机，最大功率可达 5.5kW/AC 400V；EM300DS 用于直接启动器，EM300RS 用于反转启动器，范围从 0.06～5.5kW。PROFIBUS-DP 接口传输速率可达 12Mbit/s，因此 ET200X 可用于对时间要求高的高速机械场合，由于电机起动器模块辅助供电电源是分别提供的，因此很容易实现突然紧急停止。

6）ET200U。

ET200U 是模块化 I/O 从站，由 IM318-B/C 通信接口模块和最多可达 32 个 S5-l00U 各种 I/O 模块组成，IM318-B 具有 PROFIBUS-DP 接口，符合 EN50170，数据传输速率为 9.6kbit/s～1.5Mbit/s，可自动按主站调整速率，IM318-C 具有 PROFIBUS-DP/FMS 接口，符合 EN50170，数据传输速率为 9.6kbit/s～1.5Mbit/s，可自动按主站调整速率。

（2）PLC 作从站——智能型 I/O 从站

1）CPU215-2DP。

CPU215-2DP 是一种带内置 PROFIBUS-DP 接口的 S7-200。CPU215-2DP 只作从站，最大数据传输速率：开关量输入 / 输出时 12Mbit/s。CPU215-2DP 本机有 14DI/10DO，可扩展到 62DI/58DO 或 12AI/4AO。编程软件：STEP 7 Micro。

2）CPU315-2DP。

CPU315-2DP 带内置 PROFIBUS-DP 接口的 S7-300 系列 PLC 处理器，S7-300 是一种模块式中小型 PLC，CPU315-2DP 带内置 PROFIBUS-DP 接口，符合 EN50170，可设置成主站或从站。数据传输速率为 9.6kbit/s～12Mbit/s；具有最大 I/O 规模：DI/DO：1024，AI/AO：128，编程软件采用 STEP 7 BASIC。

3）S7-300+CP342-5。

CP342-5 通信处理器用于 S7-300 系列，可将 S7-300 PLC 连接到 PROFIBUS-DP 上，可用作主站或从站，符合 EN50170 标准。PLC 与 PLC 通信支持 SEND/RECEIVE 接口，也支持 S7-Function，数据传输速率是 9.6kbit/s～1.5Mbit/s。

（3）DP/PA 耦合器和连接器

如果使用 PROFIBUS-PA，可能会采用 DP 到 PA 扩展的方案。这样需选 DP/PA 耦合器和连接器。

IMl57 DP/PA Link：IMl57 DP/PA Link 可连接 5 个 Ex 本征安全 DP/PA Coupler，即可扩展 5 条 Ex 本质安全 PA 总线，或 2 个非本质安全 DP/PA Coupler，即可扩展 2 条非本质安全 PA 总线；IM157 DP/PA Link 实现 DP 到 PA 的电气性能转换，外形结构与 S7-300 兼容。

（4）CNC 数控装置

1）SINUMERIK 840D。

SINUMERIK 840D 是一种高性能数字系统，用于模具和工具制造、复杂的大批生产以及加工中心。SINUMERIK 840D 可连接如下部件：MMC 机器控制面板和操作员面板、S7–300 I/O 模块、SIMODRIVE611 数字变频系统、编程设备、CNC 快速输入 / 输出、手持式控制单元。SINUMERIK 840D 装置的主处理器 NCU 中有集成的 CPU315–2DP，可与 PROFIBUS-DP 直接连接。

2）SINUMERIK 840C/IM382–N/IM392–N。

SINUMERIK 840C 模块化系统适用于车间和自动化制造。SINUMERIK 840C 使用 IM382–N、IM392–N PROFIBUS-DP 接口模块与 PROFIBUS 连接，IM382–N 模块插入 SINUMERIK 840C 中央控制器，作为 PROFIBUS-DP 从站，最多有 32 字节的 I/O 信息传输，数据传输速率为 1.5Mbit/s；IM392–N 模块插入 SINUMERIK 840C 中央控制器，作为 PROFIBUS-DP 主站或从站，作为主站最多可连接 32 个从站，每个从站最大有 32 个字节的 I/O 信息传输。数据传输速率为 1.5Mbit/s。

（5）SIMODRIVER 传感器（具有 PROFIBUS 接口的绝对值编码器）

SIMODRIVER 传感器是装有光电旋转编码器的传感器，用于测量机械位移、角度、速度。SIMODRIVER 绝对值编码器可作为从站通过 PROFIBUS 接口与主站连接，可与 PROFIBUS 上的数字式控制器、PLC、驱动器、定位显示器一起使用。PROFIBUS 绝对值编码器可通过主站完成远程参数配置，如分辨率、零偏置、计算方向等。防护等级可达 IP65。数据传输速率可达 12Mbit/s。

（6）数字直流驱动器 6RA24/CB24

数字直流驱动器 6RA24/CB24 是三相交流电源供电、数字式小型直流驱动装置，可用于直流电枢或磁场供电，完成直流电机的速度连续调节。使用 CB24 通信模块可将 6RA24 连接到 PROFIBUS-DP 上，数据传输速率可达 1.5Mbit/s。

3. 二类主站

二类主站主要用于完成系统各站的系统配置、编程、参数设定、在线检测、数据采集与存储等功能。

（1）以 PC 为主机的编程终端及监控操作站

1）主机。

具有 AT 总线、Micro DOS/Windows 的 PC 机、笔记本计算机、工业级计算机可配置成 PROFIBUS 的编程、监控、操作工作站。Siemens 公司为其自动化系统设计提供了紧凑结构工业级工作站，即 PG。

① PG720 是一种紧凑型笔记本计算机，有一个集成的 PROFIBUS-DP 接口，数据传输速率为 1.5Mbit/s。和其他笔记本计算机一样，配合使用 CP5511 TYPE Ⅱ PCMCIA 卡可连接到 PROFIBUS-DP 上，数据传输速率为 12Mbit/s。通常配置 STEP7 编程软件包作为便携式编程设备使用。

② PG740 工业级紧凑型便携式编程设备。PG740 是一种工业级紧凑型便携式编程设备，具有 COM1、MPI、COM2、LTP1 接口，并有扩展槽（2 个 PCI/ISA，1 个

PCMCIA/Ⅱ）。PG740 有一个集成的 PROFIBUS-DP 接口，数据传输速率为 1.5Mbit/s。应用 CP5411（ISA）、CP5511（PCMCIA）、CP5411（PCI）或 CP5412（A2）（ISA）可连接到 PROFIBUS-DP 上。配置 STEP7 编程软件包可作为编程设备使用。

　　③ PG760 及 AT/Micro DOS/Windows PC 机。PG760 是一种功能强大的台式计算机，与通常的 AT/Micro DOS/Windows PC 机兼容。PG760 有集成的 MPI 接口。选择 CP5411、CP5611、CP5412（A2）（ISA），CP5613（PCI）网卡可连接到 PROFIBUS-DP 上。配置 STEP7 编程软件包可作为编程设备使用。使用 PG760 及 AT/Micro DOS/Windows PC 机通常还要配置 WINCC 等软件包作为监控操作站使用。

　　2）网卡或编程接口。

　　① CP5X11 自身不带微处理器。CP5411 是短 ISA 卡，CP5511 是 TYPE Ⅱ PCMCIA 卡，CP5611 是短 PCI 卡。CP5X11 可运行多种软件包，9 针 D 型插头可成为 PROFIBUS-DP 或 MPI 接口。CP5X11 运行软件包 Softnet-DP/Windows for PROFIBUS，具有如下功能：

　　a.DP 功能：PG/PC 机成为一个 PROFIBUS-DP 一类主站，可连接 DP 分散型 I/O 设备具有 DP 协议诸如初始化、数据库管理、故障诊断、数据传输及控制等功能。

　　b.S7 FUNCTION：实现 SIMATIC S7 设备之间的通信，用户可以使用 PG/PC 对 SIMATIC S7 编程。

　　c. 支持 SEND/RECEIVE 功能。

　　d.PG FUNCTION：使用 STEP 7 PG/PC 支持 MPI 接口。

　　② CP5412 通信处理器。CP5412 用于 PG 或 AT 兼容机、ISA 总线卡，带有 9 针 D 型接口，具有 DOS、Windows、UNIX 操作系统下的驱动软件包，支持 FMS，DP，FDL，S7 FUNCTION，PG FUNCTION，具有 C 语言接口（C 库或 DLL），数据传输速率可达 9.6kbit/s～12Mbit/s。

　　（2）操作员面板

　　操作员面板用于操作员控制，如设定修改参数、设备起停等；并可在线监视设备运行状态，如流程图、趋势图、数值、故障报警、诊断信息等。Siemens 公司生产的操作员面板主要有字符型操作员面板，如 OP5、OP7、OP15、OP17 等；图形操作员面板，如 OP25、OP35、OP37 等。

　　（3）SIMATIC WinCC

　　以 PC 为基础的操作员监控系统已得到很大发展，SIMATIC WinCC（Windows 控制中心）使用最新软件技术，在 Windows 环境中提供各种监控功能，确保安全可靠地控制和生产过程。

　　1）WinCC 主要系统特性。

　　① 以 PC 为基础的标准操作系统。可在所有标准奔腾处理器的 PC 机上运行，是基于 Windows 的 32 位软件，可直接使用 PC 机提供的硬件和软件，如 LAN 网卡。

　　② 容量规模可选。运行不同版本软件可有不同的变量数，借助于各种可选软件包、标准软件和帮助文件可方便完成扩展，可选用单用户系统或客户机/服务器结构的多用户系统，通过相应平台选择可获得不同的性能。

　　③ 开放的系统内核集成了所有 SCADA 系统功能。a. 图形功能：可自由组态画面，可完全通过图形对象（WinCC 图形、Windows OLE）进行操作；图形对象具有动态属性

并可对属性进行在线配置；b. 报警信息系统：可记录和存储事件并给予显示，操作简便，符合德国 DIN19235 标准；可自由选择信息分类、显示、报表；c. 数据存储：采集、记录、压缩测量值，并有曲线、图表显示及进一步的编辑功能；d. 用户档案库（可选）：用于存储有关用户数据记录，如：数据管理及配置参数；e. 处理功能：用 ANSIC 语法原理编辑组态图形对象的动作，由该编辑系统内部 C 编译器执行；f. 标准接口：标准接口是 WinCC 的一个集成部分，通过 ODBC 和 SQL 访问用于组态和过程控制的数据库；g. 编程接口（API）：可在所有编程模块中使用，并可提供便利的访问函数和数据功能；开放的开发工具允许用户编写可用于扩展 WinCC 基本功能的标准应用程序。

④ 各种 PLC 系统的驱动软件。Siemens 产品：SIMATIC S5、S7、505、SIMADYN D、SIPART DR、TELEPERM M；与制造商无关的产品：PROFIBUS-DP、FMS、DDE、OPC。

2）通信。

① WinCC 与 SIMATIC S5 连接。

a. 与编程口的串行连接（AS511 协议）。

b. 用 3964R 串行连接（RK512 协议）。

c. 以太网的第四层（数据块传输）。

d.TF 以太网（TF FUNCTION）。

e.S5–PMC 以太网（PMC 通信）。

f.S5–PMC PROFIBUS（PMC 通信）。

g.S5–FDL。

② WinCC 与 SIMATIC S7 连接。

a.MPI（S7 协议）。

b.PROFIBUS（S7 协议）。

c. 工业以太网（S7 协议）。

d.TCP/IP。

e.SLOT/PLC。

f.ST-PMC PROFIBUS（PMC 通信）。

4. PROFIBUS 的软件

使用 PROFIBUS 系统，在系统启动前先要对系统及各站点进行配置和参数化工作。完成此项工作的支持软件有两种：一是用于 SIMATIC S7，其主要设备的所有 PROFIBUS 通信功能都集成在 STEP 7 编程软件中；另一种用于 SIMATIC S5 及 PC 网卡，它们的参数化配置由 COM PROFIBUS 软件完成。使用这两种软件可完成 PROFIBUS 系统及各站点的配置、参数化、文件、编制启动、测试、诊断等功能。

（1）远程 I/O 从站的配置

STEP 7 编程软件和 COM PROFIBUS 参数化软件可完成 PROFIBUS 远程 I/O 从站（包括 PLC 智能型 I/O 从站）的配置，包括：

1）PROFIBUS 参数配置：站点、数据传输速率。

2）远程 I/O 从站硬件配置：电源、通信适配器、I/O 模块。

3）远程 I/O 从站 I/O 模块地址分配。

4）主 – 从站传输输入 / 输出字 / 字节数及通信映像区地址。

5）设定故障模式。

（2）系统诊断

在线监测模式下可找到故障站点，并可进一步读到故障提示信息。

（3）第三方设备集成及 GSD 文件

当 PROFIBUS 系统中需要使用第三方设备时，应该得到设备厂商提供的 GSD 文件。将 GSD 文件 COPY 到 STEP 7 或 COM PROFIBUS 软件指定目录下，使用 STEP 7 或 COM PROFIBUS 软件可在友好的界面指导下完成第三方产品在系统中的配置及参数化工作。

相关软件介绍如下：

1）STEP 7 编程软件。

STEP 7 BASIC 软件可用于 SIMATIC S7、SIMATIC M7 和 SIMATIC C7 PLC。该软件具有友好的用户界面，可帮助用户很容易地利用上述系统资源。它提供的功能包括系统硬件配置和参数设置、通信配置、编程、测试、起停、维护等。STEP 7 可运行在 PG720/720C、PG740、PG760 及 Windows98 环境下。

STEP 7 BASIC 软件自动化工程开发提供了各种工具，包括：

① SIMATIC 管理器：集中管理有关 SIMATIC S7、SIMATIC M7 和 SIMATIC C7 的所有工具软件和数据。

② 符号编辑器：可用于定义符号名称、数据类型和全局变量的注释。

③ 硬件组态：用于系统组态和各种模板的参数设置。

④ 通信配置：用于 MPI、PROFIBUS-DP/FMS 网络配置。

⑤ 信息功能：用于快速浏览 CPU 数据以及用户程序在运行中的故障原因。

STEP 7 BASIC 软件提供了标准化编程语言，包括：语句表（STL）、梯形图（LAD）、控制系统流程图（CSF）。

2）COM PROFIBUS 参数化软件。

COM PROFIBUS 参数化软件可完成如下设备 PROFIBUS 系统配置。

① 主站：a.IM308-C；b.S5-95U/DP 主站；c. 其他 DP 主站模块。

② 从站：a. 分布式 I/O：ET200U、ET200M、ET200B、ET200L、ET200X；b.DP/AS 接口、DP/PA 接口；c.S5-95U/DP 从站；d. 作为从站的 S7-200、S7-300 PLC；e. 其他从站现场设备。

2.10 PROFINET

PROFINET 是为实现 PROFIBUS 与外部系统横向纵向整合的需要而提出的解决方案。它以互联网和以太网标准为基础，建立了一条 PROFIBUS 与外部系统的透明通道。这是 PROFIBUS 国际组织在 1999 年开始的发展新一代通信系统项目计划的结果。

PROFINET 规范以开放性和一致性为主导，以微软 OLE/COM/DCOM 为技术核心，最大程度地实现开放性和可扩展性，并向下兼容传统工控系统，使分散的智能设备组成的自动化系统向着模块化的方向跨进了一大步。PROFINET 的概念模型如图 2-20 所示。

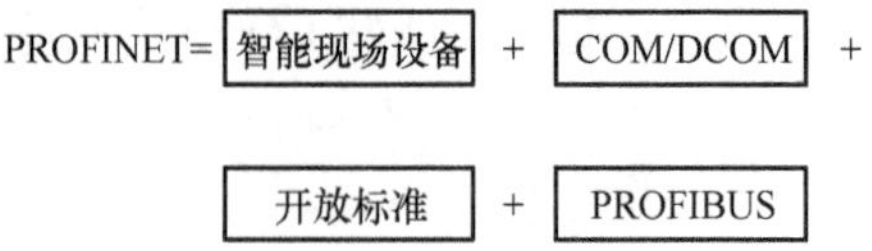

PROFINET 包含三个不同方面：一是为基于通用对象模型的分布式自动化系统定义了体系结构；二是进一步指定了 PROFIBUS 和国际 IT 标准

$$PROFINET = 智能现场设备 + COM/DCOM +$$

$$开放标准 + PROFIBUS$$

图 2-20 PROFINET 的概念模型

以太网之间的开放和透明通信；三是提供了一个独立于制造商，包括设备层和系统层的完整系统模型。所有这些都充分考虑到 PROFIBUS 的需求和条件，以保证 PROFIBUS 和 PROFINET 之间具有最好的透明性。

1. PROFINET 的通信机制

PROFINET 概念的基础是组件技术。在 PROFINET 中，每个设备都被看作一个具有组件对象模型（Component Object Module，COM）接口的自动化设备，同类设备都具有相同的 COM 接口。系统通过调用 COM 接口来实现设备功能。组件模型使不同的制造商能遵循同一原则，所创建的组件能够混合应用，并能充分简化通信编程。每一个智能设备中间都有一个标准组件，智能设备的功能则通过对组件进行特定的编程来完成。同类设备具有相同的内置组件，对外提供相同的 COM 接口，这样就为不同厂家的设备之间提供了良好的互换性和互操作性。COM 对象之间通过 DCOM 连接协议进行互联和通信。传统的 PROFIBUS 设备通过代理设备与 PROFINET 上面的 COM 对象进行通信。COM 对象之间的调用是通过 OLE 自动化接口实现的。

PROFINET 采用标准以太网作为连接介质，同时提供挂接传统的 PROFIBUS 系统和新型的智能现场设备的接口。现存的 PROFIBUS 网段可以通过一个代理设备（proxy）连接到 PROFINET 网络中，整套的 PROFIBUS 设备和协议能够原封不动地在 PROFINET 中使用。PROFINET 采用标准 TCP/UDP/IP 协议加上应用层的 RPC/DCOM 来完成节点之间的通信和网络寻址。

PROFINET 在满足实时性通信需求方面有它自己的特点。在进行实时性要求高的通信之前，设备可以在建立连接的时候决定使用哪种实时通信协议。这样，PROFINET 一方面满足了系统对通信的高实时性需求；另一方面也不会妨碍系统的开放性。

2. PROFINET 的技术特点

PROFINET 依靠以下技术实现其开放性：微软 COM/DCOM 标准、TCP/UDP/IP 协议、微软 OLE、ActiveX 等技术。

PROFINET 定义了一个运行对象模型，每个 PROFINET 设备都必须运用这个运行对象模型。表示设备中包含的对象以及外部能够通过 OLE 进行访问的接口和方法。这个模型也对独立对象之间的联系进行了描述。

在运行对象模型中，提供了与一个或者多个 IP 网络之间的网络连接。一个物理设备可以包含一个或者多个逻辑设备。一个逻辑设备代表一个软件程序或由软硬件结合体构成的固件包，它在分布式自动化系统中扮演执行器、传感器、控制器等角色。

在应用程序中，将可以使用的功能组织成固定功能，并可以下装到物理设备中。软件编制严格独立于操作系统，这样，PROFINET 的内核可以经过改写载入各式各样的控制器和系统之中，而不要求采用 Windows 2000，NT 或者 Windows CE 操作系统。

组件技术不仅实现了现场数据的集成，也为企业管理人员通过公用数据网络访问过程数据提供了方便。在 PROFINET 中使用标准 IT 技术，支持从办公室到现场的纵向信息集成。PROFINET 为企业网络的制造执行系统提供了一个开放的平台。

3. PROFINET 的网络结构

图 2-21 所示为 PROFINET 的系统结构图。

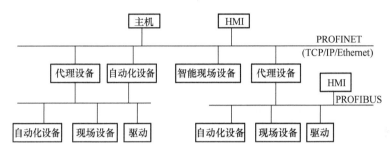

图 2-21　PROFINET 的系统结构图

在图 2-21 中可以看到，PROFINET 技术的核心设备是代理设备。代理设备负责将所有的 PROFIBUS 网段、以太网的设备以及 DCS、PLC 等集成到 PROFINET 系统中。代理设备完成的是 COM 对象之间的交互。代理设备将所挂接的设备抽象成为 COM 服务器，设备之间的交互变成 COM 服务器之间的相互调用。这种方法的最大优点就是可扩展性好，只要设备能够提供符合 PROFINET 标准的 COM 服务器，该设备就可以在 PROFINET 系统中正常运行。

2.11　实例：PROFIBUS 在煤矿粉尘监控系统中的应用

在煤矿的开采、掘进、运输以及转载等生产环节，会产生大量煤炭和岩石的细微颗粒，这些颗粒长时间悬浮在空气中就形成了煤矿粉尘。粉尘的危害是多方面的，最主要的是使人体致病。搞好粉尘的监测和防治工作，对改善井下作业环境、防止粉尘爆炸、保证煤矿安全生产，具有重要的意义。基于 PROFIBUS 总线的煤矿粉尘在线监控系统能够实现长时间大面积的粉尘浓度动态实时监控，并具有超限喷雾除尘、语音提示和远程监控功能。

2.11.1　系统的构成及功能

系统结构图如图 2-22 所示。煤矿井下有六个地点需要监控，并且要将各个监控点的数据集中上传至地面调度室。为此，井下部分采用 Siemens S7-300 PLC 和 ET 200ISP 分布式 I/O 组成 PROFIBUS DP 分布式网络，地面上采用 PC 机作为上位机，井下 PLC 系统和地面上的 PC 机之间采用以太网通信。

1. S7-300 PLC 主站

系统选用 Siemens S7-300 系列 PLC 实现集中监控。S7-300 PLC 为模块化结构，具有模块齐全、扩展方便、通信能力强、运行稳定可靠的优点，特别适合用于工业环境及电气干扰环境。由于煤矿井下设备要符合防爆的要求，需要为 PLC 定制防爆外壳。PLC 的模块配置如下：

（1）电源模块 PS307

输入电压为 AC 120V，允许输入电压范围为 AC 85～132V，输出电压为 DC 24V，输出电流为 2 A。

（2）中央处理单元模块 CPU315-2DP

具有中、大规模的存储容量和数据结构的标准型 CPU，集成了 128KB 的工作存储器，具有较高的处理能力，适合用于建立分布式 I/O 系统；扫描 1000 条位指令仅需 0.1ms，足以满足系统的实时性要求；集成有两个 RS-485 接口，一个支持 MPI 通信（通信速率可达 187.5kbit/s），用

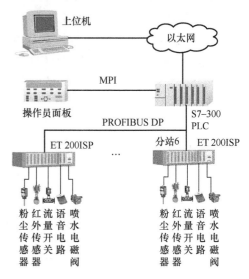

图 2-22　系统结构图

于连接触摸屏，另一个支持 PROFIBUS DP 通信（通信速率最高可达 12Mbit/s），作为 PROFIBUS DP 网络的主站，和各个监控点的 ET 200ISP 从站组成 PROFIBUS DP 网络。

（3）以太网通信模块 CP343-1

CP343-1 是用于 S7-300PLC 的全双工以太网通信处理器模块，通信速率为 10Mbit/s 或 100Mbit/s。CP343-1 将 PLC 系统接入以太网，负责 PLC 和上位机之间的数据通信。PLC 的信号输入和输出，是通过各个监控点的 ET 200ISP 分布式 I/O 从站完成的。

2. ET 200ISP 从站

Siemens 分布式 I/O 从站 ET200 产品具有多个系列，ET 200ISP 是专门设计用于爆炸危险区的远程分布式 I/O 设备。ET 200ISP 可以直接安装在危险 1 区或 2 区的控制柜中，所连接的本安信号如传感器、电磁阀等可来自最危险的 0 区，在危险区和安全区之间使用逆向隔离器保证发生在危险区的火花能量低于安全许可水平，确保实现本质安全。ET 200ISP 采用模块化的设计结构，提供了种类丰富的电子模块，可以连接 NAMUR 数字量输入、电磁阀、模拟量输入 / 输出、HART 输入 / 输出、热电偶以及热电阻等，用户最多可扩展 32 块电子模块。分站可以根据实际需要，选择所需要的电子模块进行配置组合，因而具有良好的开放性，扩展简单方便，节约成本。输入输出的各个通道点是相互独立的，一旦出现故障也只是该通道点不能使用，而不会影响其他的通道点或通道模块。

作为本质安全型分布式 DP 从站，ET 200ISP 从易燃气体、粉尘环境中连接本安信号，包括：系统中用于检测喷头下方是否有人的红外传感器的信号，检测供水水管中是否有水流的流量开关的信号，以及控制喷水电磁阀的输出信号。通过现场总线 PROFIBUS-DP、ET 200ISP 和 DP 主站 S7-300PLC 进行通信。系统配置有六个相同的 ET 200ISP 从站，每个从站由以下部分组成：

1）保护方式为 Exd 的压力密封的供电模块以及用于安装的背板端子模块。

2）与 PROFIBUS-DP 总线连接的总线接口模块 IM152-1 以及用于安装的背板端子

模块。

3）系统扩展的电子模块以及用于安装的背板端子模块：配置一块型号为 8DI NAMUR（8 个数字量输入点，适合于连接本安的接近开关信号，以及计数、频率测量）的数字量输入模块，其中的通道 0、通道 1 适用于最大为 5kHz 的频率测量，将通道 0 用作粉尘传感器的输入点，通道 2 和通道 3 分别用于红外传感器和流量开关的输入点；配置两块型号为 4DO DC17.4/27 mA（4 个数字量输出点，额定负载参数为 17.4V/27mA）的数字量输出模块，输出信号到语音电路和喷水电磁阀。

4）总线终端电阻模块，以及一个总线封闭模块（包含在 IM151-2 的供货范围内）。

3. 操作员面板 OP73

系统选用 Siemens OP73 操作员面板作为人机交互界面，以便工作人员查看系统的运行情况，设定参数。它稳定可靠、界面友好、操作方便，支持文本和图像显示，内有 128KB flash，集成有 1 个 RS-485 接口，支持 S7 通信 MPI 和 PROFIBUS-DP 方式。在系统中，操作员面板 OP73 用于显示各个监控点的当前浓度值、喷水状态和报警信息，提供近期历史数据和报警信息的查询，设定报警的粉尘浓度阈值等。

4. 上位机 PC

系统采用 PC 机作为地面远程监控站。可以通过以太网实时监视井下粉尘状况，例如：设定粉尘浓度的报警阈值，查看粉尘浓度、喷水状态、报警信息等实时数据，存储历史数据，并提供数据的查询和打印功能。当现场浓度超标报警、供水故障时自动弹出提示消息，远程监控将井下信息传输到调度室，提高了管理自动化水平。

2.11.2　通信

1. S7-300PLC 和六个 ET 200ISP 之间的 PROFIBUS-DP 通信

典型的 DP 配置是单主站机构，DP 主站按轮询表周期性地依次与 DP 从站交换数据。DP 主站和 DP 从站间一个报文循环由 DP 主站发出的请求帧和 DP 从站返回的响应应答帧组成。

主站 CPU315-2DP 通过集成 DP 口连接到 PROFIBUS-DP 总线，各监控点 ET 200ISP 从站通过总线接口模块 IM151-2 连接到 PROFIBUS-DP 总线，即在硬件上构成了单主站结构的 PROFIBUS-DP 总线系统。在 SIMATIC STEP7 的硬件组态 HW Config 窗口中配置 DP 网络，设置主站地址（默认为 2），将通信速率设定为 1.5Mbit/s。在总线上插入六个 ET 200ISP 从站，选择接口模块为 IM152-1，设置从站地址依次为 3、4、…、8（和对应的 ET 200ISP 从站通过其拨盘开关设定的站号一致），通信速率设定为 1.5Mbit/s。

2. S7-300PLC 和操作员面板 OP73 之间的 MPI 通信

操作员面板 OP73 通过其 RS-485 接口连接到 CPU315-2DP 的集成 MPI 口，使用 MPI 方式通信。在 SIMATIC STEP7 硬件组态窗口中，建立 MPI 连接，设置 MPI 地址（默认为 3），设定通信速率为 187.5kbit/s。使用 Siemens WinCC flexible 软件组态 OP73

的界面，对相关的通信参数，如所要连接的 CPU 的 MPI 地址和槽号等进行设置，要和 CPU315-2DP 的一致，运行时即可通信。

3. S7-300PLC 和上位机 PC 之间的以太网通信

S7-300PLC 通过扩展以太网模块 CP343-1，将井下 PLC 控制系统通过交换机接入以太网。在 SIMATIC STEP7 的硬件组态 HW Config 窗口中，插入 CP343-1 模块，建立 Ethernet 连接，配置 CP343-1 的 IP 地址、输入输出地址，并在项目中插入一个 SIMATIC PC 站，在 PC 站硬件组态中，配置 CP1612 的以太网参数，建立与 PLC 通信的连接。在上位机 PC 上插入 CP1612PCI 以太网卡，安装配套的软件包，运行组态软件 WinCC6.0 开发的监控程序界面，实时监控井下状况。

2.11.3 系统软件设计

系统软件主要是由 PLC 控制程序和上位机监控程序两大部分组成。

1. PLC 控制程序

PLC 控制程序使用 STEP7 V5.3 SP2 编写，PLC 主程序流程如图 2-23 所示。

在 CPU315-2DP 的存储区，为每个 ET 200ISP 从站的电子模块分配有相应数据存储区，编程时无须考虑是远程 I/O 站，还是本机机架上的 I/O 模块，也不必考虑通信数据的发送与接收。因此，可以对 ET 200ISP 从站的电子模块实现集中式控制，就像控制一个集中的 I/O 设备一样。数据的传送与接收，简化为对 PLC 变量 V 区内的 IPO 数据映射区的读写操作，编程简捷方便。

2. 上位机监控程序

上位机监控软件选用 Siemens 基于 Windows 环境的组态软件 WinCC6.0 版，其主要由当前状态、参数设置、数据查询、报警记录和系统管理界面组成。

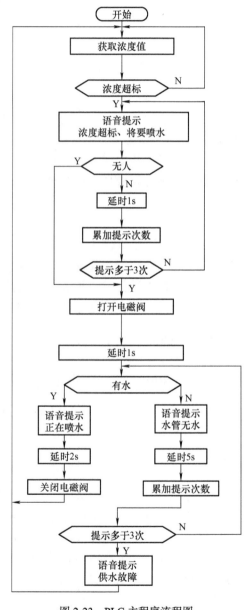

图 2-23　PLC 主程序流程图

第 3 章

Modbus

Modbus 是应用于控制器上的一种通用协议标准，可以实现控制器之间、控制器与其他设备之间的数据通信。Modbus 可以将不同厂商生产的控制设备连成简单可靠的工业网络，广泛地应用于 PLC 和 PLC 之间、PLC 和个人计算机之间、计算机和计算机之间的信息交换，支持传统的 RS-232、RS-485/422 和以太网设备，是工业领域全球最流行的协议之一。

3.1 概述

Modbus 是由 Modicon 公司（现为施耐德电气公司的一个品牌）在 1979 年开发的，是全球第一个真正用于工业现场的总线协议。目前施耐德公司已将 Modbus 协议的所有权移交给 IDA（Interface for Distributed Automation，分布式自动化接口）组织，并成立了 Modbus-IDA 组织，为 Modbus 的进一步发展奠定了基础。

Modbus 是一种应用层报文传输协议，被用于不同类型的总线或网络连接的设备之间的客户机 / 服务器通信。目前，Modbus 可用于以下网络：1）TCP/IP 以太网；2）各种传输介质（有线：EIA/TIA-232、EIA-422、EIA/TIA-485；光纤、无线等）上的异步串行总线；3）Modbusplus 高速令牌传递网络。

Modbus 主要定义了两种通信规程的应用层协议和服务规范，Modbus 的协议结构如图 3-1 所示。

（1）串行链路上的 Modbus

串行链路 Modbus 采用 EIA/TIA 标准：232 和 485。

（2）TCP/IP 上的 Modbus

TCP/IP Modbus 采用 IETF 标准：RFC793 和 RFC791。

Modbus 协议具有如下特点：

1）可以支持多种电气接口，如 RS-232、RS-485 等，还可以在各种介质上传送数据，如双绞线、光纤、无线等。

2）帧格式简单、紧凑，通俗易懂。用户使用方便，厂商开发简单。

3）应用广泛、成本低。支持 Modbus 的厂家超过 400 家，支持 Modbus 的产品超过 600 种。用户可以免费使用 Modbus 协议。

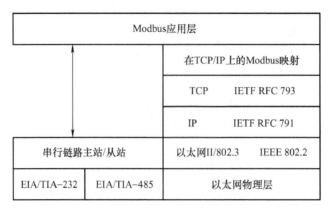

图 3-1　Modbus 的协议结构

3.2　串行链路上的 Modbus 协议

Modbus 串行链路协议是一个主 / 从协议。该协议位于 OSI 模型的第二层。在物理层，Modbus 串行链路系统可以采用不同的物理接口（RS-485、RS-232）。最常用的是 EIA/TIA-485（RS-485）2 线制接口，也可以实现 RS-485 4 线制接口；当只需要短距离的点到点通信时，也可以使用 EIA/TIA-232（RS-232）串行接口。在 Modbus 串行链路上客户机的功能由主节点提供，而服务器功能由子节点实现。

Modbus 串行通信栈对应于 7 层 OSI 模型的关系如图 3-2 所示。

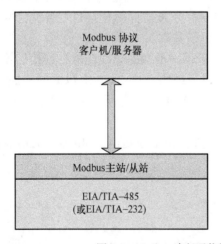

应用层	Modbus 协议
表示层	
会话层	
传输层	
网络层	
数据链路层	Modbus 串行链路协议
物理层	EIA/TIA-485（或 EIA/TIA-232）

图 3-2　Modbus 串行通信栈对应于 7 层 OSI 模型的关系

3.2.1　物理层

Modbus 标准串行线路采用与 EIA/TIA-485 标准规定相适应的电气接口（也称为 RS-485 标准）。该标准允许配置成"两线结构"的点对点和多点通信（常用），也可配置成

"四线结构"。另外，短距离的点到点通信也可采用 RS-232 标准。在 Modbus 系统中，主设备和一个或多个从设备在串行无源线路上通信。所有设备（并行）连接在一条干线电缆上，设备通过螺钉端子、RJ45 或 D 型连接器与电缆相接。Modbus 网络有多种传输速率可供选择：1200bit/s，2400bit/s，4800bit/s，9600bit/s，19.2kbit/s，56kbit/s 等，其中 9600bit/s 和 19.2kbit/s 是首选，默认的是 19.2kbit/s。

1．电气接口

（1）Modbus 多点串行总线结构

Modbus 多点串行链路系统总线结构如图 3-3 所示。系统由主电缆（主干电缆）和分支电缆组成。在主干电缆的两端配有终端器。设备与主干电缆的连接方式有三种：

1）集成有通信收发器的设备通过无源接头和分支电缆连接到主干上（从站 1 和主站）。

2）没有集成通信收发器的设备通过有源接头和分支电缆连接到主干上（有源接头集成有收发器）（例如从站 2）。

3）设备以菊花链形式直接连接到主干电缆上（例如从站）。

图 3-3 中主干电缆间的接口称为 ITr（主干接口），设备和无源接头间的接口称为 IDv（分支接口），设备和有源接头间的接口称为 AUI（附加单元接口）。某些情况下，接头可能直接连接到设备的 IDv 插槽或 AUI 插槽上，而不使用分支电缆。一个无源接头（称为分配器）可能有多个 IDv 插槽以连接多台设备。有源接头可以向 AUI 或 ITr 接口提供电源。

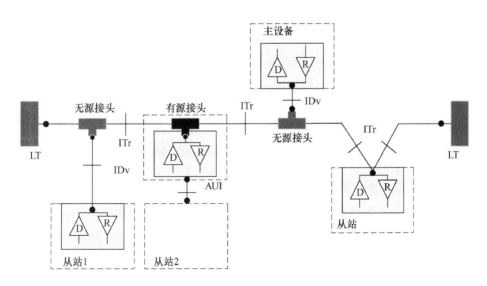

图 3-3　Modbus 多点串行链路系统总线结构

（2）2-线制 RS-485

在标准的 Modbus 系统中，所有设备通常（并行）连结在一条由三条导线组成的干线电缆上。其中两条导线形成一对平衡双绞线，用于双向传送数据，第三条导线把总线上所有设备与公共地连接（见图 3-4）。在 2-线制总线上，任何时候只有一个驱动器有权发送信号。

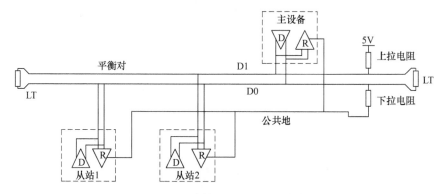

图 3-4　2-线制 RS-485 的拓扑结构

2-线制 RS-485 电路定义见表 3-1。

表 3-1　2-线制 RS-485 电路定义

所需电路		设备	设备需求	EIA/TIA-485 的命名	说明
在 ITr 上	在 IDv 上				
D1	D1	I/O	X	B/B′	收发器端子 1，V1 电压（V1>V0 表示二进制 1 [OFF] 状态）
D0	D0	I/O	X	A/A′	收发器端子 0，V0 电压（V0>V1 表示二进制 0 [ON] 状态）
公共地	公共地	—	X	C/C′	信号和可选的电源公共地

（3）4-线制 RS-485

4-线制 RS-485 实现 2 对总线（4-线制）单向数据传输。在主对总线（RXD1-RXD2）上的数据只能由从站接收，而在从对总线（TXD0-TXD1）上的数据只能由主站接收。第五条导线必须把 4-线制总线上的所有设备与公共地连接（见图 3-5）。和 2-线制 RS-485 一样，在任何时刻只有一个驱动器有权发送数据。

4-线制 RS-485 电路定义见表 3-2。

在 4-线制 RS-485 系统中，主、从站均带有相同的 IDv 接口。主站自从对总线（TXD1-TXD0）上接收来自从站的数据，在主对总线（RXD1-RXD0）上发送数据给从站，因此，4-线制电缆系统必须在 ITr 与主站的 IDv 之间，把两对总线交叉。这种交叉可以由交叉电缆实现，也可采用含有交叉功能的接头实现（推荐）。

（4）RS-232

某些设备是应用 RS-232 接口以实现 DCE 和 DTE 通信，RS-232 只能应用于短距离（一般小于 20m）的点到点的通信。RS-232 的电路定义见表 3-3。

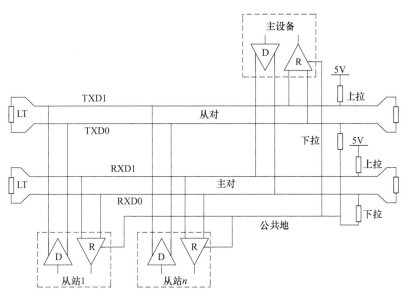

图 3-5　4-线制 RS-485 的拓扑结构

表 3-2　4-线制 RS-485 电路定义

所需电路		设备	设备需求	EIA/TIA-485 的命名	说明
在 ITr 上	在 IDv 上				
TXD1	TXD1	OUT	X	B	收发器端子 1, Vb 电压（Vb>Va 表示二进制 1 [OFF] 状态）
TXD0	TXD0	OUT	X	A	收发器端子 0, Va 电压（Va>Vb 表示二进制 0 [ON] 状态）
RXD1	RXD1	IN	（1）	B′	收发器端子 1, Vb′ 电压（Vb′>Va′ 表示二进制 1 [OFF] 状态）
RXD0	RXD0	IN	（1）	A′	收发器端子 0, Va′ 电压（Va′>Vb′ 表示二进制 0 [ON] 状态）
公共地	公共地	—	X	C/C′	信号和可选的电源公共地

注：仅当选择实现 4-线制 RS-485 时，才需表中（1）所示那些电路。

表 3-3　RS-232 的电路定义

信号	DCE	DCE（1）要求	DTE（1）要求	备注
公共地	—	X	X	信号地
CTS	In			为发送而清除
DCD	—			被侦测数据载波（从 DCE 到 DTE）
DSR	In			数据设置就绪
DTR	Out			数据终端就绪
RTS	Out			请求发送
RXD	In	X	X	接收的数据
TXD	Out	X	X	发送的数据

2. 机械接口

（1）总线连接

Modbus 设备可用螺钉端子、RJ45 连接器或 9 芯 D- 型连接器与总线电缆相接。

1）螺钉端子。

螺钉端子可用在 IDv 与 ITr 两种连接中，有关每个信号确切位置的所有信息都必须提供给用户，这些信号名称要符合前述"电气接口"的要求。

2）RJ45 连接器。

RJ45 连接器由插头（公连接器）和插座（母连接器）组成。插头有 8 个凹槽和 8 个触点，与总线相连。插座是 8 芯模块化插孔，与设备相连。RJ45 连接器引脚输出见表 3-4。

表 3-4　RJ45 连接器引脚输出

引脚		1	2	3	4	5	6	7	8
2- 线制 RS-485		—	—	PMC	D1	D0	—	VP	公共地
4- 线制 RS-485		RXD0	RXD1	PMC	TXD1	TXD0	—	VP	公共地
RS-232	DCE	TXD	RXD	CTX	—	—	RTS	—	公共地
	DTE	RXD	TXD	RTX	—	—	CTS	—	公共地

注：PMC 指端口模式控制；VP 指 5～24V 直流电源；RTX 指发送请求；CTX 指准备就绪。

3）9 芯 D- 型连接器。

9 芯 D- 型连接器与 RJ45 连接器类似，只是有 9 个引脚，其输出见表 3-5。

表 3-5　9 芯 D- 型连接器引脚输出

引脚		1	2	3	4	5	6	7	8	9
2- 线制 RS-485		公共地	VP	PMC	—	D1	—	—	—	D0
4- 线制 RS-485		公共地	VP	PMC	RXD1	TXD1	—	—	RXD0	TXD0
RS-232	DCE	—	TXD	RXD	—	公共地	—	CTS	RTS	—
	DTE	—	RXD	TXD	—	公共地	—	RTS	CTS	—

（2）电缆

Modbus 串行链路主干电缆端到端的长度由波特率、电缆类型（规格、电容或特征阻抗）、菊花链上的负载数，以及网络配置（2- 线制或 4- 线制）所决定。当最高波特率为 9600bit/s 时，采用 AWG26（或更粗）规格的电缆时，其最大长度为 1000m。

分支电缆长度不能超过 20m。当使用 n 分支的多口接头，每个分支最大长度不超过 $40/n$ m。

电缆必须屏蔽。在电缆两端，其屏蔽必须接到保护地上。若在这个端部使用了连接器，该连接器外壳要连在电缆屏蔽上。

在没有中继器的情况下，RS-485-Modbus 总线最多可以连接 32 台设备。

3.2.2　Modbus 数据链路层

1. Modbus 主 / 从站协议

Modbus 串行链路协议是一个主 – 从协议。

Modbus 总线系统由一个主节点，以及一个或多个从节点（最大编号为 247）组成。Modbus 通信是由主节点发起。从节点在没有收到来自主节点的请求时，不能发送数据。从节点之间也不能互相通信。主节点在同一时刻只会发起一个 Modbus 事务处理。

主节点以两种模式对从节点发出 Modbus 请求：

1）单播模式：主节点通过特定地址访问某个从节点，从节点接收并处理完请求后，从节点向主节点返回一个报文（一个"应答"）。每个从节点必须有唯一的地址（1 ～ 247），这样才能区别于其他节点被独立地寻址。

2）广播模式：主节点向所有的从节点发送请求，从节点无需返回应答。广播请求一般用于写命令。所有设备必须接受广播模式的写功能。地址 0 是专门用于表示广播数据的。

2. Modbus 两种传输模式

根据报文域的位内容以及信息编码和解码方式的不同，Modbus 定义了两种传输模式：RTU 模式和 ASCⅡ 模式。Modbus 所有设备必须能够实现 RTU 模式（默认设置），在特定的领域可选用 ASCⅡ 模式。串行链路上所有设备的传输模式（和串行口参数）设置必须相同。

（1）RTU 传输模式

在 RTU 模式中，报文中每个 8 位字节含有两个 4 位十六进制字符。这种模式的主要优点是具有较高的数据密度，在相同的波特率下比 ASCⅡ 模式有更高的吞吐率。每个报文必须以连续的字符流传送。

1）位序列。

RTU 模式下的位序列如图 3-6 所示。包含 1 个起始位，8 个数据位（由低到高），1 个奇偶校验位，1 个停止位。报文中每个 8 位字节由两个 4 位十六进制字符（0 ～ 9，A ～ F）组成。

图 3-6　RTU 模式下的位序列

每个字节的校验通常采用偶校验（默认设置），也支持奇校验和无校验。当无奇偶校验时，将传送一个附加的停止位以代替校验位。

2）RTU 报文帧。

RTU 报文帧的格式如图 3-7 所示。包含 1 个字节地址，1 个字节功能码，0 ～ 252 个字节数据，2 个字节 CRC 校验码。地址域只含有子节点地址，每个从设备被赋予 1 ～ 247

范围内的地址；功能码指明服务器要执行的动作；功能码后面可跟含有请求和响应参数的数据域；差错校验采用 CRC 冗余校验。发送时报文帧前后还要加上特定的起始和结束标记，以便实现接收设备和发送设备的同步。

从节点地址	功能码	数据	CRC校验码
1字节	1字节	0～252字节	2字节 CRC低|CRC高

图 3-7　RTU 报文帧的格式

在 RTU 模式，整个报文帧必须以连续的字符流发送，两个字符之间的空闲间隔要求大于 1.5 个字符时间，报文帧之间的空闲间隔要求至少为 3.5 个字符时间。

（2）ASCⅡ传输模式

当 Modbus 串行链路的设备被配置为使用 ASCⅡ模式通信时，报文中的每个 8 位字节以两个 ASCⅡ字符发送。当通信链路或者设备无法符合 RTU 模式的定时管理时使用该模式。

1）位序列

ASCⅡ模式下的位序列如图 3-8 所示。包含 1 个起始位，7 个数据位（由低到高），1 个奇偶校验位，1 个停止位。

有奇偶校验

起始	1	2	3	4	5	6	7	校验	停止

图 3-8　ASCⅡ模式下的位序列

和 RTU 模式一样，每个字节的校验通常采用偶校验（默认设置），也支持奇校验和无校验。当无奇偶校验时，将传送一个附加的停止位以代替校验位。

2）ASCⅡ报文帧。

ASCⅡ报文帧的格式如图 3-9 所示。包含 1 个字节起始标识，2 个字节地址，2 个字节功能码，0 ～ 2×252 个字节数据，2 个 LRC 校验码，2 个字节结束标识。

起始	从节点地址	功能码	数据	LRC校验码	结束
1字节	2字节	2字节	0～2×252字节	2字节	2字节 CR，LF

图 3-9　ASCⅡ报文帧的格式

在 ASCⅡ模式中，报文用特殊的字符标识帧起始和帧结束。一个报文必须以一个"冒号"（：）（ASCⅡ十六进制 3A）起始，以"回车 – 换行"（CR-LF）（ASCⅡ十六进制 0D 和 0A）结束。

对于所有的域，允许传送的字符为十六进制 0 ～ 9，A ～ F（ASCⅡ编码）。设备连续地监视总线上的"冒号"字符。当收到这个字符后，每个设备解码后续的字符一直到帧结束。报文中字符间的时间间隔可以达 1s。如果发现更大的间隔，则接收设备认为发生了错误。

每个字符字节需要用两个字符编码。因此，为了确保 ASCⅡ 模式和 RTU 模式在 Modbus 应用级兼容，ASCⅡ 数据域最大数据长度（2×252）为 RTU 数据域（252）的两倍。ASCⅡ 帧的最大尺寸为 513 个字符。

3.2.3　Modbus 功能码

每个 Modbus 数据单元中都含有一个字节的功能码，有效的码字范围是十进制 1～255（128～255 为异常响应保留）。功能码指示服务器即将执行的操作。

Modbus 功能码分为三类：

（1）公共功能码

公共功能码是由 Modbus 组织确认、被确切定义的功能码，它可以通过一致性测试，具有公开性和唯一性。它包含已被定义的公共指配功能码和未来使用的未指配保留功能码。

（2）用户定义功能码

用户定义功能码是指无需 Modbus 组织的任何批准就可以选择和使用的功能码，但是不能保证用户定义功能码的使用是唯一的。

（3）保留功能码

保留功能码是某些公司对传统产品通常使用的功能码，并且对公共使用是无效的功能码。

Modbus 的功能码定义见表 3-6。

表 3-6　Modbus 的功能码定义

功能码	名称	作用
01	读取保持线圈状态	取得一组逻辑线圈的当前状态（ON/OFF）
02	读取输入线圈状态	取得一组开关输入的当前状态（ON/OFF）
03	读取保持寄存器	在一个或多个保持寄存器中取得当前的二进制值
04	读取输入寄存器	在一个或多个输入寄存器中取得当前的二进制值
05	写单线圈	强置一个逻辑线圈的通断状态
06	预置单寄存器	把具体的二进制值装入一个保持寄存器
07	读取异常状态	取得 8 个内部线圈的通断状态，这 8 个线圈的地址由控制器决定，用户逻辑可以将这些线圈定义，以说明从机状态，短报文适宜于迅速读取状态
08	回送诊断校验	把诊断校验报文送从机，以对通信处理进行评鉴
09	编程（只用于 484）	使主机模拟编程器作用，修改 PC 从机逻辑
10	探询（只用于 484）	可使主机与一台正在执行长程序任务从机通信，探询该从机是否已完成其操作任务，仅在含有功能码 9 的报文发送后，本功能码才发送
11	读取事件计数	可使主机发出单询问，并随即判定操作是否成功，尤其是该命令或其他应答产生通信错误时
12	读取通信事件记录	可使主机检索每台从机的 Modbus 事务处理通信事件记录。如果某项事务处理完成，记录会给出有关错误

（续）

功能码	名称	作用
13	编程（184/384 484 584）	可使主机模拟编程器功能修改 PC 从机逻辑
14	探询（184/384 484 584）	可使主机与正在执行任务的从机通信，定期探询该从机是否已完成其程序操作，仅在含有功能 13 的报文发送后，本功能码才发送
15	写多个线圈	强置一串连续逻辑线圈的通断
16	预置多寄存器	把具体的二进制值装入一串连续的保持寄存器
17	报告从机标识	可使主机判断编址从机的类型及该从机运行指示灯的状态
18	（884 和 MICRO84）	可使主机模拟编程功能，修改 PC 状态逻辑
19	重置通信链路	发生非可修改错误后，使从机复位于已知状态，可重置顺序字节
20	读取通用参数（584L）	显示扩展存储器文件中的数据信息
21	写入通用参数（584L）	把通用参数写入扩展存储文件，或修改之
22～64	保留作扩展功能备用	
65～72	保留以备用户功能所用	留作用户功能的扩展编码
73～119	非法功能	
120～127	保留	留作内部作用
128～255	保留	用于异常应答

Modbus 协议相当复杂，但常用的功能码只有简单的几种，主要是 01，02，03，04，05，06，15 和 16，下面介绍这几种功能码。

1. 读取保持线圈状态

（1）描述

功能码 01 用于读取从站的离散量输出状态（ON/OFF）。

（2）请求报文

功能码 01 请求报文中的数据必须包含需要读取的线圈的起始地址和线圈个数。Modbus 功能码 01 请求报文见表 3-7。

表 3-7　Modbus 功能码 01 请求报文

段名	例子（HEX 格式）
从站地址	11
功能码	01
开始地址（高字节）	00
开始地址（低字节）	14
数量（高字节）	00
数量（低字节）	25
校验码（LRC 或者 CRC）	—

（3）应答报文

Modbus 功能码 01 应答报文见表 3-8。线圈的状态通过应答报文中的数据位来传送，数据位为 1 表示线圈为 ON，数据位为 0 表示线圈为 OFF。第一个数据字节的低位（LSB）为第一个需要查询的线圈状态，其余线圈状态紧跟其后。若线圈个数不是 8 的倍数，多余的位需要被 0 填充，直至最后一个数据字节的高位（MSB）。同时，报文中包含字节数，用来指示一共有多少个数据字节需要被传送。

表 3-8　Modbus 功能码 01 应答报文

段名	例子（HEX 格式）
从站地址	11
功能码	01
字节数	05
数据（线圈 20 ～ 27）	CD
数据（线圈 28 ～ 35）	6B
数据（线圈 36 ～ 43）	B2
数据（线圈 44 ～ 51）	0E
数据（线圈 52 ～ 56）	1B
校验码（LRC 或者 CRC）	—

2. 读取输入线圈状态

（1）描述

功能码 02 用于读取从站的离散量输入状态（ON/OFF）。

（2）请求报文

功能码 02 请求报文中的数据必须包含需要读取的线圈的起始地址和线圈个数。Modbus 功能码 02 请求报文见表 3-9。

表 3-9　Modbus 功能码 02 请求报文

段名	例子（HEX 格式）
从站地址	11
功能码	02
开始地址（高字节）	00
开始地址（低字节）	C5
数量（高字节）	00
数量（低字节）	16
校验码（LRC 或者 CRC）	—

（3）应答报文

从站的输入线圈的状态通过应答报文中的数据位来传送，数据位为 1 表示线圈为 ON，数据位为 0 表示线圈为 OFF。第一个数据字节的低位为第一个需要查询的线圈状态，其余线圈状态紧跟其后。若线圈个数不是 8 的倍数，多余的位需要被 0 填充，直至最后一个数据字节的高位（MSB）。报文中的字节数，用来指示一共有多少个数据字节需要被传送。Modbus 功能码 02 应答报文见表 3-10。

表 3-10　Modbus 功能码 02 应答报文

段名	例子（HEX 格式）
从站地址	11
功能码	02
字节数	03
数据（线圈 0197～0204）	AC
数据（线圈 0205～0212）	DB
数据（线圈 0213～0218）	35
校验码（LRC 或者 CRC）	—

3. 读取保持寄存器

（1）描述

功能码 03 用于读取从站保持寄存器的十六位二进制数。

（2）请求报文

功能码 03 请求报文中的数据必须包含需要读取的寄存器的起始地址和寄存器个数。Modbus 功能码 03 请求报文见表 3-11。

表 3-11　Modbus 功能码 03 请求报文

段名	例子（HEX 格式）
从站地址	11
功能码	03
开始地址（高字节）	00
开始地址（低字节）	6C
数量（高字节）	00
数量（低字节）	03
校验码（LRC 或者 CRC）	—

（3）应答报文

寄存器的十六位二进制数通过两个字节来传送，第一个字节为寄存器的高位字节，第二个字节为寄存器的低位字节。Modbus 功能码 03 应答报文见表 3-12。

表 3-12　Modbus 功能码 03 应答报文

段名	例子（HEX 格式）
从站地址	11
功能码	03
字节数	06
高位字节（寄存器 006CH）	02
低位字节（寄存器 006CH）	2B
高位字节（寄存器 006DH）	00
低位字节（寄存器 006DH）	00
高位字节（寄存器 006EH）	00
低位字节（寄存器 006EH）	64
校验码（LRC 或者 CRC）	—

在这个应答报文中，寄存器 006CH 的值为 555（022BH），寄存器 006DH 的值为 0（0H），寄存器 006EH 的值为 100（0064H）。

4. 读取输入寄存器

（1）描述

功能码 04 用于读取从站输入寄存器的十六位二进制数。

（2）请求报文

功能码 04 请求报文中的数据必须包含需要读取的寄存器的起始地址和寄存器个数。Modbus 功能码 04 请求报文见表 3-13。

表 3-13　Modbus 功能码 04 请求报文

段名	例子（HEX 格式）
从站地址	11
功能码	04
开始地址（高字节）	00
开始地址（低字节）	09
数量（高字节）	00
数量（低字节）	01
校验码（LRC 或者 CRC）	—

（3）应答报文

寄存器的十六位二进制数通过两个字节来传送，第一个字节为寄存器的高位字节，第二个字节为寄存器的低位字节。Modbus 功能码 04 应答报文见表 3-14。

表 3-14　Modbus 功能码 04 应答报文

段名	例子（HEX 格式）
从站地址	11
功能码	04
字节数	02
高位字节（寄存器 0009H）	00
低位字节（寄存器 0009H）	0A
校验码（LRC 或者 CRC）	—

在这个应答报文中，寄存器 0009H 的值为 10（000AH）。

5. 写单个线圈

（1）描述

功能码 05 用于将从站的某个保持线圈状态设置为 ON 或者 OFF。在广播时，与总线相连的所有从站相同地址上的线圈状态被设置。

（2）请求报文

功能码 05 请求报文中的数据必须包含需要设置的线圈的地址。线圈需要被设置的状态包含在数据中。数据 FF00H 表示需要将线圈设置为 ON；数据 0000H 表示需要将线圈设置为 OFF；其余将被忽略。Modbus 功能码 05 请求报文见表 3-15。

表 3-15　Modbus 功能码 05 请求报文

段名	例子（HEX 格式）
从站地址	11
功能码	05
线圈地址（高字节）	00
线圈地址（低字节）	1D
数据（高字节）	FF
数据（低字节）	00
校验码（LRC 或者 CRC）	—

（3）应答报文

若线圈设置成功，功能码 05 应答报文是请求报文的一份拷贝。Modbus 功能码 05 应答报文见表 3-16。

表 3-16　Modbus 功能码 05 应答报文

段名	例子（HEX 格式）
从站地址	11
功能码	05

（续）

段名	例子（HEX 格式）
线圈地址（高字节）	00
线圈地址（低字节）	AD
数据（高字节）	FF
数据（低字节）	00
校验码（LRC 或者 CRC）	—

6.写单个寄存器

（1）描述

功能码 06 用于将从站的某个保持寄存器设置为指定值。在广播时，与总线相连的所有从站相同地址上的寄存器值被设置。

（2）请求报文

功能码 06 请求报文中的数据必须包含需要设置的寄存器的地址。Modbus 功能码 06 请求报文见表 3-17。

表 3-17　Modbus 功能码 06 请求报文

段名	例子（HEX 格式）
从站地址	11
功能码	06
寄存器地址（高字节）	00
寄存器地址（低字节）	02
数据（高字节）	00
数据（低字节）	03
校验码（LRC 或者 CRC）	—

（3）应答报文

若寄存器设置成功，功能码 06 应答报文是请求报文的一份拷贝。Modbus 功能码 06 应答报文见表 3-18。

表 3-18　Modbus 功能码 06 应答报文

段名	例子（HEX 格式）
从站地址	11
功能码	06
寄存器地址（高字节）	00
寄存器地址（低字节）	02
数据（高字节）	00
数据（低字节）	03
校验码（LRC 或者 CRC）	—

7. 写多个线圈

（1）描述

功能码 15 用于将从站的一段连续线圈状态设置为指定值。在广播时，与总线相连的所有从站相同地址上的线圈状态被设置。

（2）请求报文

功能码 15 请求报文中的数据必须包含需要设置的线圈的地址。线圈需要被设置的状态包含在数据中。数据 1 表示需要将线圈设置为 ON；数据 0 表示需要将线圈设置为 OFF。例如我们需要设置 17 号从站从 0013H 开始的连续 10 个线圈的值，如图 3-10 所示，数据区第一个被传送的字节（CDH）表示线圈 0013H ～ 001AH 的设置值，低位表示低地址线圈 0013H，高位表示高地址线圈 001AH；第二个被传送的字节（01H）表示线圈 001BH ～ 001CH 的设置值，低位表示低地址线圈 001BH，高位不需要使用的位保留为 0。Modbus 功能码 15 请求报文见表 3-19。

MSB第1字节LSB								MSB第2字节LSB							
位	1	1	0	0	1	1	0	1	0	0	0	0	0	0	0	1
线圈	26	25	24	23	22	21	20	19	—	—	—	—	—	—	28	27

图 3-10　数据帧

表 3-19　Modbus 功能码 15 请求报文

段名	例子（HEX 格式）
从站地址	11
功能码	0F
开始地址（高字节）	00
开始地址（低字节）	13
数量（高字节）	00
数量（低字节）	0A
字节数	02
数据（高字节）	CD
数据（低字节）	01
校验码（LRC 或者 CRC）	—

（3）应答报文

若线圈设置成功，Modbus 功能码 15 应答报文包括从站地址、功能码、开始地址和数量，见表 3-20。

表 3-20　Modbus 功能码 15 应答报文

段名	例子（HEX 格式）
从站地址	11
功能码	0F
开始地址（高字节）	00
开始地址（低字节）	13
数量（高字节）	00
数量（低字节）	0A
校验码（LRC 或者 CRC）	—

8. 写多个寄存器

（1）描述

功能码 16 用于将从站的一段连续保持寄存器设置为指定值。在广播时，与总线相连的所有从站相同地址上的寄存器值被设置。

（2）请求报文

功能码 16 请求报文中的数据必须包含需要设置的寄存器的地址。Modbus 功能码 16 请求报文见表 3-21。

表 3-21　Modbus 功能码 16 请求报文

段名	例子（HEX 格式）
从站地址	11
功能码	10
开始地址（高字节）	00
开始地址（低字节）	02
数量（高字节）	00
数量（低字节）	02
字节数	04
数据 1（高字节）	00
数据 1（低字节）	0A
数据 2（高字节）	01
数据 2（低字节）	02
校验码（LRC 或者 CRC）	—

（3）应答报文

若寄存器设置成功，Modbus 功能码 16 应答报文包括从站地址、功能码、开始地址和数量，见表 3-22。

表 3-22 Modbus 功能码 16 应答报文

段名	例子（HEX 格式）
从站地址	11
功能码	10
开始地址（高字节）	00
开始地址（低字节）	02
数量（高字节）	00
数量（低字节）	02
校验码（LRC 或者 CRC）	—

3.2.4 S7–200 的 Modbus 通信设置

以 Modbus 功能码 6 的写从站保持寄存器为例，在 S7–200 CPU 之间建立一个简单的 Modbus 主 – 从通信（本例子也可作为其他所支持的功能码的基本参数设置步骤）。

1. 准备工作

在 STEP 7 Micro/Win 中安装指令库（Modbus 主站协议只被 STEP 7 Micro/Win V4.0 SP5 及其以上版本支持）。

2. 硬件设置

Modbus 通信是在两个 S7–200 CPU 的 0 号通信口间进行（最好每个 CPU 都有两个通信口）；在主站侧也可以用相应库文件"MBUS_CTRL_P1"和"MBUS_MSG_P1"通过 1 号通信口通信。通信口 1 用 Micro/Win 与 PG 或 PC 建立连接，两个 CPU 的通信口 0 通过 PROFIBUS 电缆进行连接（电缆的针脚连接为 3、8，其中 3 为正，8 为负）。另外，逻辑地 M 相连，如图 3-11 所示。

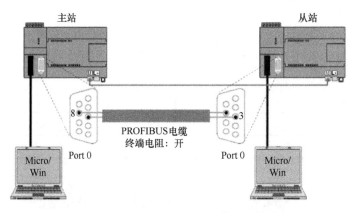

图 3-11 S7–200 之间 Modbus 通信的硬件设置

3. 参数匹配

设置 Modbus 通信, 主站侧需要程序库 "MBUS_CTRL" 和 "MBUS_MSG", 从站侧需要程序库 "MBUS_INIT" 和 "MBUS_SLAVE"。在 Micro/Win 中需要为主站和从站新建一个项目, 程序与参数设置如图 3-12 所示。

必须要保证主站与从站的 "Baud" 和 "Parity" 的参数设置一致, 并且程序块 "MBUS_MSG" 中的 "Slave" 地址要与程序块 "MBUS_INIT" 中的 "Addr" 所设置的一致。在 Micro/Win "系统块" 中设置的通信口 0 的波特率与 Modbus 协议无关 ("Mode" = "1")。

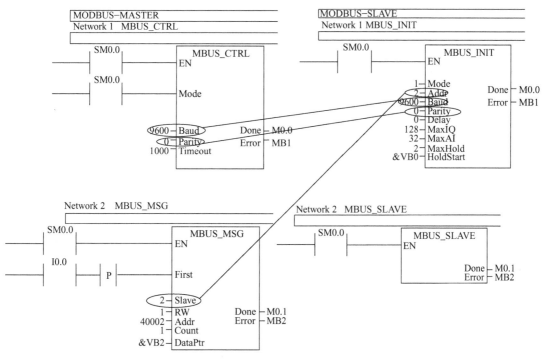

图 3-12 程序与参数设置

下面介绍程序块各个参数选项及其含义。

(1) 主站指令

① MBUS_CTRL 指令。

使用 SM0.0 调用 MBUS_CTRL 指令完成主站的初始化, 并启动其功能控制。MBUS_CTRL 参数说明见表 3-23。

表 3-23 MBUS_CTRL 参数说明

参数	意义	选项
EN	使能	
Mode	协议选择	0=PPI, 1=Modbus

（续）

参数	意义	选项
Baud	传输速率 kbit/s	1200, 2400, 4800, 9600, 19200, 38400, 57600, 115200
Parity	校验选择	0= 无校验，1= 奇校验，2= 偶校验
Timeout	从站的最长响应时间 ms	1–32767，典型的设置值为 1000ms（1s）
Done	"完成"标志位	
Error	错误代码	0—无错误　1—校验选择非法　2—波特率选择非法　3—模式选择非法（Done 位为 1 时有效）

② MBUS_MSG 指令。

使用 SM0.0 调用 Modbus RTU 主站读写子程序 MBUS_MSG 指令，First 接通发送一个 Modbus 请求。同一时刻只能有一个读写功能（即 MBUS_MSG）使能。MBUS_MSG 参数说明见表 3-24。

表 3-24　MBUS_MSG 参数说明

参数	意义	选项
EN	使能	
First	读写请求位	
Slave	从站地址	
RW	"读"或"写"	0= 读，1= 写
Addr	读写从站的数据地址	0 .. 128 = 数字量输出 Q0.0 .. Q15.7 1001 .. 10128 = 数字量输入 I0.0 .. I15.7 30001 .. 30092 = 模拟量输入 AIW0 .. AIW62 40001 .. 49999 = 保持寄存器
Count	位或字的个数（0xxxx，1xxxx）/ words（3xxxx，4xxxx）	最大数据量为 120 个字
DataPtr	V 存储区起始地址指针	
Done	"完成"标志位	
Error	错误代码	参见 STEP 7 Micro/Win 帮助："Modbus 主站执行 MBUS_MSG 时的错误代码"

（2）从站指令

① MBUS_INIT 指令。

MBUS_INIT 指令用于使能和初始化或禁止 Modbus 通信。MBUS_INIT 指令必须无错误地执行，然后才能够使用 MBUS_SLAVE 指令。在继续执行下一条指令前，MBUS_INIT 指令必须执行完并且 Done 位被立即置位。MBUS_INIT 指令应该在每次通信状态改变时只执行一次。因此，EN 输入端应使用边沿检测元素以脉冲触发，或者只在第一个循环周期内执行一次。MBUS_INIT 参数说明见表 3-25。

表 3-25　MBUS_INIT 参数说明

参数	意义	选项
EN	使能	
Mode	协议选择	0=PPI，1=Modbus
Addr	从站地址	
Baud	传输速率 kbit/s	1200，2400，4800，9600，19200，38400，57600，115200
Parity	奇偶校验	0= 无校验，1= 奇校验，2= 偶校验
Delay	延时时间 ms	
MaxIQ	最大数字输入输出点数	其数值可为 0 ～ 128。数值为 0 则禁止对输入和输出的读写。建议 MaxIQ 的取值为 128，即允许访问 S7-200 的所有 I 点和 Q 点
MaxAI	最大模拟量输入点数	0 ～ 32。值为 0 则禁止读模拟输入。MaxAI 的建议值如下： – CPU221 为 0 – CPU222 为 16 – CPU224、CPU226 和 CPU224XP 为 32
MaxHold	最大保持寄存器字数量	指向 V 存储区的指针
HoldStart	保持寄存器区起始地址（40001）	
Done	完成标志位	
Error	错误代码	参看 STEP 7 Micro/Win 帮助："Modbus 从站协议的错误代码"

② MBUS_SLAVE 指令。

MBUS_SLAVE 指令用于服务来自 Modbus 主站的请求，必须在每个循环周期都执行，以便检查和响应 Modbus 请求。当 EN 输入接通时，该指令在每一循环周期内执行。

MBUS_SLAVE 指令无输入参数。MBUS_SLAVE 参数说明见表 3-26。

表 3-26　MBUS_SLAVE 参数说明

参数	意义	选项
EN	使能	
Done	完成标志位	
Error	错误代码	参看 STEP 7 Micro/Win 帮助："Modbus 从站协议的错误代码"

4. 库的存储地址

项目完成后必须要在 Micro/Win 中定义库的存储地址，当定义完存储区后，要保证在任何情况下不能再被其他程序所使用（主站侧："DataPtr"+"Count"，从站侧："HoldStart"+"MaxHold"）。库的存储地址分配如图 3-13 所示。

5. 保持寄存器值的传输

将程序下载到相应的 CPU 后，可以在状态表中给主站侧的 V 存储区赋值，然后从站侧监视数值的变化。当主站的 I0.0 使能后，VW2 中的内容就被发送到从站并写入从站的 VW2。

保持寄存器值的传输如图 3-14 所示。指针 "DataPtr" 代表了被读的 V 区起始地址。参

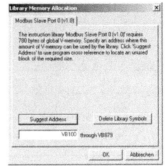

图 3-13　库的存储地址分配

数 "Count" 指定了被写入地址 "Addr" = "4××××"（保持寄存器）字的个数。相应 V 存储区的变量将被写到保持寄存器起始地址 "Addr" = "40002"（"RW" = "1"）中。保持寄存器是以字为单位传输的，它与从站的 V 区地址对应。指针 "HoldStart" 指定了与保持寄存器起始地址 40001 相对应的 V 存储区的初始地址。可以按下面公式计算从站的 V 区目标指针：

$$2 * (Addr - 40001) + HoldStart = 2 * (40002 - 40001) + \&VB0 = \&VB2$$

另外，要保证主站侧所要写入的数据区包含在 "MaxHold" 定义的数据区内：

$$MaxHold >= Addr - 40001 + Count = 40002 - 40001 + 1 = 2$$

Address	Format	Current Value
VW0	Hexadecimal	16#0123
VW2	Hexadecimal	16#4567
VW4	Hexadecimal	16#89AB

Address	Format	Current Value
VW0	Hexadecimal	16#0000
VW2	Hexadecimal	16#4567
VW4	Hexadecimal	16#0000

图 3-14　保持寄存器值的传输

3.3 TCP/IP 上的 Modbus 协议

Modbus TCP/IP 是运行在以太网 TCP/IP 网络上的 Modbus 报文传输协议。Modbus TCP/IP 通信系统包括两种不同类型的设备：1）连接至 TCP/IP 网络的 Modbus TCP/IP 客户机和服务器设备；2）互连设备，例如：在 TCP/IP 网络和串行链路子网之间互连的网桥、路由器或网关。Modbus 协议提供以太网 TCP/IP 网络上设备之间的客户机 / 服务器通信。这种客户机 / 服务器通信模式提供四种类型报文服务：

1）Modbus 请求：客户机在网络上发送用来启动事务处理的报文。

2）Modbus 指示：服务端接收的请求报文。

3）Modbus 响应：服务器发送的响应信息。

4）Modbus 证实：在客户端接收的响应信息。

Modbus 协议定义了一个与基础通信层无关的简单协议数据单元（PDU）。特定总线或网络上的 Modbus 协议能够在应用数据单元（ADU）上引入一些附加域。TCP/IP 上的 Modbus 应用数据单元（ADU）的组成如图 3-15 所示，包括：MBAP 报文头（Modbus 协议报文头）、功能码、数据。启动 Modbus 事务处理的客户机建立 Modbus 应用数据单元。应用数据单元中功能码向服务器指示执行操作内容。

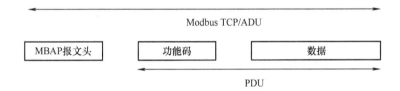

图 3-15　TCP/IP 上的 Modbus 应用数据单元（ADU）的组成

MBAP 报文头由 7 个字节组成，见表 3-27。

表 3-27　MBAP 报文头的组成

域	长度	描述	客户机	服务器
事务处理标识符	2 个字节	Modbus 请求 / 响应事务处理的识别码	客户机启动	服务器从接收的请求中重新复制
协议标识符	2 个字节	0=Modbus 协议	客户机启动	服务器从接收的请求中重新复制
长度	2 个字节	以下字节的数量	客户机启动（请求）	服务器（响应）启动
单元标识符	1 个字节	串行链路或其他总线上连接的远程从站的识别码	客户机启动	服务器从接收的请求中重新复制

MBAP 报文头各部分功能如下：

1）事务处理标识符：用于事务处理配对。在响应中，Modbus 服务器复制请求的事务处理标识符。

2）协议标识符：用于系统内的多路复用。通过值 0 识别 Modbus 协议。

3）长度：长度域是下一个域的字节数，包括单元标识符和数据域。

4）单元标识符：为了系统内路由，使用这个域。专门用于通过以太网 TCP/IP 网络和 Modbus 串行链路之间的网关对 Modbus 或 Modbus + 串行链路从站的通信。Modbus 客户机在请求中设置这个域，在响应中服务器必须利用相同的值返回这个域。

3.3.1 Modbus TCP/IP 协议上层结构

Modbus TCP/IP 协议上层结构如图 3-16 所示。它是一个既包含 Modbus 客户机又包含 Modbus 服务器组件的通用模型，适用于任何设备。但有些设备可能仅提供服务器或客户机组件。

（1）TCP/IP 栈

TCP/IP 栈可以进行参数配置，用于特定的产品或系统的数据流控制、地址管理和连接管理。通常 BSD 套接字接口就用来管理 TCP 连接。

（2）TCP 管理层

管理通信的建立和结束，管理建立在 TCP 连接上的数据流。

① 栈参数配置

配置 TCP/IP 栈的参数，对链路连接、数据的发送和接收进行管理。

② 连接管理。

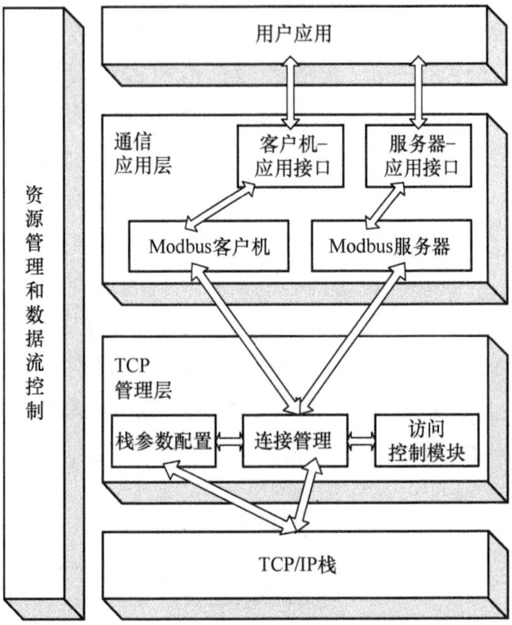

在客户机和服务器的 Modbus 模块之间

图 3-16　Modbus TCP/IP 协议上层结构

的通信需要调用 TCP 连接管理模块。它负责管理报文传输的 TCP 连接。

TCP502 口的侦听是为 Modbus 通信保留的。在缺省状态下，强制侦听这个口。然而，有些市场或应用可能需要其他口作为 TCP 上 Modbus 的通信之用。当需要与非施奈德（Schneider）产品进行互操作时，就属于这种情况。通常建议即使在某一个特定的应用中为 Modbus 服务配置了其他 TCP 服务器口，除一些特定应用口外，TCP 服务器 502 口必须仍然是可用的。

③ 访问控制模块。

在某些场合，必须禁止未授权的主机对设备内部数据的访问，也就是需要设置安全模式，这是由访问控制模块完成的。

（3）通信应用层

一个 Modbus 设备可以提供一个客户机和/或服务器 Modbus 接口。可提供一个 Modbus 后台接口，允许间接地访问用户应用对象。此接口由四部分组成：离散量输入、离散量输出（线圈）、寄存器输入和寄存器输出。此接口与用户应用数据之间的映射必须加以定义。

① Modbus 客户机。

Modbus 客户机允许用户应用控制与远端设备的信息交换。Modbus 客户机根据用户应用向 Modbus 客户接口发送的需求中所包含的参数生成一个 Modbus 请求。Modbus 客户机调用一个 Modbus 的事务处理。

② 客户机 – 应用接口。

客户机 – 应用接口提供一个接口，使得用户应用能够生成对包括访问 Modbus 应用对象在内的各类 Modbus 服务的请求。

③ Modbus 服务器。

在收到一个 Modbus 请求以后，模块激活一个本地操作进行读、写或完成其他操作。这些操作的处理对开发人员来说都是透明的。Modbus 服务器的主要功能是等待来自 TCP502 口的 Modbus 请求，并处理这一请求，然后生成一个 Modbus 应答，应答取决于设备的状况。

④ 服务器 – 应用接口。

服务器 – 应用接口是一个从 Modbus 服务器到定义应用对象的用户应用之间的接口。

（4）用户应用

用户应用规定了用户、系统以及不同设备可调用的应用功能。

（5）资源管理和数据流控制

为了平衡 Modbus 客户机与服务器之间报文传输的数据流，在 Modbus 报文传输栈的所有各层均设置了数据流控制机制。资源管理和数据流控制模块是基于 TCP 内部数据流控制，附加数据链路层的某些数据流控制，以及用户应用层的数据流控制。

3.3.2　TCP/IP 栈

TCP/IP 栈提供了一个接口，用来管理连接、发送和接收数据，还可以进行参数配置。TCP/IP 栈接口通常是基于 BSD（伯克利软件分配代码）的接口。

1. BSD 套接字接口的应用

一个套接字是一个通信端点，它是通信的基本构成模块。通过套接字发送和接收数据可以执行一个 Modbus 通信。套接字接口使用以下函数：

socket() 函数：用来创建套接字。返回的一个套接字号被创建者用来访问套接字。套接字创建时没有地址（IP 地址和口号）。直到一个口被绑定到该套接字时，方可接收数据。

bind() 函数：用来绑定一个口号到套接字，在套接字与所指定的口号之间建立一个连接。

connect() 函数：初始化连接，由客户端发送，用来指定套接字号、远端 IP 地址和远端侦听口号（主动连接建立）。

accept() 函数：完成连接，由服务器端发送，指定以前在 listen() 调用中所指定的套接字号（被动连接建立）。一个新的套接字被创建，这个新的套接字连接到客户机的套接字，将套接字号返回到服务器端，释放初始套接字。

send() 函数：发送数据，与已经连接的套接字一道使用。

recv() 函数：接收数据，与已经连接的套接字一道使用。

setsockopt() 函数：套接字的创建者用来描述套接字的操作特征。

select() 函数：编程人员测试所有套接字上的事件。

shutdown() 函数：套接字的使用者用来终止 send() 和 / 或 recv() 的数据传输。

close() 函数：当不需要套接字时，用来放弃套接字的描述信息。

图 3-17 给出了客户机与服务器间的完整的 Modbus 通信过程。客户机建立一个连接，向服务器发送 3 个 Modbus 请求，而不等待第一个请求的应答到来。在收到所有的应答后，客户机正常地关闭连接。

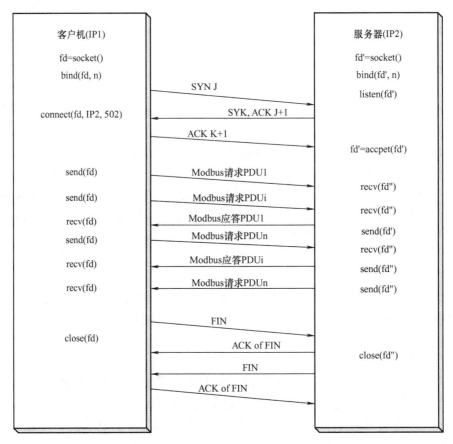

图 3-17　客户机与服务器间的完整的 Modbus 通信过程

2. TCP 层参数配置

TCP 层需要配置的参数包括以下几种：

（1）每个连接的参数

SO-RCVBUF，SO-SNDBUF

为发送和接收用套接字接口设定高限位。可以通过调整这些参数来实现流量控制。接收缓存区的大小即为每个连接 advertised window 的最大值。为了提高性能，必须增加套接字缓存区的大小。

接收缓存区的大小取决于 TCP 窗口大小、TCP 最大段的大小和接收输入帧所需的时间。由于最大段的尺寸为 300 个字（一个 Modbus 请求需要最大 256 字 +MBAP 报文头），如果需要 3 帧进行缓存，可将套接字缓存区的大小调整为 900 字。为了满足最大的缓存需求和预定的时间，可以增加 TCP 窗口的大小。

TCP-NODELAY

通常，小报文在局域网（LAN）上的传输不会产生问题，因为多数局域网是不拥堵的，但是，这些小报文在广域网上将会造成拥堵。为了避免拥堵，通常在广域网上采用"NAGLE 算法"，把较小的包组装成更大的帧进行发送。但为了获得更好的实时性，通常将小包的数据直接发送，而不将其收集到一个大帧内再发送。TCP-NODELAY 选项就是禁用客户机和服务器连接的"NAGLE 算法"。

SO-REUSEADDR

当 Modbus 服务器关闭一个由远端客户启动的 TCP 连接时，在这个连接处于"时间等待（TIME_WAIT）"状态（两个 MSL：最大段寿命）的过程中，该连接所用的本地口号不能被再次用来打开一个新的连接。通常为了每个客户机和服务器连接，SO-REUSEADDR 选项允许为自身分配一个口号，它作为连接的一部分在 2MSL 期间内等待客户机并侦听套接字接口。

SO-KEEPALIVE

SO-KEEPALIVE 用于保持连接，检测对方客户机或服务器是否故障。设置该选项后，如果 2h 内在此套接字接口的任一方向都没有数据交换，TCP 就自动给对方发一个保持存活探测分节。这是一个对方必须响应的 TCP 分节。它会导致以下三种情况：1）对方接收一切正常：以期望的 ACK 响应。2h 后，TCP 将发出另一个探测分节。2）对方故障且已重新启动：以 RST 响应。套接字接口的待处理错误被置为 ECONNRESET，套接字接口本身则被关闭。3）对方无任何响应：源自 berkeley 的 TCP 发送另外 8 个探测分节，相隔 75s 一个，试图得到一个响应。在发出第一个探测分节 11min 15s 后若仍无响应就放弃。套接口的待处理错误被置为 ETIMEOUT，套接口本身则被关闭。

（2）其他 TCP 层的参数

TCP 连接建立超时

多数伯克利推出的系统将新连接建立的时限设定为 75s，这个缺省值应该适应于实时的应用限制。

保持连接参数

连接的缺省空闲时间是 2h。超过此空闲时间将触发一个保持连接测试过程。第一个保持连接测试报文发出后，在最大次数内每隔 75s 发送一个测试报文，直到收到应答为止。

在一个空闲连接上发出保持连接测试报文的最大次数是 8 次。如果发出测试报文次数达到最大值后而没有收到应答，TCP 向应用发出一个错误信号，由应用来决定关闭连接。

超时与重发参数

如果检测到一个 TCP 报文丢失，将重发此报文。检测丢失的方法之一是管理重发超时（RTO），如果没有收到来自远端的确认，超时终止。

TCP 进行 RTO 的动态评估。为此，在发送每个非重发的报文后测量往返时间（RTT）。RTT 是指报文到达远端设备并从远端设备获得一个确认所用的时间。一个连接的 RTT 是动态计算的，然而，如果 TCP 不能在 3s 内获得 RTT 的估计，那么，就设定 RTT

的缺省值为 3s。

如果已经估算出 RTO，它将被用于下一个报文的发送。如果在估算的 RTO 终止之前没有收到下一个报文的确认，启用指数补偿算法。在一个特定的时间段内，允许相同报文重发（不超过最大次数）。之后，如果收不到确认，连接终止。

在 TCP 标准中定义的重发算法主要有：1）Jacobson RTO 估计算法；2）Karn 算法；3）指数补偿算法；4）快速重发算法。

3. IP 层参数配置

在 Modbus IP 层需要配置下列参数：

1）本地 IP 地址：IP 地址可以是 A、B 或 C 类的一种。

2）子网掩码：为了使用不同的物理介质（例如：以太网、广域网等），更有效地使用网络地址以及控制网络流量的能力，IP 网络可被划分成子网。子网掩码必须与本地 IP 地址的类型相一致。

3）缺省网关：缺省网关的 IP 地址必须与本地 IP 地址在同一子网内。禁止使用 0.0.0.0 的值。如果没有定义网关，那么此值可设为 127.0.0.1 或本地 IP 地址。

3.3.3　TCP 管理

1. 连接管理

（1）连接管理模块

Modbus 通信需要建立客户机与服务器之间的 TCP 连接。

连接的建立可以由用户应用模块直接实现，也可以由 TCP 连接管理模块自动完成。在第一种情况下，用户应用模块必须提供应用程序接口，以便完全管理连接。在第二种方案中，TCP 连接管理完全不出现，用户应用仅需要发送和接收 Modbus 报文。TCP 连接管理模块负责在需要时建立新的 TCP 连接。

1）显式 TCP 连接管理。

用户应用模块负责管理所有的 TCP 连接：主动的和被动的连接建立、连接结束。对客户机与服务器间所有的连接进行这种管理。BSD 套接字接口用在用户应用模块中来管理 TCP 连接。这种方案灵活性高，但需要应用开发人员具备充分的有关 TCP 的知识。

2）自动 TCP 连接管理。

TCP 连接管理对用户应用模块是完全透明的。连接管理模块可以接受足够数量的客户机 / 服务器连接。当超过所授权数量的连接时可关闭最早建立的不使用的连接。

在收到第一个来自远端客户机或本地用户应用的数据包后，就建立了与远端对象的连接。如果一个网络进行终止或本地设备决定终止，此连接将被关闭。在接收连接请求时，访问控制选项可用来禁止未授权客户访问设备的可能性。

TCP 连接管理模块采用栈接口（通常 BSD 套接字接口）来与 TCP/IP 栈进行通信。

为了保持系统需求与服务器资源之间的兼容，TCP 管理将保持两个连接库。

第一个库是优先连接库，由那些从不被本地主动关闭的连接组成。实现的原理是将这个库的每一个可能的连接与一个特定的 IP 地址联系起来。具有这个 IP 地址的设备被称为"标记的"。任何一个被"标记的"设备的新的连接请求必须被接收，并从优先连接库中取出。还有必要设置允许每个远端设备最多建立连接的数量，以避免同一设备使用优先连接库中所有的连接。

第二个库是非优先连接库，包括了非标记设备的连接。当有来自非标记设备的新的连接请求，以及库中没有连接可用时，关闭早些时候建立的连接。一个配置可作为选项提供来分配每个库中可用连接的数量。如果需要，设计人员可在设计期间设定连接的数量。

（2）连接管理描述

1）连接建立。

Modbus 报文传输服务必须在 502 口上提供一个侦听套接字，允许接收新的连接和与其他设备交换数据。当报文传输服务需要与远端服务器交换数据时，它必须与远端 502口建立一个新的客户连接，以便于远距离交换数据。本地口必须高于 1024，并且每个客户连接各不相同。

如果客户机与服务器的连接数量大于授权的连接数量，则最早建立的无用的连接被关闭。激活访问控制机制检查远端客户机的 IP 地址是否是经过授权的。如果未经授权，将拒绝新的连接。

2）Modbus 数据变换。

基于已经打开的正确的 TCP 连接发送 Modbus 请求。远端设备的 IP 地址用于寻找所建的 TCP 连接。在与同一个远端设备建立多个连接时，必须选择其中一个连接用于发送Modbus 报文，可以采取不同的选择策略，例如：最早的连接、第一个连接。在 Modbus通信的全过程中，连接必须始终保持打开。一个客户机可以向一个服务器启动多个事务处理，而不必等待前序事物处理结束。

3）连接关闭。

当客户机与服务器间的 Modbus 通信结束时，客户机必须关闭用于通信的连接。

Modbus TCP/IP 连接建立如图 3-18 所示。

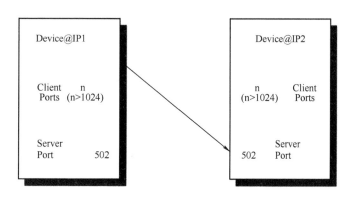

图 3-18　Modbus TCP/IP 连接建立

2. 特殊操作模式

某些操作模式（两操作端点之间通信断开、一个端点的故障和重新启动等）会对 TCP连接产生影响。当一个连接在这一侧关闭或异常终止而没有另一侧的确认时，称这种连接为"半打开"的连接。

（1）两操作端之间通信断开

在服务器侧以太网连接电缆断开，则有以下两种情况：

1）如果在连接上没有正在发送数据包。

如果通信断开持续的时间短于"保持连接"计时器的值，将察觉不到通信断开。如果通信断开时间超过"保持连接"计时器的值，将一个错误返回到 TCP 连接层，由其复位连接。

2）如果在连接断开的前后发送一些数据包。

TCP 重新传输算法（Jacobson 算法、Karn 算法以及指数补偿算法）被激活。这可能导致在"保持连接"计时器终止之前 TCP 栈连接层复位。

（2）服务器端的故障和重新启动

在服务器故障和重新启动以后，客户端处于"半打开"连接状态，则有以下两种情况：

1）如果在半打开的连接上没有发送数据包。

只要"保持连接"计时器还在计时中，从客户端看，连接是半打开的。之后，将返回一个错误到 TCP 管理层，由其复位连接。

2）如果在半打开的连接上发送一些数据包。

服务器在这样的连接上接收数据。TCP 层的栈发送一个复位指令来关闭客户端的半打开的连接。

（3）客户机端的故障和重新启动

在客户机故障和重新启动以后，服务器侧处于"半打开"连接状态，则有以下两种情况：

1）如果在半打开的连接上没有发送数据包。

只要"保持连接"计时器还在计时中，从服务器端看，这种连接是半打开的。之后，将返回一个错误到 TCP 管理层，由其复位连接。

2）如果在"保持连接"计时器完成计时前，客户机打开一个新的连接，必须分两种情况研究：

① 所打开的连接与服务器侧半打开的连接具有相同的特性（相同的源和目的口、相同的源和目的 IP 地址），所以，在连接建立超时后（伯克利实现的多数情况下为 75ms），TCP 栈层将不能打开连接。为了避免较长超时时间内不能进行通信，建议在客户机端重新启动后，确保使用与原有连接不同的源口号建立连接。

② 所打开的连接与服务器侧半打开的连接具有不同的特性，在 TCP 栈层上打开连接，并向服务器侧的 TCP 管理层发送信号。

如果服务器侧 TCP 管理层仅支持一个远端客户机 IP 地址的连接，那么可以关闭原来的半打开的连接，使用新的连接。

如果服务器侧 TCP 管理层支持多个远端客户机 IP 地址的连接，那么新的连接保持打开状态，原来的连接也保持半打开状态，直到"保持连接"计时器计时结束，此时，将返回一个错误到 TCP 管理层。之后，TCP 管理层将能够复位原有的连接。

3. 访问控制模块

访问控制模块的任务是检查每一个新的连接，与一个合法授权的远程 IP 地址列表对照，它可以授权或禁止一个远端客户机的 TCP 连接。必要时应用开发人员需要选择访问控制模块来保证网络的安全。在这种情况下，需要对每个远端 IP 授权或禁止访问。用户需提供一个 IP 地址的列表，并特别注明每个 IP 地址是否合法授权。在缺省情况下的安全模式中，用户未配置的 IP 地址均被禁止。所以，借助于访问控制模式，关闭来自未知的 IP 地址的访问连接。

3.3.4　通信应用层

1. Modbus 客户端

（1）Modbus 客户端设计

图 3-19 描述了客户端发 Modbus 请求并处理 Modbus 应答的主要处理过程。

Modbus 客户机处理三类事件：

1）来自用户应用的发送请求。对 Modbus 请求进行编码，并使用 TCP 管理组件服务通过网络发送 Modbus 请求。

2）来自 TCP 管理的响应。分析响应的内容，并向用户应用发送一个证实。

3）由于无响应而超时结束。可以通过网络发送一个重试电文，或向用户应用发送一个否定证实。

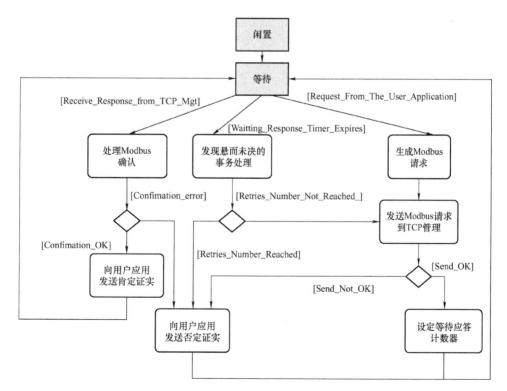

图 3-19　Modbus 客户端操作示意图

（2）Modbus 请求的生成

图 3-20 所示为请求生成操作示意图。

收到用户应用的需求后，客户端必须生成一个 Modbus 请求，并发送到 TCP 管理。Modbus 请求可分解为以下几个子任务：

1）Modbus 事务处理的实例化，使客户机能够存储所有需要的信息，以便将响应与相应的请求匹配，并向用户应用发送证实。

2）Modbus 请求（PDU+MBAP 报文头）的编码。启动需求的用户应用必须提供所有需要的信息，使得客户机能够将请求编码根据 Modbus 协议进行 Modbus PDU 的编码（设置 Modbus 功能码、相关参数和应用数据）。填充 MBAP 报文头的所有域。然后，将 MBAP 报文头作为 PDU 前缀生成 Modbus 请求 ADU。

3）发送 Modbus 请求 ADU 到 TCP 管理模块，TCP 管理模块负责寻找到远端服务器的正确 TCP 的套接字。除了 Modbus ADU 以外，还必须传递目的 IP 地址。

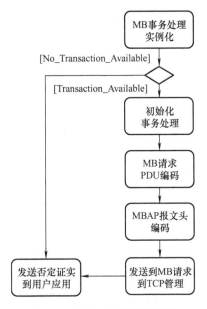

图 3-20 请求生成操作示意图

例：请给出从地址为 05 的远端服务器读 1 个字的 Modbus 请求 ADU 编码。

Modbus 请求 ADU 编码见表 3-28。

表 3-28 Modbus 请求 ADU 编码

	说明	大小	实例
MBAP 报文头	事务处理标识符 Hi	1	0x15
	事务处理标识符 Lo	1	0x01
	协议标识符	2	0x0000
	长度	2	0x0006
	单元标识符	1	0xFF
Modbus 请求	功能码	1	0x03
	起始地址	2	0x0005
	寄存器数量	2	0x0001

1）事务处理标识符。

事务处理标识符用于将请求与未来响应之间建立联系。因此，对 TCP 连接来说，在同一时刻，这个标识符必须是唯一的。有几种使用此标识符的方式：

① 可以作为一个带有计数器的简单"TCP 顺序号"，在每发送一个请求时增加计数。

② 也可以用作智能索引或指针，来识别事务处理的内容，以便记忆当前的远端服务器和未处理的请求。

通常，在 Modbus 串行链路上，客户机必须一次发送一个请求。这意味着这个客户机在发送第二个请求之前必须等待对第一个请求的回答。在 Modbus TCP 上，可以向同一个服务器发送多个请求而不需等待服务器的证实。Modbus TCP 到 Modbus 串行链路之间的网关负责保证这两种操作之间的兼容性。

服务器接收请求的数量取决于其容量，即：服务器资源量和 TCP 窗口尺寸。同样，客户机同时启动事务处理的数量也取决于客户机的资源容量。这个实现参数称为"NumberMax of Client Transaction"，必须作为 Modbus 客户机的一个特性进行描述。根据设备的类型，此参数取值为 1 ～ 16。

2）单元标识符。

在 Modbus 或 Modbus+ 串行链路子网中对设备进行寻址时，这个域是用于寻址从设备。在这种情况下，"Unit Identifier"携带一个远端设备的 Modbus 从站地址：

① 如果 Modbus 服务器连接到 Modbus+ 或 Modbus 串行链路子网，并通过一个桥或网关寻址这个服务器，Modbus 单元标识符用于识别连接到网桥或网关后的子网的从站设备。目的 IP 地址识别了网桥本身的地址，而网桥则使用 Modbus 单元标识符将请求转交给正确的从站设备。

② 分配串行链路上 Modbus 从站设备地址为 1 ～ 247（10 进制），地址 0 作为广播地址。

对 TCP/IP 来说，利用 IP 地址寻址 Modbus 服务器。因此，Modbus 单元标识符是无用的，必需使用值 0xFF。

（3）处理 Modbus 证实

Modbus 证实处理操作的过程如图 3-21 所示。

在 TCP 连接中，当收到一个响应帧时，位于 MBAP 报文头中的事务处理标识符用来将响应与先前发往 TCP 连接的原始请求联系起来：

1）如果事务处理标识符没有提及任何未解决的事务处理，那么必须废弃响应。

2）如果事务处理标识符提及了未解决的事务处理，那么必须分解响应，以便向用户应用发送 Modbus 证实（肯定的或否定的证实）。

分解响应就是检验 MBAP 报文头和 Modbus PDU 的响应：

MBAP 报文头

在检验协议标识符必为 0x0000 以后，长度给出了 Modbus 响应的大小。

如果响应来自直接连接到 TCP/IP 网络的 Modbus 服务器设备，TCP 连接识别码用于识别出远端服务器。因此，MBAP 报文头中携带的单元标识符是无效的，必须废弃这个单元标识符。

如果将远端服务器连接在一个串行链路子网上，并且响应来自一个网桥、路由或网关，那么单元标识符（值≠ 0xFF）识别发送初始响应的远端 Modbus 服务器。

Modbus PDU 的响应

必须检验功能码，根据 Modbus 协议，分析 Modbus 的响应格式：

① 如果功能码与请求中所用的功能码相同，并且如果响应的格式是正确的，那么，向用户应用发出 Modbus 响应作为肯定的证实。

② 如果功能码是一个 Modbus 异常码（功能码 +80H），向用户应用发出一个异常响应作为肯定的证实。

③ 如果功能码与请求中所用的功能码不同（＝非预期的功能码），或如果响应的格式是错误的，那么，向用户应用发出一个错误信号作为否定的证实。

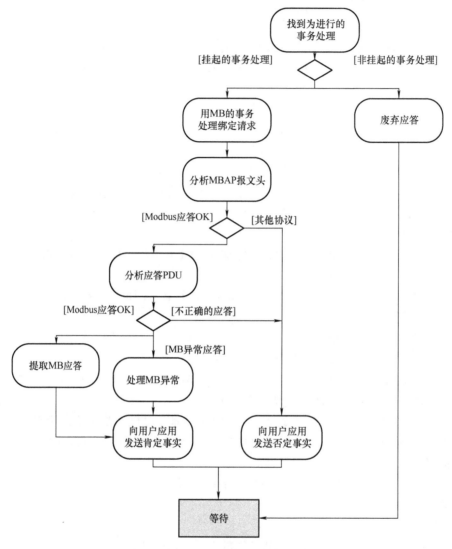

图 3-21　Modbus 证实处理操作的过程

（4）超时管理

客户机超时必须考虑网络上预期的传输延迟，这种传输延迟可以是交换式以太网中的几毫秒，或广域网连接中的几百毫秒。客户机启动应用重试的超时时间应该大于预期的最大的合理响应时间。实际中，客户机超时与网络拓扑和客户机性能有关。时间因素不很重要的系统经常采用 TCP 缺省值作为超时值，在多数平台上，几秒钟之后将报告通信故障。

2. Modbus 服务器端

Modbus 服务器的作用是为应用对象提供访问以及为远端客户机提供服务。

根据用户应用，提供不同类型的访问：

1）简单访问：获得或设定应用对象的属性。

2）高级访问：启动一个特定的应用服务。

Modbus 服务器功能如下：

1）将一个应用对象映射成可读或可写的 Modbus 对象，以便获得或设定应用对象的属性。

2）提供一种对应用对象启动服务的方法。

在运行过程中，Modbus 服务器必须分析接收到的 Modbus 请求，处理所需的操作，返回 Modbus 响应。

（1）Modbus 服务器设计

图 3-22 描述了服务器的主要工作过程：接收来自 TCP 管理的 Modbus 请求，然后，分析请求，处理所需的操作，返回 Modbus 响应。

如图 3-22 所示，Modbus 服务器本身可以处理一些服务，不用与用户应用之间交互。一些服务需要与被处理的用户应用进行明显的交互作用。有些高级服务需要调用特定的接口，即：Modbus 后台服务。例如：可能根据用户应用层协议，使用若干个 Modbus 请求 /响应事务处理的时序来启动用户应用服务。后台服务负责所有单个 Modbus 事务处理的正确进行，以便于执行全局用户应用服务。

Modbus 服务器可以接收并同时为多个 Modbus 请求提供服务。服务器可以同时接收 Modbus 请求的最大数量是 Modbus 服务器的主要参数之一。这个数量取决于服务器的设计以及它的处理和存储能力。将这个实现参数称为" NumberMaxOfServerTransaction"，根据设备的能力，它的取值范围为：1 ～ 16。

（2）Modbus PDU 检验

图 3-23 描述了 Modbus PDU 检验操作流程图。

Modbus PDU 检验功能首先是分解 MBAP 报文头。必须检验协议标识符域：

1）如果与 Modbus 协议类型不同，那么废除这个指示。

2）如果与 Modbus 协议类型相同（=Modbus 协议类型；值为 0x00），立即启动一个 Modbus 事务处理。

在无效事务处理的情况下，服务器生成一个 Modbus 异常响应（异常码 6：服务器繁忙）。

如果事务处理是有效的，则存储下列信息：

1）用于发送指示的 TCP 连接标识符（由 TCP 管理给出）。

2）Modbus 事务处理 ID（MBAP 报文头中给出）。

3）单元标识符（MBAP 报文头中给出）。

然后，分析 Modbus PDU。首先分析功能码：

1）当无效时，生成 Modbus 异常响应（异常码 1：无效功能码）。

2）如果接收功能码，服务器启动一个"Modbus 服务处理"操作。

（3）Modbus 服务处理

Modbus 服务处理操作流程图如图 3-24 所示。

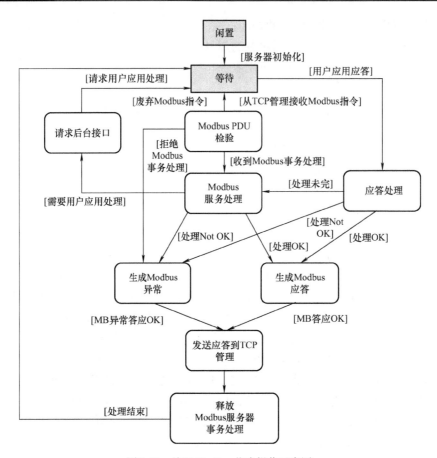

图 3-22　处理 Modbus 指令操作示意图

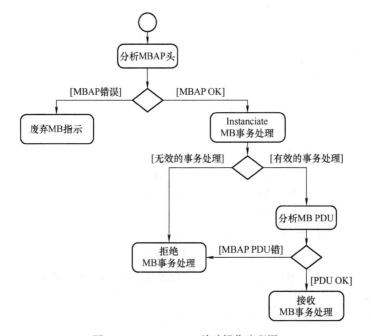

图 3-23　Modbus PDU 检验操作流程图

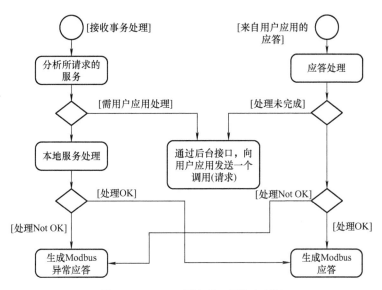

图 3-24　Modbus 服务处理操作流程图

根据设备软件和硬件结构，Modbus 服务处理采用不同的方式。

在一个小型设备或单线程体系结构内，Modbus 服务器可以直接访问用户应用数据，服务器自身可以本地处理要求的服务，而无需调用后台服务。根据"Modbus 协议规范"，进行这种处理。在出现错误的情况下，生成 Modbus 异常响应。

在一个模块化的多处理器的设备或多线程体系结构中，"通信层"和"用户应用层"是两个独立的实体，通信实体可以完全地处理一些不重要的服务，而其他的服务需要应用后台服务与用户应用实体协调完成。

（4）用户应用接口（后台接口）

根据实际情况或系统要求，Modbus 后台服务可对用户应用采用不同的接口：串行链路的物理接口、双口 RAM 的 I/O 电缆，或由操作系统提供的基于报文传输服务的逻辑接口。到用户应用的接口可以是同步的或异步的。

Modbus 后台服务还将设定目标属性或触发服务，如："网关模式""代理服务器模式"。Modbus 后台服务具有报文的分拆和重组、数据一致性保证以及同步等功能，能够完成协议的转换，与用户应用进行交互作用。

（5）Modbus 响应的生成

当处理请求时，Modbus 服务器使用 Modbus 服务器事务处理生成一个响应，并且将响应发送给 TCP 管理组件。根据处理结果，可以生成两类响应：1）肯定的 Modbus 响应：响应功能码＝请求功能码；2）Modbus 异常响应：响应功能码＝请求功能码 +0x80，为客户机提供与处理过程检测到的错误相关的信息。异常码的形式和功能见表 3-29。

表 3-29　异常码的形式和功能

异常码	Modbus 名称	备注
01	非法的功能码	服务器不了解功能码
02	非法的数据地址	与请求有关

（续）

异常码	Modbus 名称	备注
03	非法的数据值	与请求有关
04	服务器故障	在执行过程中，服务器故障
05	确认	服务器接收服务调用，但是需要相对长的时间完成服务。因此，服务器仅返回一个服务调用接收的确认
06	服务器繁忙	服务器不能接收 Modbus 请求 PDU。客户应用决定是否和何时重发请求
0A	网关故障	网关路径是无效的
0B	网关故障	目标设备没有响应。网关生成这个异常信息

Modbus 响应 PDU 必须以 MBAP 报文头做前缀，使用事务处理正文中的数据生成 MBAP 报文头。利用事务处理正文中存储的 TCP 连接对正确的 Modbus 客户机返回 Modbus 响应。当发送响应时，事务处理正文必须是空的。

3.4 实例：基于 Modbus 协议工控节点的设计

在分布式控制应用系统中，工业控制节点作为控制网络上监控信息的发送和接收站，占有至关重要的地位。为将不同厂商生产的控制设备互联成工业监控网络，许多工业设备都使用 Modbus 协议作为彼此之间的通信标准。针对机械装备控制、状态监测的分布式自动化系统构造需要，本节以粒状原料计量输送设备为例开发了一种基于 Modbus 协议的低成本工业嵌入式控制节点，可有效降低控制系统的硬件成本，提高系统抗干扰性能。

3.4.1 控制节点硬件设计

连续式计量皮带秤作为流程工业中重要的粒状原料计量输送设备，对于保证最终产品的配料精度具有重要作用。一个工厂分布式控制系统中的计量皮带秤节点具有计量皮带秤控制、运行状态显示及 Modbus 通信功能，并可通过通信总线，与上位监控机和其他设备控制节点传送状态和各种参数，并接收来自上位监控机的控制信息，以调整和改变自身的控制状态。控制节点结构如图 3-25 所示。

连续式计量皮带秤中的压力传感器检测皮带秤中称重托辊所受到的力，将其转换为电信号，送入嵌入式控制器，经过运算处理后，得到皮带上单位长度的料重值。同时将速度传感器测得的脉冲信号送入嵌入式控制器进行数据处理变换，得到带速值。在单位长度的料重值和带速值基础上，可获得此时的皮带流量，通过检测和调整皮带流量，使粒状原料达到定量给料、配比给料控制的目的。

1. 嵌入式控制节点功能设计

嵌入式控制节点功能设计框图如图 3-26 所示，以 ATMEL 公司的 AT89C51 为核心，采用 MAX485 组成 Modbus 通信模块实现 Modbus 通信功能。节点控制部分中的主要功能单元有 AT89C51 单片机、MAX485 通信控制器、运行控制输出信号模块、设备运行状态显示、监测信号输入模块和节点参数输入键盘。微控制器 AT89C51 的 I/O 分配原则是：

P0 口用于输出相应的点位控制信号等；P1 口用于显示；P2 口作为设备备妥、运行数字量、键盘等信息的输入通道。

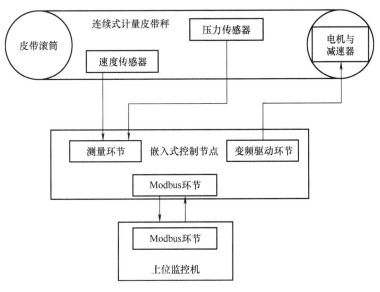

图 3-25　控制节点结构

控制节点的主要工作过程如下：节点微控制器 AT89C51 和 Modbus 通信控制器上电复位，对皮带秤设备运行过程和状态显示进行控制；当上位监控机发出命令，要求该控制节点报告自身的控制参数和数据时，节点微控制器 AT89C51 根据命令将相应的数据送入发送缓冲区，并启动 Modbus 控制器完成数据的发送；当上位监控机需要修改该节点控制参数时，直接将相应的命令和数据发送到总线上，Modbus 控制器接收命令和数据并使该节点的工作状态发生相应的变化，控制节点监控信号类型见表 3-30。

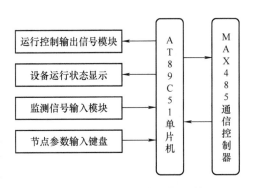

图 3-26　嵌入式控制节点功能设计框图

表 3-30　控制节点监控信号类型

序号	监控信号	信号类型
1	计量皮带秤备妥	开关量入（0～24DC）
2	皮带秤运行	开关量入（0～24DC）
3	皮带秤故障	开关量入（0～24DC）
4	皮带秤计量脉冲	开关量入（0～24DC）
5	皮带秤驱动	开关量出（0～24DC）
6	皮带秤故障确认	开关量出（0～24DC）
7	皮带秤流量设定	模拟量出（4～20mA）
8	皮带秤流量反馈	模拟量入（4～20mA）

为了完成上述应用任务，需要根据上述监控信号表，制定特定的 Modbus 通信应用协议，以便在工作过程中根据不同标识符区分控制命令完成相应任务。

2. 通信模块

在 Modbus 通信接口中，采用了 Maxim 公司的 MAX485 接口芯片。MAX485 采用 +5V 电源，半双工通信方式，将 TTL 电平转换为 RS-485 电平，再经过光电隔离后与 AT89C51 微控器所对应的接口连接。Modbus 通信模块如图 3-27 所示。

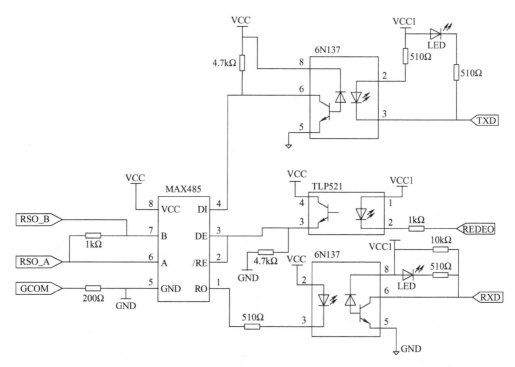

图 3-27　Modbus 通信模块

在 Modbus 通信模块中，MAX485 芯片的结构和引脚都非常简单，RO 端和 DI 端分别为接收器的输出端和驱动器的输入端，分别与 AT89C51 的 RXD 和 TXD 相连；RE 端和 DE 端分别为接收和发送的使能端，当 RE 为逻辑 0 时，器件处于接收状态；当 DE 为逻辑 1 时，器件处于发送状态，因为 MAX485 工作在半双工状态，用 AT89C51 的一个引脚控制上述 2 个引脚即可；A 端和 B 端分别为接收和发送的差分信号端，A、B 端间加 1kΩ 匹配电阻，当 A 引脚的电平高于 B 时，代表发送的数据为 1；当 A 的电平低于 B 端时，代表发送的数据为 0，只需一个信号控制 MAX485 的接收和发送即可。为了增强控制节点的抗干扰能力，通信信号的隔离采用高速光耦合器，支持高达 10Mbit/s 的信号传输；通信的状态和控制信号用普通光耦合器。2 个 LED 分别指示信号发送和信号接收的状态。

3. 其他功能模块

（1）开关量输入与输出模块

节点开关量输入输出模块电路如图 3-28 所示。

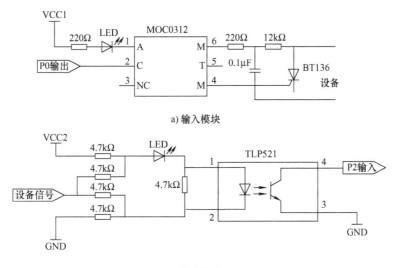

a) 输入模块

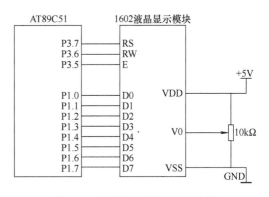

b) 输出模块

图 3-28　节点开关量输入输出模块电路

控制节点监测的设备开关量输入信号经过 NPN 或 PNP 电阻网络，将信号加到光耦合器 TLP521 的输入端，经光耦合器 TLP521 隔离后的信号再送至 AT89C51 输入端口 P2 的对应位。经过信号分析后，控制节点将需要输出的点位控制信号通过 AT89C51 的 P0 口输出，该控制信号经驱动放大后，根据输出负荷要求驱动双向晶闸管，完成对现场设备的实时控制。

（2）显示模块

为了对连续式计量皮带秤节点的工作和通信状态有直观形象的了解，利用 AT89C51 的 P1 口外接了一个 1602 液晶显示模块，用于显示控制节点的流量设定、运行、故障等工作状态和通信数据，液晶显示模块的主要电路如图 3-29 所示。

图 3-29　液晶显示模块的主要电路

1602 液晶显示模块的数据端 D0 ～ D7 双向数据线接 AT89C51 的 P1.0 ～ P1.7 作为数据输入输出口，1602 液晶显示模块的 E 使能端口接 AT89C51 的 P3.5，RW 接 P3.6 进行读写操作，RS 接 P3.7 选择寄存器，VDD 和 VSS 分别接 +5V 电源和地，再连上 10kΩ 电位器，可以用于调节显示器对比度。在控制节点初始化后，采用该显示模块可显示节点特定工作状态；在对数据进行发送、接收或者转换时，显示数据处理状态和特定的数据通信信息，同时可在空闲端口 A 和 K 上接上电源端和地端以显示背光，使显示效果更明显。

（3）监控模块

监控模块如图 3-30 所示，采用了 Maxim 公司的 MAX706，该芯片是一种性能优良的低功耗 CMOS 监控电路芯片。

微控制器 AT89C51 用引脚 P0.7 作为 MAX706 的 WDI 输入端，使用内部定时器 T1 产生定时 60ms 中断，在 T1 中断服务程序中对 WDI 端口实现电平的高低变化，"看门狗"定时器清零并重新开始计时。如果 1.6s 内在 WDI 端口没有高低电平变化，则

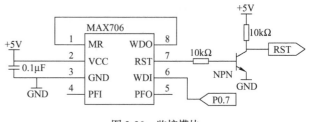

图 3-30　监控模块

在 MAX706 的 RST 端口输出低电平，由于 AT89C51 是利用高电平复位的，因此需要在 MAX706 的 RESET 端通过一个晶体管连接到单片机的复位端口。在晶体管的 C 端接一个 10kΩ 的上拉电阻，该晶体管起到反向的作用，在 MAX 的 RESET 引脚上有低电平时能够顺利复位。在系统跑飞情况下，系统复位重新开始工作。

3.4.2　控制节点软件设计

1. Modbus 通信模式

Modbus 协议支持 ASCⅡ 和远程终端装置 RTU 两种有效传输方式，是 OSI 模型第 7 层上的应用层报文传输协议。ASCⅡ 和 RTU 两种传输协议规定了消息和数据的结构、命令和应答的方式，数据通信采用 Master/Slave 方式，每种命令对应一个应答帧，Master 端发出数据请求消息，Slave 端接收到正确消息后，发送数据到 Master 端以响应请求，Master 端也可以直接发消息修改 Slave 端的数据。

上位机向从控制节点站询问，发出请求帧后有下列几种情况：从控制节点站收到无通信错误的请求并进行正常处理后，返回应答响应帧（正常帧）；从控制节点站收到的请求中出现通信错误，收到错误的请求帧时，返回相应错误帧。根据上述情况，设计了 3 种帧格式，分别是请求帧、响应帧和错误帧。帧的类型和格式见表 3-31。

表 3-31　帧的类型和格式

帧的类型	帧的格式
请求帧	起始（3.5T）从站 ID（1B）功能代码（1B）起始地址（2B） －读取数目（2B）CRC（2B）结束（3.5T）
响应帧	起始（3.5T）从站 ID（1B）功能代码（1B）读取字节（1B） －数据 N（N×1B）CRC（2B）结束（3.5T）
错误帧	起始（3.5T）从站 ID（1B）功能代码（1B）错误代码（1B） －CRC（2B）结束（3.5T）

按照 Modbus 协议的通用工业规范，采用标准 Modbus 中的 RTU 模式时，采用字节数据传输和 CRC 校验，信息帧中的每个字节由 2 个 4 bit 的十六进制字符表示，在相同传输速率的情况下，RTU 模式比 ASCⅡ 模式传输的数据量多 1 倍。当在网络上通信时，上位监控机需要知道对应的下位节点设备地址，决定需要下位控制节点产生何种行动并发送消息，如果需要回应，下位控制节点将生成对应的信息，并使用同样的 Modbus 协议发送给上位监控机。

2. 控制节点的软件设计

控制节点的软件设计大体可以分为 3 个部分：1）控制节点初始化；2）控制节点实际要完成的工业监控功能；3）实现 Modbus 数据通信功能，主要工作有：①节点根据选择模式、定时等设置 Modbus 通信模式；②节点处理接收 Modbus 控制器接收的报文；③节点准备要发送的报文并发送。在 Modbus 协议下，上位监控机作为 Master，下位嵌入式控制节点作为 Slave，采用接收和发送中断方式完成通信过程。通信协议功能数据见表 3-32。数据接收和发送流程如图 3-31 所示。

表 3-32　通信协议功能数据

功能码	功能	节点数据信息
01h	读内部线圈	手动 / 自动工作状态
02h	读外部输入线圈	计量皮带秤备妥、运行等
03h	读内部模拟量寄存器	计量皮带秤设置参数
04h	读输入模拟量寄存器	计量皮带秤流量反馈
05h	设置单一线圈	手动 / 自动工作状态
0fh	设置多个线圈	皮带秤驱动、故障确认等
10h	设置多个寄存器	计量皮带秤流量、设置参数等

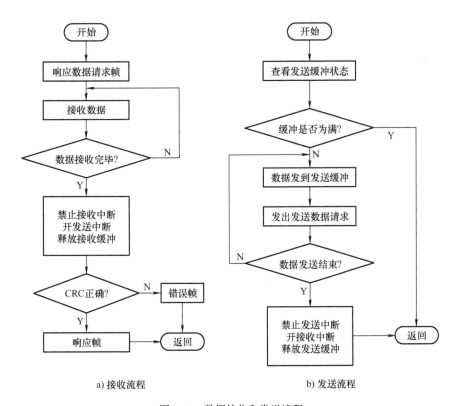

a) 接收流程　　　　　　　b) 发送流程

图 3-31　数据接收和发送流程

当皮带秤嵌入式控制节点接收到来自上位机的一个完整请求帧后，利用接收中断进行请求帧报文接收响应，接收完毕后，禁止接收中断，使能发送中断，控制节点对上位监控机发送的命令进行处理，并使用 CRC 校验模块进行数据校验，若校验错误，则向上位监控机返回一个错误帧，并禁止发送中断，使能接收中断，进入继续等待状态；当控制节点 CRC 校验模块校验数据正确后，该控制节点开始准备响应帧，控制节点按照上位监控机请求帧的命令类型，采集自身信息，形成响应帧中的数据串，并使用 CRC 校验模块获得响应帧的数据校验值，组成一个完整的响应帧，发送完响应帧后，禁止发送中断，使能接收中断。

嵌入式控制节点的接收子程序负责来自上位监控机的请求帧报文的接收处理，若 Modbus 控制器已接收到一个报文，而且报文经过验收滤波器并放入接收缓冲区中，则产生一个接收中断，微控制器 AT89C51 响应接收，将收到的报文接收并保存在存储器中，再通过置位命令寄存器的相应标志发送一个释放缓冲器命令，释放缓冲区，再接收下一帧。同样，嵌入式控制节点的发送子程序负责嵌入式控制节点响应帧和错误帧报文的发送，将被发送的数据按协议中的数据格式组合成一帧报文，主控制器 AT89C51 检查状态寄存器的“发送缓冲器状态”标志后，再送到 Modbus 控制器的发送缓冲区，置位命令寄存器的“发送请求”标志，发出相应的中断请求，启动发送命令即可顺利实现数据的发送。

第 4 章

CAN

20 世纪 80 年代初，德国的 BOSCH 公司就提出了用控制器局域网（Controller Area Network，CAN）来解决汽车内部微控制器之间的通信问题。目前，其应用范围已不再局限于汽车工业，而向过程控制、纺织机械、机器人、数控机床、医疗器械及传感器等领域发展。CAN 总线以其独特的设计、低成本、高可靠性、实时性、抗干扰能力强等特点得到了广泛的应用。

4.1 概述

1993 年 11 月，ISO 正式颁布了道路交通运输工具、数据信息交换、高速通信控制器局域网的标准：ISO 11898 CAN 高速应用标准和 ISO 11519 CAN 低速应用标准，这为 CAN 的标准化、规范化铺平了道路。CAN 总线具有如下特点：

1）CAN 为多主方式工作，网络上任一节点均可在任意时刻主动地向网络上的其他节点发送信息，而不分主/从，通信方式灵活，且无需站点地址等节点信息。利用这一特点可方便地构成多机备份系统。

2）CAN 上的节点信息分成不同的优先级，可满足不同的实时要求，高优先级的数据最多可在 134μs 内得到传输。

3）CAN 采用非破坏性总线仲裁技术。当多个节点同时向总线发送信息时，优先级较低的节点会主动地退出发送，而最高优先级的节点可不受影响地继续传输数据，从而大大节省了总线冲突仲裁时间。尤其是在网络负载很重的情况下也不会出现网络瘫痪情况。

4）CAN 只需通过报文滤波即可实现点对点、一点对多点及全局广播等几种方式传送接收数据，无需专门的"调度"。

5）CAN 的直接通信距离最远可达 10km（速率 5kbit/s 以下）；通信速率最高可达 1Mbit/s（此时通信距离最长为 40m）。

6）CAN 上的节点数主要取决于总线驱动电路，目前可达 110 个；报文标识符可达 2032 种（CAN2.0A）；而扩展标准（CAN2.0B）的报文标识符几乎不受限制。

7）CAN 采用短帧结构，传输时间短，抗干扰能力强，具有极好的检错效果。

8）CAN 的每帧信息都有 CRC 校验及其他检错措施，大大降低了数据的出错率。

9）CAN 的通信介质可为双绞线、同轴电缆或光纤，选择灵活。

10）CAN 节点在错误严重的情况下具有自动关闭输出功能，以使总线上其他节点的操作不受影响。

4.2 CAN 通信协议

CAN 为串行通信协议，能有效地支持具有很高安全等级的分布实时控制。CAN 的应用范围很广，从高速的网络到低价位的多路接线都可以使用 CAN。在汽车电子行业里，使用 CAN 连接发动机控制单元、传感器、防制动系统等，其传输速度可达 1Mbit/s。同时，可将 CAN 安装在卡车本体的电子控制系统中，诸如车灯组、电动车窗等，用以代替接线配线装置。

4.2.1 CAN 的通信参考模型

CAN 采用了 ISO/OSI 标准模型的第 1 层（物理层）和第 2 层（数据链路层），数据链路层又被分为逻辑链路控制（LLC）和媒体访问控制（MAC）两个子层，而在 CAN 技术规范 2.0A 的版本中，数据链路层的 LLC 子层和 MAC 子层的服务和功能被描述为"对象层"和"传输层"。CAN 的通信模型结构和功能如图 4-1 所示。

物理层的主要功能是：处理位编码 / 解码、位定时、同步等，定义接口与传输介质的机械特性和电气特性。

LLC 子层的主要功能是：为数据传送和远程数据请求提供服务，确认由 LLC 子层接收的报文实际已被接收，并为恢复管理和超载通知提供信息。在定义目标处理时，存在许多灵活性。

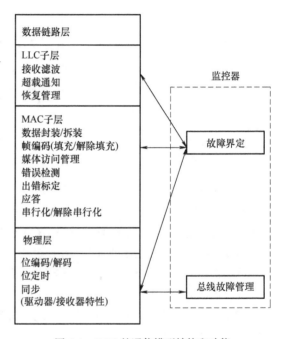

图 4-1　CAN 的通信模型结构和功能

MAC 子层的主要功能是：控制帧结构、执行仲裁、错误检测、出错标定和故障界定。MAC 子层要为开始一次新的发送确定总线是否开放或者是否马上开始接收。位定时特性也是 MAC 子层的一部分。

4.2.2 位定时与同步

在基于 CAN 总线通信过程中，要求接收方和发送方从帧起始至帧结束必须保持帧内信息代码中的每一位严格同步，然而由于 CAN 节点内的晶体振荡器容差和硬件电路等因素的影响，数据传输存在延迟，可能导致通信节点获得错误的数据位采样值或者仲裁失效等通信错误，因此，我们要了解 CAN 总线位定时和同步的知识。

（1）正常位时间

正常位时间是指在非重同步情况下，借助理想发送器发送每一个数据位所用的时间。

正常位时间可分为几个互不重叠的时间段。这些时间段包括：同步段（SYNC-SEG）、传播段（PROP-SEG）、相位缓冲段 1（PHASE-SEG1）和相位缓冲段 2（PHASE-SEG2）。位时间的各组成部分如图 4-2 所示。

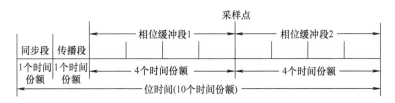

图 4-2　位时间的各组成部分

① 同步段：用于同步总线上的各个节点，为此，段内需要有一个跳变沿。

② 传播段：指网络上用于传输的延迟时间，它是信号在总线上传播时间、输入比较器延迟和驱动器延迟之和的两倍。

③ 相位缓冲段 1 和相位缓冲段 2：用于补偿沿的相位误差，通过重同步，这两个时间段可被延长或缩短。

④ 采样点：读取总线电平并理解该位数值的时刻，它位于相位缓冲段 1 的终点。

⑤ 信息处理时间：由采样点开始，其后续的位电平用于理解该位数值。

⑥ 时间份额：由振荡器周期派生出的一个固定时间单元。存在一个可编程的预置比例因子，其整数值范围为 1 ~ 32，以最小时间份额为起点，时间份额可为：时间份额 $=m \times$ 最小时间份额，其中，m 为预置比例因子。

正常位时间中各时间段长度数值为：SYNC-SEG 为一个时间份额；PROP-SEG 长度可编程为 1 ~ 8 个时间份额；PHASE-SEG1 可编程为 1 ~ 8 个时间份额；PHASE-SEG2 长度为 PHASE-SEG1 和信息处理时间的最大值；信息处理时间长度小于或等于 2 个时间份额。在位时间中，时间份额的总数必须被编程为 8 ~ 25 范围内的值。

（2）同步

硬同步和重同步是同步的两种形式。它们遵从下列规则：

① 在一个位时间内仅允许一种同步。

② 只要在先前采样点上监测到的数值与总线数值不同，沿过后立即有一个沿用于同步。

③ 在总线空闲期间，当存在一个隐性位至显性位的跳变沿时，则执行一次硬同步。

④ 所有履行以上规则①和②的其他隐性位至显性位的跳变沿都将被用于重同步。例外情况是，对于具有正相位误差的隐性位至显性位的跳变沿将不会导致重同步。

（3）硬同步

硬同步是指由节点检测到的，来自总线的沿强迫节点立即确定出其内部位时间的起始位置。硬同步后，内部位时间从 SYNC-SEG 重新开始，因而，硬同步迫使由于硬同步引起的跳变沿处于重新开始的位时间同步段之内。

（4）重同步

重同步是指节点根据沿相位误差的大小调整其内部位时间，以使节点内部位时间与来自总线的报文位流的位时间接近或相等。

当引起重同步沿的相位误差小于或等于重同步跳转宽度编程值时，重同步的作用与硬同步相同。当相位误差大于重同步跳转宽度且相位误差为正时，则 PHASE-SEGl 延长总数为重同步跳转宽度。当相位误差大于重同步跳转宽度且相位误差为负时，则 PHASE-SEG2 缩短总数为重同步跳转宽度。

① 重同步跳转宽度。由于重同步的结果，PHASE-SEGl 可被延长或 PHASE-SEG2 可被缩短。这两个相位缓冲段的延长或缩短的总和上限由重同步跳转宽度给定。重同步跳转宽度可编程为 1 和 min（4,PHASE-SEGl）之间的值。

时钟信息可由一位数值到另一位数值的跳转获得。由于总线上出现连续相同位的位数的最大值是确定的，这提供了在帧期间重新将总线单元同步于位流的可能性。可被用于重同步的两次跳变之间的最大长度为 29 个位时间。

② 沿相位误差。沿相位误差由沿相对于 SYNC-SEG 的位置给定，以时间份额度量。相位误差的符号定义如下：

若沿处于 SYNC-SEG 之内，则 $e=0$；

若沿处于采样点之前，则 $e>0$；

若沿处于前一位的采样点之后，则 $e<0$。

4.2.3 CAN 总线的位值与通信距离

CAN 总线用"显性"和"隐性"两种互补的逻辑值表示"0"和"1"。当在总线上出现同时发送显性位和隐性位时，其结果是总线数值为显性（即"0"与"1"的结果为"0"）。总线上的位电平如图 4-3 所示。V_{CAN_H} 和 V_{CAN_L} 为 CAN 总线收发器与总线之间的两接口引脚，信号是以两线之间的"差分"电压形式出现的。在隐性状态下，V_{CAN_H} 和 V_{CAN_L} 被固定于平均电压电平附近，V_{diff} 近似为零。显性状态以大于最小阈值的差分电压表示。在显性位期间，显性状态改变隐性状态并发送。

CAN 总线上任意两个节点之间的最大传输距离与其位速率有关，表 4-1 列举了相关的数据。

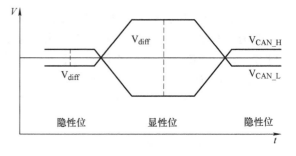

图 4-3　总线上的位电平

表 4-1　CAN 总线系统任意两节点之间的最大距离

位速率 / (kbit/s)	1000	500	250	125	100	50	20	10	5
最大距离 /m	40	130	270	530	620	1300	3300	6700	10000

这里的最大通信距离是指在同一条总线上两个节点之间的距离。

4.2.4 媒体访问控制

CAN 总线媒体访问控制采用非破坏性总线仲裁技术。当总线开放时，任何单元均可开始发送报文。若有两个或两个以上单元同时开始发送报文，就会发生总线访问冲突。通过对标识符 ID 进行逐位仲裁可以解决这个冲突。总线仲裁期间，每一个发送器都将发送的位电平与总线上检测到的电平进行比较，若相同则该单元可继续发送。当发送一个"隐性"电平，而在总线上检测为"显性"电平时，该单元退出仲裁，并不再传送后续位。这种仲裁机制可以确保信息和时间均无损失，因此被称为非破坏性总线仲裁。若具有相同标识符的一个数据帧和一个远程帧同时发送，数据帧优先于远程帧。

4.2.5　报文传输

在进行数据传送时，发出报文的单元称为该报文的发送器。如果一个单元不是报文发送器，并且总线不处于空闲状态，则该单元为接收器。

对于报文发送器和接收器，报文的实际有效时刻是不同的。对于发送器而言，如果直到帧结束末尾一直未出错，则报文有效；如果报文受损，将允许按照优先权顺序自动重发送。为了能同其他报文进行总线访问竞争，总线一旦空闲，重发送立即开始。对于接收器而言，如果直到帧结束的最后一位一直未出错，则报文有效。

报文传送由 4 种不同类型的帧表示：数据帧、远程帧、错误帧和超载帧。数据帧携带数据由发送器至接收器；远程帧通过总线单元发送，以请求发送具有相同标识符的数据帧；错误帧由检测出总线错误的任何单元发送；超载帧用于提供当前的和后续的数据帧的附加延迟。

数据帧和远程帧可以使用标准帧和扩展帧两种格式。两种帧不同之处为标识符的长度：含有 11 位标识符的帧称为标准帧；含有 29 位标识符的帧称为扩展帧。标准格式和扩展格式的数据帧结构如图 4-4 所示。数据帧和远程帧用一个帧空间与当前帧分开。下面分别介绍一下四种帧的结构形式。

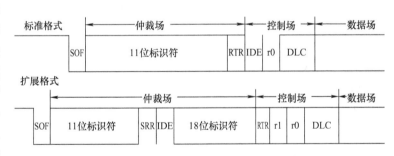

图 4-4　标准格式和扩展格式的数据帧结构

1. 数据帧

数据帧由 7 个不同的位场组成：帧起始、仲裁场、控制场、数据场、CRC 场、应答场（ACK 场）和帧结束。数据场长度可为 0。报文数据帧的组成如图 4-5 所示。

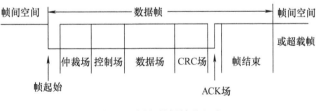

图 4-5　报文数据帧的组成

（1）帧起始

标志数据帧和远程帧的起始，它仅由一个显性位构成。只有在总线处于空闲状态时，才允许站点开始发送。所有站都必须同步于首先开始发送的那个站的帧起始前沿。

（2）仲裁场

仲裁场由标识符和远程发送请求位（RTR 位）组成。仲裁场的组成如图 4-6 所示。

对于 CAN2.0A 标准，标识符的长度为 11 位，这些位以从高位到低位的顺序发送，最低位为ID.0，其中最高7位（ID.10～ID.4）不能全为隐性位。

图4-6　仲裁场的组成

RTR位在数据帧中必须是显性位，而在远程帧中必须为隐性位。

对于CAN2.0B，标准格式和扩展格式的仲裁场格式不同。在标准格式中，仲裁场由11位标识符和RTR位组成，标识符值为ID.28～ID.18；而在扩展格式中，仲裁场由29位标识符，替代远程请求位（SRR位），标识位和RTR位组成，标识符位为ID.28～ID.0。

为区别标准格式和扩展格式，将CAN2.0A标准中的保留位r1改记为IDE位。在扩展格式中，先发送基本ID，其后是IDE位和SRR位。扩展ID在SRR位后发送。

SRR位为隐性位，在扩展格式中，它在标准格式的RTR位上被发送，并替代标准格式中的RTR位。这样，标准格式和扩展格式的冲突由于扩展格式的基本ID与标准格式的ID相同而得到解决。

IDE位对于扩展格式属于仲裁场，对于标准格式属于控制场。IDE位在标准格式中以显性电平发送，而在扩展格式中为隐性电平。

（3）控制场

控制场由6位组成，如图4-7所示。

图4-7　控制场的组成

由图4-7可见，控制场包括数据长度码和两个保留位，这两个保留位必须发送显性位，但接收器认可显性位与隐性位的全部组合。

数据长度码DLC指出数据场的字节数目。数据长度码为4位，在控制场中被发送。数据长度码的编码形式见表4-2，其中，d表示显性位，r表示隐性位。数据字节的允许使用数目为0～8，不能使用其他数值。

表4-2　数据长度码的编码形式

数据字节数目	数据长度码			
	DLC3	DLC2	DLC1	DLC0
0	d	d	d	d
1	d	d	d	r
2	d	d	r	d
3	d	d	r	r
4	d	r	d	d
5	d	r	d	r
6	d	r	r	d
7	d	r	r	r
8	r	d	d	d

（4）数据场

数据场由数据帧中被发送的数据组成，它包括 0 ～ 8 个字节，每个字节 8 位。首先发送的是最高有效位。

（5）CRC 场

CRC 场包括 CRC 序列和 CRC 界定符。CRC 场的结构如图 4-8 所示。

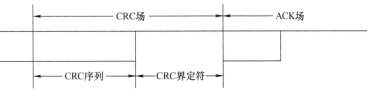

图 4-8　CRC 场的结构

CRC 序列由循环冗余校验求得的帧校验序列组成，最适用于位数小于 127（BCH 码）的帧。为实现 CRC 计算，被除的多项式系数由包括帧起始、仲裁场、控制场、数据场（若存在的话）在内的无填充的位流给出，其 15 个最低位的系数为 0。此多项式被发生器产生的下列多项式除（系数为模 2 运算）：

$$X^{15} + X^{14} + X^{10} + X^8 + X^7 + X^4 + X^3 + 1$$

该多项式除法的余数即为发向总线的 CRC 序列。为完成此运算，可以使用一个 15 位移位寄存器 CRC-RG。

CRC 序列后面是 CRC 界定符，它只包括一个隐性位。

（6）ACK 场

ACK 场由两位构成，分别是 ACK 间隙和 ACK 界定符，ACK 场的组成如图 4-9 所示。

在 ACK 场中，发送器送出两个隐性位。一个正确地接收到有效报

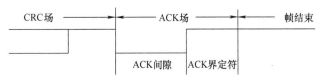

图 4-9　ACK 场的组成

文的接收器，在 ACK 间隙，将此信息通过发送一个显性位报告给发送器。所有接收到匹配 CRC 序列的站，通过在 ACK 间隙内把显性位写入发送器的隐性位来报告。

ACK 界定符是 ACK 场的第二位，并且必须是隐性位，因此，ACK 间隙被两个隐性位（CRC 界定符和 ACK 界定符）包围。

（7）帧结束

每个数据帧和远程帧均由 7 个隐性位组成的标志序列界定。

2. 远程帧

作为某数据接收器的站通过发送远程帧可以启动其资源节点传送数据。远程帧由 6 个不同的位场组成：帧起始、仲裁场、控制场、CRC 场、ACK 场和帧结束。

与数据帧相反，远程帧的 RTR 位是隐性位。远程帧不存在数据场。DLC 的数据值是独立的，它可以是 0 ～ 8 中的任何数值，这一数值为对应数据帧的 DLC。远程帧的组成如图 4-10 所示。

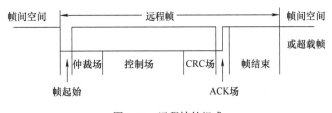

图 4-10　远程帧的组成

3. 错误帧

错误帧由两个不同场组成，第一个场由来自各站的错误标志叠加得到，后随的第二个场是错误界定符。错误帧的组成如图 4-11 所示。

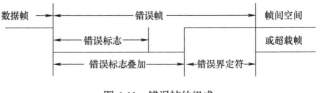

图 4-11 错误帧的组成

为了正确地终止错误帧，一种"错误认可"节点可以使总线处于空闲状态至少 3 位时间（如果错误认可接收器存在本地错误），因而总线不允许被加载至 100%。

错误标志有两种形式：一种是激活错误标志；一种是认可错误标志。激活错误标志由 6 个连续的显性位组成，而认可错误标志由 6 个连续的隐性位组成，它可被来自其他节点的显性位改写。

一个检测到错误状态的"错误激活"节点通过发送一个激活错误标志来指示出错。这一错误标志在格式上违背了由帧起始至 CRC 界定符的位填充规则，破坏了 ACK 场或帧结束的固定格式，因而其他节点将检测到错误状态并发送错误标志。这样，在总线上监视到的显位序列是由各个节点单独发送的错误标志叠加而成的。该序列的总长度在最小值 6 位至最大值 12 位之间变化。

一个检测到错误状态的"错误认可"节点试图发送一个认可错误标志来指明出错。该"错误认可"节点以认可错误标志为起点，等待 6 个相同极性的连续位。当检测到 6 个相同的连续位后，认可错误标志即告完成。

错误界定符包括 8 个隐性位。错误标志发送后，每个节点都送出隐性位，并监视总线，直到检测到隐性位，然后开始发送剩余的 7 个隐性位。

4. 超载帧

超载帧包括两个位场：超载标志和超载界定符，超载帧的组成如图 4-12 所示。

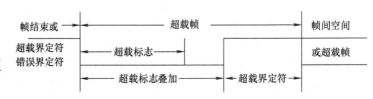

图 4-12 超载帧的组成

存在两种导致发送超载标志的超载条件：一个是要求延迟下一个数据帧或远程帧的接收器的内部条件；另一个是在间歇场检测到显性位。由前一个超载条件引起的超载帧起点，仅允许在期望间歇场的第一位时间开始，而由后一个超载条件引起的超载帧在检测到显性位的后一位开始。在大多数情况下，为延迟下一个数据帧或远程帧，两种超载帧均可产生。

超载标志由 6 个显性位组成。全部形式对应于活动错误标志形式。超载标志形式破坏了间歇场的固定格式，因而，所有其他站都将检测到一个超载条件，并且由它们开始发送超载标志（在间歇场第三位期间检测到显性位的情况下，节点将不能正确理解超载标志，而将 6 个显性位的第一位理解为帧起始）。第 6 个显性位违背了引起出错条件的位填充规则。

超载界定符由 8 个隐性位组成。超载界定符与错误界定符具有相同的形式。发送超载标志后，站监视总线直到检测到由显性位到隐性位的发送。在此站点上，总线上的每一个站均完成送出其超载标志，并且所有站一致地开始发送剩余的 7 个隐性位。

5. 帧间空间

数据帧和远程帧通过帧间空间同前一帧分隔开，不管前一帧是何种帧（数据帧、远程帧、出错帧或超载帧）。而在超载帧和出错帧前面没有帧间空间，并且多个超载帧前面也不被帧间空间分隔。

帧间空间包括间歇场和总线空闲场，对于前面已经发送报文的"错误认可"站还有暂停发送场。对于非"错误认可"或已经完成前面报文的接收器，其帧间空间如图 4-13 所示；对于已经完成前面报文发送的"错误认可"站，其帧间空间如图 4-14 所示。

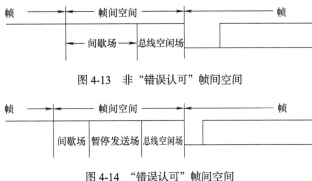

图 4-13　非"错误认可"帧间空间

图 4-14　"错误认可"帧间空间

间歇场由 3 个隐性位组成。间歇期间，不允许启动发送数据帧或远程帧，它仅起标注超载条件的作用。

总线空闲周期可为任意长度。此时，总线是开放的，因此任何需要发送的站均可访问总线。在其他报文发送期间，暂时被挂起的待发送报文紧随间歇场从第一位开始发送。此时总线上的显性位被理解为帧起始。

暂停发送场是指：错误认可站发完一个报文后，在开始下一次报文发送或认可总线空闲之前，它紧随间歇场后送出 8 个隐性位，如果其间开始一次发送（由其他站引起），本站将变为报文接收器。

4.2.6　错误类型和错误界定

1. 错误类型

在 CAN 总线中存在 5 种错误类型。

（1）位错误

向总线送出一位的某个单元同时也在监视总线，当监视到总线位数值与送出的位数值不同时，则在该位时刻检测到一个位错误。其中例外情况是，在仲裁场的填充位流期间或 ACK 间隙送出隐性位而检测到显性位时，不视为位错误。送出认可错误标志的发送器，在检测到显性位时，也不视为位错误。

（2）填充错误

在使用位填充方法进行编码的报文中，出现了第 6 个连续相同的位电平时，将检出一个位填充错误。

（3）CRC 错误

CRC 序列是由发送器 CRC 计算的结果组成的。接收器以与发送器相同的方法计算 CRC。如计算结果与接收到的 CRC 序列不相同，则检出一个 CRC 错误。

（4）格式错误

当固定形式的位场中出现一个或多个非法位时，则检出一个格式错误。

（5）ACK 错误

在 ACK 间隙，发送器未检测到显性位时，则由它检出一个 ACK 错误。

检测错误状态的站通过发送错误标志进行标定。当任何站检出位错误、填充错误、格式错误或 ACK 错误时，由该站在下一位开始发送出错标志。

当检测到 CRC 错误时，错误标志在 ACK 界定符后面那一位开始发送，除非其他错误条件的错误标志已经开始发送。

在 CAN 总线中，任何一个单元可能处于下列三种故障状态之一：错误激活、错误认可和总线关闭。

检测到错误状态的节点通过发送错误标志进行标定。对于"错误激活"节点，其为激活错误标志；而对于"错误认可"节点，其为认可错误标志。

"错误激活"节点可以照常参与总线通信，并且当检测到错误时，送出一个激活错误标志。"错误认可"节点可参与总线通信，但当检测到错误时，只能送出认可错误标志，并且发送后仍作为"错误认可"节点，直到下一次发送初始化。总线关闭状态不允许单元对总线有任何影响（如输出驱动器关闭）。

2. 错误界定

为了界定故障，在每个总线单元中都设有两种计数：发送错误计数和接收错误计数。这些计数按照下列规则进行：

1）接收器检出错误时，接收器出错计数加 1，除非所检测错误是发送活动错误标志或超载标志期间的位错误。

2）接收器在发送错误标志后的第一位检出一个显性位时，接收器错误计数加 8。

3）发送器送出一个错误标志时，发送错误计数加 8。其中有两个例外情况：一个是如果发送器为错误认可，由于未检测到显性位应答或检测到一个应答错误，并且在送出其认可错误标志时，未检测到显性位；另一个是如果由于仲裁期间发生填充错误，此填充位应该为隐性位而检测到显性位，发送器送出一个错误标志。在以上两种例外情况下，发送器错误计数不改变。

4）发送器送出一个激活错误标志或超载标志时，它检测到位错误，则发送器错误计数加 8。

5）接收器送出一个激活错误标志或超载标志时，它检测到位错误，则接收器错误计数加 8。

6）在送出激活错误标志、认可错误标志或超载标志后，任何节点都允许多至 7 个连续的显性位。在检测的第 11 个连续的显性位后（在激活错误标志或超载标志情况下），或紧随认可错误标志检测到第 8 个连续的显性位后，以及附加的 8 个连续的显性位的每个序列后，每个发送器的发送错误计数都加 8，并且每个接收器的接收错误计数也加 8。

7）报文成功发送后（得到应答且直到帧结束未出现错误），则发送错误计数减 1，除非它已经为 0。

8）报文成功接收后（直到 ACK 间隙无错误接收，并且成功地送出 ACK 位），如果计数器处于 1 ～ 127 之间，则接收错误计数减 1。若接收错误计数为 0，则仍保持为 0；而若接收错误计数大于 127，则将其值计为 119 ～ 127 之间的某个数值。

9）当发送错误计数器大于或等于 128 或接收错误计数器大于或等于 128 时，节点变为"错误认可"节点。导致节点变为"错误认可"节点的错误条件使节点送出一个激活错误标志。

10）当发送错误计数大于或等于 256 时，节点为总线关闭状态。

11）当发送错误计数和接收错误计数两者均变成小于或等于 127 时，"错误认可"节点再次变为"错误激活"节点。

12）在监测到总线上 11 个连续的隐性位出现 128 次后，总线关闭节点将变为两个错误计数器均为 0 的"错误激活"节点。

当错误计数器数值大于 96 时，说明总线被严重干扰。它提供测试此状态的一种手段。

若系统启动期间仅有一个节点在线，此节点发出报文后，将得不到应答，检测错误并重发该报文。它将会变为错误认可状态，但不会因此关闭总线。

4.3　CAN 通信控制器

CAN 的通信协议由 CAN 通信控制器完成。CAN 通信控制器由实现 CAN 总线协议部分和跟微控制器接口部分的电路组成。对于不同型号的 CAN 总线通信控制器，实现 CAN 协议部分的结构和功能大都相同，而与微控制器接口部分的结构及方式存在一些差异。这里主要以 SJA1000 为代表对 CAN 控制器的结构、功能及应用加以介绍。

4.3.1　SJA1000 通信控制器

SJA1000 CAN 通信控制器是 Philips 公司于 1997 年推出的一种独立 CAN 总线通信控制器，它实现了 CAN 总线物理层和数据链路层的所有功能。SJA1000 是 PCA82C200 CAN 控制器的替代产品。PCA82C200 支持 CAN2.0A 协议，可完成基本的 CAN 模式（BasicCAN）；而 SJA1000 可完成增强 CAN 模式（PeliCAN），这种模式支持具有很多特点的 CAN2.0B 协议。适用于汽车和一般工业环境。

SJA1000 与 PCA82C200 相比，SJA1000 在技术上具有以下特点：

1）引脚、电气特性、软件与 PCA82C200 兼容。

2）Peli CAN 模式支持 CAN2.0B 协议。

3）具有 64 字节的 FIFO 扩展接收缓冲器。

4）同时支持 11 位和 29 位标识符。

5）位通信速率高达 1Mbit/s。

6）PeliCAN 模式下的扩展功能：

① 采用 24MHz 时钟频率。

② 支持多种微处理器接口。

③ 可编程对 CAN 输出驱动进行配置。

④ 单触发发送。

⑤ 只听模式（无确认、无激活错误标志）。

⑥ 支持热插拔（软件位速率检测）。

⑦ 接收滤波器扩展为 4 字节编码，4 字节屏蔽。

⑧ 自身报文的接收（自接收请求）。

⑨ 工作温度范围扩展为（-40～125℃）。

⑩ 带读写访问的错误计数器。

a）可编程的错误报警限制。

b）最近一次错误代码寄存器。

c）对每一个总线错误的中断。

d）带有位置细节信息的仲裁丢失中断。

1. SJA1000 总体说明

SJA1000 的功能框图如图 4-15 所示。

SJA1000 的引脚图如图 4-16 所示，其引脚描述见表 4-3。

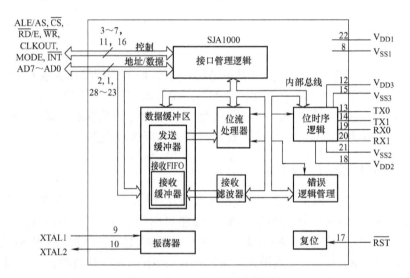

图 4-15　SJA1000 的功能框图

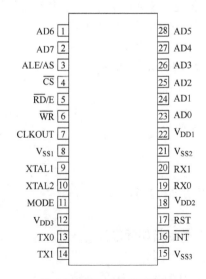

图 4-16　SJA1000 的引脚图

表 4-3　SJA1000 的引脚描述

名称符号	引脚号	功能描述
AD7 ~ AD0	2,1,28 ~ 23	多路地址 / 数据复合总线
ALE/AS	3	ALE 输入信号（Intel 模式），AS 输入信号（Motorola 模式）
$\overline{CS}$	4	片选信号输入，低电平允许访问 SJA1000
$\overline{RD}$/E	5	微控制器的 $\overline{RD}$ 信号（Intel 模式）或 E 使能信号（Motorola 模式）
$\overline{WR}$	6	微控制器的 $\overline{WR}$ 信号（Intel 模式）或 RD/ $\overline{WR}$ 使能信号（Motorola 模式）
CLKOUT	7	SJA1000 产生的提供给微控制器的时钟输出信号，它来自内部振荡器且通过编程分频；时钟分频寄存器的始终关闭位可禁止该引脚输出
V_{SS1}	8	接地
XTAL1	9	输入振荡器放大电路，外部振荡信号由此输入
XTAL2	10	振荡器放大电路输出；使用外部振荡信号时漏极开路输出
MODE	11	模式选择输入：1=Intel 模式；0=Motorola 模式
V_{DD3}	12	输出驱动的 5V 电源
TX0	13	从 CAN 输出驱动器 0 输出到物理线路上
TX1	14	从 CAN 输出驱动器 1 输出到物理线路上
V_{SS3}	15	输出驱动器接地
$\overline{INT}$	16	中断输出，用于中断微控制器；在内部中断寄存器的任一位置 1 时，$\overline{INT}$ 低电平有效；开漏输出，且与系统中的其他 $\overline{INT}$ 输出是线性关系。此引脚的低电平可以把该控制器从睡眠模式中激活
$\overline{RST}$	17	复位输入，用于复位 CAN 接口（低电平有效）；把 $\overline{RST}$ 引脚通过电容连到 V_{SS}，通过电阻连到 V_{DD}，可自动上电复位（例如：C=1μF；R=50kΩ）
V_{DD2}	18	输入比较器的 5V 电源
RX0，RX1	19，20	从物理的 CAN 总线输入 SJA1000 输入比较器；显性电平将唤醒 SJA1000 的睡眠模式；如果 RX1 电平比 RX0 的高，就读显性电平，反之读隐性电平；如果时钟分频寄存器的 CBP 位被置 1，CAN 输入比较器被旁路以减少内部延时；当 SJA1000 连有外部收发电路时，只有 RX0 被激活，隐性电平被认为是逻辑高而显性电平被认为是逻辑低
V_{SS2}	21	输入比较器的接地端
V_{DD1}	22	逻辑电路的 5V 电源

注：XTAL1 和 XTAL2 引脚必须通过 15pF 的电容连到 V_{SS}。

SJA1000 通信控制器由以下几部分构成：

（1）接口管理逻辑（IML）

处理来自主 CPU 的命令，控制 CAN 寄存器的寻址，并为主 CPU 提供中断和状态信息。

（2）发送缓冲器（TXB）

它是 CPU 和位流处理器（BSP）之间的接口，有 13 字节长。能存储一条可发送到

CAN 总线上的完整报文。报文由 CPU 写入，由位流处理器读出。

（3）接收缓冲器（RXB，RXFIFO）

接收缓冲器（RXB，13 字节）是接收滤波器和 CPU 之间的接口，用来接收 CAN 总线上的报文，并存储接收到的报文。它是接收 FIFO（RXFIFO，64 字节）的一个可被 CPU 访问的窗口。在接收 FIFO 的支持下，CPU 可以在处理当前信息的同时接收总线上的其他信息。

（4）接收滤波器（ACF）

接收滤波器把收到的报文标识符和接收滤波寄存器中的内容进行比较，以判断该报文是否应被接收。如果符合接收的条件，则报文被存入 RXFIFO。

（5）位流处理器（BSP）

位流处理器是一个序列发生器，它控制发送缓冲器、RXFIFO 和 CAN 总线之间的数据流，同时它也执行错误检测、仲裁、位填充和 CAN 总线错误处理功能。

（6）位时序逻辑（BTL）

位时序逻辑监视串行 CAN 总线并处理与总线相关的位时序。在报文开始发送时，总线电平从隐性跳变到显性时同步 CAN 总线上的位流（硬同步），并在该报文的传送过程中，每遇到一次从隐性到显性的跳变沿就进行一次重同步（软同步）。位时序逻辑还提供可编程的时间段来补偿传播延迟时间和相位漂移（如振荡漂移），还能定义采样点以及每一个位时间内的采样次数。

（7）错误管理逻辑（EMI）

它按照 CAN 协议完成传输错误界定。它接收位流处理器的错误通知，并将错误统计提供给位流处理器和接口管理逻辑。

SJA1000 有两种工作模式：BasicCAN 模式和 PeliCAN 模式。下面分别介绍一下这两种模式。

2. BasicCAN 模式

BasicCAN 地址分配表见表 4-4。

表 4-4　BasicCAN 地址分配表[①]

CAN 地址	段	工作模式		复位模式	
		读	写	读	写
0	控制	控制	控制	控制	控制
1		FFH	命令	FFH	命令
2		状态	—	状态	—
3		中断	—	中断	—
4		FFH	—	验收代码	验收代码
5		FFH	—	验收屏蔽	验收屏蔽
6		FFH	—	总线定时 0	总线定时 0
7		FFH	—	总线定时 1	总线定时 1
8		FFH	—	输出控制	输出控制
9		测试	测试[②]	测试	测试

（续）

CAN 地址	段	工作模式		复位模式	
		读	写	读	写
10	发送缓冲器	标识符 10 ～ 3	标识符 10 ～ 3	FFH	—
11		标识符 2 ～ 0 RTR 和 DLC	标识符 2 ～ 0 RTR 和 DLC	FFH	—
12		数据字节 1	数据字节 1	FFH	—
13		数据字节 2	数据字节 2	FFH	—
14		数据字节 3	数据字节 3	FFH	—
15		数据字节 4	数据字节 4	FFH	—
16		数据字节 5	数据字节 5	FFH	—
17		数据字节 6	数据字节 6	FFH	—
18		数据字节 7	数据字节 7	FFH	—
19		数据字节 8	数据字节 8	FFH	—
20	接收缓冲器	标识符 10 ～ 3	标识符 10 ～ 3	标识符 10 ～ 3	标识符 10 ～ 3
21		标识符 2 ～ 0 RTR 和 DLC	标识符 2 ～ 0 RTR 和 DLC	标识符 2 ～ 0 RTR 和 DLC	标识符 2 ～ 0 RTR 和 DLC
22		数据字节 1	数据字节 1	数据字节 1	数据字节 1
23		数据字节 2	数据字节 2	数据字节 2	数据字节 2
24		数据字节 3	数据字节 3	数据字节 3	数据字节 3
25		数据字节 4	数据字节 4	数据字节 4	数据字节 4
26		数据字节 5	数据字节 5	数据字节 5	数据字节 5
27		数据字节 6	数据字节 6	数据字节 6	数据字节 6
28		数据字节 7	数据字节 7	数据字节 7	数据字节 7
29		数据字节 8	数据字节 8	数据字节 8	数据字节 8
30		FFH	—	FFH	—
31		时钟分频	时钟分频[③]	时钟分频	时钟分频

① 寄存器在高端 CAN 地址区被重复（8 位 CPU 地址的最高位是不参与解码的；CAN 地址 32 和 CAN 地址 0 是连续的）。
② 测试寄存器只用于产品测试，正常操作中使用它会导致设备产生不可预料的结果。
③ 许多位在复位模式中是只写的（CAN 模式和 CBP）。

　　检测到有复位请求后将终止当前接收 / 发送的信息而进入复位模式。一旦向复位位传送了 "1 → 0" 的下降沿，CAN 通信控制器将返回工作模式。表 4-5 列出了进入复位模式时各个寄存器中状态的变化。

　　下面对寄存器进行详细说明。

　　（1）控制寄存器（CR）

　　控制寄存器（CAN 地址 0）的内容可以用于改变 CAN 控制器的状态。这些位可以被微控制器置位或复位，微控制器可以对控制寄存器进行读 / 写操作。控制寄存器各位的功能说明见表 4-6。

表 4-5　BasicCAN 复位模式配置

寄存器	位	符号	名称	数值	
				硬件复位	软件或总线关闭复位 CR.0
控制	CR.7	—	保留	0	0
	CR.6	—	保留	X[①]	X
	CR.5	—	保留	1	1
	CR.4	OIE	溢出中断使能	X	X
	CR.3	EIE	错误中断使能	X	X
	CR.2	TIE	发送中断使能	X	X
	CR.1	RIE	接收中断使能	X	X
	CR.0	RR	复位请求	1（复位模式）[②]	1（复位模式）
命令	CMR.7	—	保留	③	③
	CMR.6	—	保留		
	CMR.5	—	保留		
	CMR.4	GTS	睡眠		
	CMR.3	CDO	清除数据溢出		
	CMR.2	RRB	释放接收缓冲器		
	CMR.1	AT	中止发送		
	CMR.0	TR	发送请求		
状态	SR.7	BS	总线状态	0（总线开启）	X
	SR.6	ES	错误状态	0（Ok）	X
	SR.5	TS	发送状态	0（空闲）	0（空闲）
	SR.4	RS	接收状态	0（空闲）	0（空闲）
	SR.3	TCS	发送完成状态	1（完毕）	X
	SR.2	TBS	发送缓冲器状态	1（释放）	1（释放）
	SR.1	DOS	数据溢出状态	0（无溢出）	0（无溢出）
	SR.0	RBS	接收缓冲器状态	0（空）	0（空）
中断	IR.7	—	保留	1	
	IR.6	—	保留	1	
	IR.5	—	保留	1	
	IR.4	WUI	唤醒中断	0（复位）	0（复位）
	IR.3	DOI	溢出中断	0（复位）	0（复位）
	IR.2	EI	错误中断	0（复位）	X[④]
	IR.1	TI	发送中断	0（复位）	0（复位）
	IR.0	RI	接收中断	0（复位）	0（复位）
验收代码	AC.7～0	AC	验收代码	X	X
验收屏蔽	AM.7～0	AM	验收屏蔽	X	X

（续）

寄存器	位	符号	名称	数值	
				硬件复位	软件或总线关闭复位 CR.0
总线定时 0	BTR0.7	SJW.1	同步跳转宽度 1	X	X
	BTR0.6	SJW.0	同步跳转宽度 0	X	X
	BTR0.5	BRP.5	波特率预设值 5	X	X
	BTR0.4	BRP.4	波特率预设值 4	X	X
	BTR0.3	BRP.3	波特率预设值 3	X	X
	BTR0.2	BRP.2	波特率预设值 2	X	X
	BTR0.1	BRP.1	波特率预设值 1	X	X
	BTR0.0	BRP.0	波特率预设值 0	X	X
总线定时 1	BTR1.7	SAM	采样	X	X
	BTR1.6	TSEG2.2	时间段 2.2	X	X
	BTR1.5	TSEG2.1	时间段 2.1	X	X
	BTR1.4	TSEG2.0	时间段 2.0	X	X
	BTR1.3	TSEG1.3	时间段 1.3	X	X
	BTR1.2	TSEG1.2	时间段 1.2	X	X
	BTR1.1	TSEG1.1	时间段 1.1	X	X
	BTR1.0	TSEG1.0	时间段 1.0	X	X
输出控制	OC.7	OCTP1	输出控制晶体管 P1	X	X
	OC.6	OCTN1	输出控制晶体管 N1	X	X
	OC.5	OCPOL1	输出控制极性 1	X	X
	OC.4	OCTP0	输出控制晶体管 P0	X	X
	OC.3	OCTN0	输出控制晶体管 N0	X	X
	OC.2	OCPOL0	输出控制极性 0	X	X
	OC.1	OCMODE1	输出控制模式 1	X	X
	OC.0	OCMODE0	输出控制模式 0	X	X
发送缓冲器	—	TXB	发送缓冲器	X	X
接收缓冲器	—	RXB	接收缓冲器	X[5]	X
时钟分频器	—	CDR	时钟分频寄存器	00000000（Intel） 00000101（Motorola）	X

① "X" 表示这些位不受影响。

② 括号中是功能说明。

③ 读命令寄存器的结果总是 "FFH"。

④ 总线关闭时错误中断位被置位（此中断被允许的情况下）。

⑤ 接收缓冲器的内部读 / 写指针被复位成它们的初值，连续地读 RXB 会得到一些无效的数据（原先的报文内容）。当发送一个报文时，这个报文被并行写入接收缓冲器，但不产生接收中断，并且接收缓冲区不被锁定。因此，即使接收器是空的，最后一次发送的报文也可能从接收缓冲器读出，直到它被下一条发送或接收的报文覆盖。当硬件复位时，RXFIFO 的指针指到物理地址为 0 的 RAM 单元，而用软件置 CR.0=1 或因总线关闭的缘故，RXFIFO 的指针将被复位到当前有效 FIFO 的开始地址，这个地址在第一次释放接收缓冲器命令后，不同于 RAM 地址 0。

表 4-6　控制寄存器各位的功能说明

位	符号	名称	值	功能
CR.7	—	—	—	保留①
CR.6	—	—	—	保留②
CR.5	—	—	—	保留③
CR.4	OIE	溢出中断使能	1	使能；如果置位数据溢出位，微控制器接收溢出中断信号
			0	禁止；微控制器不能从 SJA1000 接收溢出中断信号
CR.3	EIE	错误中断使能	1	使能；如果出错或总线状态改变，微控制器接收错误中断信号
			0	禁止；微控制器不能从 SJA1000 接收错误中断信号
CR.2	TIE	发送中断使能	1	使能；当信息被成功发送或发送缓冲器又被访问时（例如，中止发送命令后），微控制器接收 SJA1000 发出的一个发送中断信号
			0	禁止；微控制器不能从 SJA1000 接收发送中断信号
CR.1	RIE	接收中断使能	1	使能；当信息被无错误接收时，SJA1000 发出一个接收中断信号到微控制器
			0	禁止；微控制器不能从 SJA1000 接收到接收中断信号
CR.0	RR	复位请求④	1	SJA1000 检测到复位请求后，中止当前发送/接收的信息，进入复位模式
			0	复位请求位接收到下一个下降沿后，SJA1000 回到工作模式

① 控制寄存器的任何写访问都须将该位设置为逻辑"0"。

② 在 PCA82C200 中这一位是用来选择同步模式的，因为这个模式不再使用了，所以这一位的设置不会影响微控制器。为了软件上的兼容，这一位是可以被设置的，硬件或软件复位后不改变这一位，它只反映用户软件写入的值。

③ 读此位的值总是逻辑"1"。

④ 在硬件启动复位或总线状态设置为 1（总线关闭）时，复位请求位被置为 1，如果这些位被软件访问，则其值将发生变化，而且会影响内部时钟的下一个上升沿（内部时钟的频率是外部晶振的 1/2）。在外部复位期间微控制器不能把复位请求位置为 0，如果把复位请求位设为 0，微控制器就必须检查这一位以保证外部复位引脚不为低。复位请求位的变化是同内部分频时钟同步的，读复位请求位能够反映出这种同步状态。复位请求位被设为 0 后 SJA1000 将会等待：

a) 如果前一次复位请求是硬件复位或 CPU 初始复位引起，将产生一次总线空闲信号（11 个隐性位）；

b) 如果前一次复位请求是 CAN 控制器在重新进入总线开启模式前初始化总线，将产生 128 个位时间的总线空闲。

（2）命令寄存器（CMR）

命令位（CAN 地址 1）初始化 SJA1000 传输层上的动作。命令寄存器对微控制器来说是只写存储器，如果去读这个寄存器，将返回"11111111"。两条命令之间至少要有内部时钟周期。命令寄存器各位的功能说明见表 4-7。

表 4-7　命令寄存器各位的功能说明

位	符号	名称	数值	功能
CMR.7	—	—	—	保留
CMR.6	—	—	—	保留
CMR.5	—	—	—	保留
CMR.4	GTS	睡眠①	1	睡眠：如果没有 CAN 中断等待和总线活动，则 SJA1000 进入睡眠状态
			0	唤醒：SJA1000 处于正常工作模式

（续）

位	符号	名称	数值	功能
CMR.3	CDO	清除数据溢出②	1	清除：清除数据溢出状态位
			0	无动作
CMR.2	RRB	释放接收缓冲器③	1	释放：接收缓冲器存放信息的内存空间将被释放
			0	无动作
CMR.1	AT	中止发送④	1	如果不在处理过程中，等待处理的发送请求将取消
			0	无动作
CMR.0	TR	发送请求⑤	1	报文将被发送
			0	无动作

① 将睡眠模式位置为 1，SJA1000 进入睡眠模式：没有总线活动，没有中断等待。设置成睡眠模式后，CLKOUT 信号持续至少 15 个位时间，以使被这个信号锁定的微控制器在 CLKOUT 信号变低之前进入空闲模式。如果前面提到的 3 种条件之一被破坏，SJA1000 将被唤醒，GTS 位被置为低后，总线转入活动或 $\overline{INT}$ 有效（低电平）。一旦唤醒，振荡器就将启动而且产生一个唤醒中断。因为总线活动而唤醒的 SJA1000，直到检测到连续 11 个的隐性位（总线空闲）才能够接收到报文。在复位模式中 GTS 位是不能被置位的，在清除复位请求后且再一次检测到总线空闲时，GTS 位才可以被置位。

② 这个命令位用来清除数据溢出状态（数据溢出状态由数据溢出状态位指示），如果数据溢出位被置位，就不会产生数据溢出中断了。在释放接收缓冲器命令的同时可以发出清除数据溢出命令。

③ 读取接收缓冲器后，微控制器必须通过置释放接收缓冲器位为 1 来释放 RXFIFO 中的当前信息的内存空间，这可能会导致接收缓冲器中的另一条信息立即有效，这样会再产生一次接收中断（使能条件下）。如果没有其他可用信息，就不会再产生接收中断，接收缓冲器状态位被清除。

④ 中止发送位是在 CPU 要求当前传送暂停时使用的，例如传送一条紧急信息。而正在进行的传送是不停止的。要查看原来的信息是被发送成功还是被取消，可以通过发送成功状态位来检测，但这必须在发送缓冲器状态位已被置为 1（释放）或已经产生发送中断的情况下才能实现。

⑤ 如果发送请求位在前面的命令中被置位，则不能通过将发送请求位设置为 0 来取消它，但可以通过将中止发送位设置为 1 来取消它。

（3）状态寄存器（SR）

状态寄存器（CAN 地址 2）的内容反映了 SJA1000 控制器的状态。状态寄存器对于微控制器来说是只读存储器。状态寄存器各位的功能说明见表 4-8。

表 4-8　状态寄存器各位的功能说明

位	符号	名称	数值	功能
SR.7	BS	总线状态①	1	总线关闭：SJA1000 退出总线活动
			0	总线开启：SJA1000 加入总线活动
SR.6	ES	错误状态②	1	出错：至少有一个错误计数器已经到达或超过报警界限
			0	错误计数器均未达到报警界限
SR.5	TS	发送状态③	1	发送：SJA1000 正在发送一个报文
			0	空闲：没有发送报文
SR.4	RS	接收状态③	1	接收：SJA1000 正在接收一个报文
			0	空闲：没有接收报文

（续）

位	符号	名称	数值	功能
SR.3	TCS	发送完成状态④	1	完毕：最近一次发送请求被成功处理
			0	未完成：当前发送请求未处理完毕
SR.2	TBS	发送缓冲器状态⑤	1	微控制器可以向发送缓冲器写入报文
			0	锁定：微控制器向缓冲器写数据无效
SR.1	DOS	数据溢出状态⑥	1	溢出：信息丢失，因为 RXFIFO 中没有足够的空间来存储它
			0	自从最后一次清除数据溢出命令以来，未发生数据溢出
SR.0	RBS	接收缓冲器状态⑦	1	RXFIFO 中有可用信息
			0	无可用信息

① 当发送错误计数超过限制（255），总线状态位被置为 1（总线关闭），CAN 控制器将会把复位请求位置 1。这种状态会持续，直到 CPU 清除复位请求位。这些一旦完成，CAN 控制器将会等待协议规定的最短时间（128 个位时间的总线空闲信号）。然后，总线状态位会被清除（总线开启），错误状态位被置为 0，错误计数器被复位。

② 根据 CAN2.0B 协议说明，在接收或发送时检测到错误会改变错误计数，当至少有一个错误计数器满或超出 CPU 警告限制（96）时，错误状态位被置位。在允许情况下，会产生错误中断。

③ 若接收状态位和发送状态位均为 0（空闲），则 CAN 总线是空闲的。

④ 无论何时发送请求位被置为 1，发送完成状态位都会被置为 0（未完成）。发送完成状态位会一直保持为 0，直到发送成功。

⑤ 当发送缓冲器状态位为 0（锁定），若微控制器试图写发送缓冲器，则被写入字节被拒绝接受且会在无任何提示的情况下丢失。

⑥ 当要被接收的信息成功通过验收滤波器后，CAN 控制器需要在 RXFIFO 中用一些空间来存储这条信息的描述符。因此必须有足够的空间来存储接收的每一个数据字节，如果没有足够的空间存储信息，信息将会丢失且只向 CPU 提示数据溢出情况。如果这个接收到的信息除了最后一位之外都无错误，则信息有效。

⑦ 在读 RXFIFO 中的信息且用释放接收缓冲器命令来释放内存空间之后，这一位被清除。如果 FIFO 中还有可用信息，则此位将在下一位的时限（t_{SCL}）中被重新设置。

（4）中断寄存器（IR）

中断寄存器（CAN 地址 3）允许识别中断源。当寄存器的一个或更多位被置位时，中断引脚 $\overline{INT}$ 被激活（低电平）。该寄存器被微控制器读出后，所有位被 SJA1000 复位，这导致了 $\overline{INT}$ 引脚上的电平悬浮。该寄存器对于微控制器是只读存储器。中断寄存器各位的功能说明见表 4-9。

表 4-9　中断寄存器各位的功能说明

位	符号	名称	数值	功能
IR.7	—	—	—	保留①
IR.6	—	—	—	保留
IR.5	—	—	—	保留
IR.4	WUI	唤醒中断②	1	置位：当脱离睡眠方式时，此位被置位
			0	微控制器的任何读访问将清除此位
IR.3	DOI	数据溢出中断③	1	当数据溢出中断使能位被置为 1 且当数据溢出状态位"0→1"跳变时，此位被置位
			0	微控制器的任何读访问将清除此位

（续）

位	符号	名称	数值	功能
IR.2	EI	错误中断	1	错误中断使能时，错误状态位或总线状态位的改变会置位此位
			0	微控制器的任何读访问将清除此位
IR.1	TI	发送中断	1	在发送缓冲器访问位由 0 至 1 改变时和发送中断使能时，此位被置位
			0	在微控制器读访问中断寄存器后，发送中断位被置位
IR.0	RI	接收中断④	1	当接收缓冲器中不空和接收中断使能时，此位被置位
			0	微控制器的任何读访问将清除此位

① 读这位值总是 "1"。

② 当 CAN 控制器参与总线活动或有 CAN 中断等待处理时，如果 CPU 试图进入睡眠模式，也会产生唤醒中断。

③ 溢出中断位（中断允许情况下）和溢出状态位是同时被置位的。

④ 接收中断位（中断允许时）和接收缓冲器状态位是同时被置 1 的。

必须说明的是，接收中断位在读的时候被清除，即使 FIFO 中还有其他可用信息。一旦释放接收缓冲器命令执行后，接收缓冲器中还有其他可用信息，接收中断（中断允许时）会在下一个 t_{SCL} 被重新置 1。

（5）验收滤波器

利用验收滤波器，CAN 控制器只允许 RXFIFO 接收同标识码位和验收滤波器中预设值相一致的信息，验收滤波器通过验收代码寄存器（ACR）和验收屏蔽寄存器（AMR）来实现。这两个寄存器只有在复位请求位被置位时才能访问。滤波规则为：验收屏蔽位 AMR 为 1，不做比较；验收屏蔽位 AMR 为 0，验收代码位 ACR.7 ~ ACR.0 和信息标识码的高 8 位 ID.10 ~ ID.3 相等，才能被接收，即如果满足以下方程信息被接收。

$$[(ID.10 \sim ID.3) \equiv (ACR.7 \sim ACR.0)] \ OR(AMR.7 \sim AMR.0) \equiv 11111111$$

① 验收代码寄存器（ACR）：CAN 地址 4，见表 4-10。

表 4-10　验收代码寄存器的位分配

BIT7	BIT 6	BIT 5	BIT 4	BIT 3	BIT 2	BIT 1	BIT 0
AC.7	AC.6	AC.5	AC.4	AC.3	AC.2	AC.1	AC.0

② 验收屏蔽寄存器（AMR）：CAN 地址 5，见表 4-11。

表 4-11　验收屏蔽寄存器的位分配

BIT7	BIT 6	BIT 5	BIT 4	BIT 3	BIT 2	BIT 1	BIT 0
AM.7	AM.6	AM.5	AM.4	AM.3	AM.2	AM.1	AM.0

（6）总线定时寄存器 0（BTR0）

CAN 地址 6，用于定义波特率预设值 BRP 和同步跳转宽度 SJW 的值，见表 4-12。

表 4-12　总线定时寄存器 0 的位分配

BIT7	BIT 6	BIT 5	BIT 4	BIT 3	BIT 2	BIT 1	BIT 0
SJW.1	SJW.0	BRP.5	BRP.4	BRP.3	BRP.2	BRP.1	BRP.0

CAN 系统时钟 t_{SCL} 的周期是可编程的，由波特率预设值 BRP 决定。CAN 系统时钟由以下公式计算：

$$t_{\mathrm{SCL}}=2\,t_{\mathrm{CLK}}（32\mathrm{BRP.5}+16\,\mathrm{BRP.4}+8\,\mathrm{BRP.3}+4\,\mathrm{BRP.2}+2\,\mathrm{BRP.1}+\mathrm{BRP.0}+1）$$

式中，t_{CLK} 为 XTAL 的周期，$t_{\mathrm{CLK}}=1/f_{\mathrm{XTAL}}$。

为了补偿在不同总线控制器的时钟振荡之间的相位偏移，任何总线控制器都必须在当前传送的相关信号边沿重新同步。同步跳转宽度定义了每一位周期可以被重新同步缩短或延长的时钟周期的最大数目，其值为

$$t_{\mathrm{SJW}}=t_{\mathrm{SCL}}（2\mathrm{SJW.1}+\mathrm{SJW.0}+1）$$

（7）总线定时寄存器 1（BTR1）

CAN 地址 7，用于定义每个位周期的长度、采样点的位置，以及在每个采样点的采样数目。总线定时寄存器 1 的位分配见表 4-13。

表 4-13　总线定时寄存器 1 的位分配

BIT7	BIT 6	BIT 5	BIT 4	BIT 3	BIT 2	BIT 1	BIT 0
SAM	TSEG2.2	TSEG2.1	TSEG2.0	TSEG1.3	TSEG1.2	TSEG1.1	TSEG1.0

SAM=1，总线采样三次，一般在低/中速总线上使用，这对过滤总线上的毛刺波是有益的；SAM=0，总线采样一次，一般使用在高速总线上。

TSEG1 和 TSEG2 决定了每一位的时钟数目和采样点的位置。位周期的总体结构如图 4-17 所示。

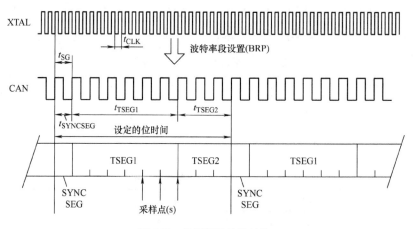

图 4-17　位周期的总体结构

在图 4-17 中

$$t_{\mathrm{SYNCSEG}}=1\times t_{\mathrm{SCL}}$$
$$t_{\mathrm{TSEG1}}=t_{\mathrm{SCL}}\times（8\times\mathrm{TSEG1.3}+4\times\mathrm{TSEG1.2}+2\times\mathrm{TSEG1.1}+\mathrm{TSEG1.0}+1）$$
$$t_{\mathrm{TSEG2}}=t_{\mathrm{SCL}}\times（4\times\mathrm{TSEG2.2}+2\times\mathrm{TSEG2.1}+\mathrm{TSEG2.0}+1）$$

（8）输出控制寄存器（OCR）

CAN 地址 8，用于由软件配置输出驱动。输出控制寄存器的位分配见表 4-14。

表 4-14　输出控制寄存器的位分配

BIT 7	BIT 6	BIT 5	BIT 4	BIT 3	BIT 2	BIT 1	BIT 0
OCTP1	OCTN1	OCPOL1	OCTP0	OCTN0	OCPOL0	OCMODE1	OCMODE0

当 SJA1000 在睡眠模式中时，TX0 和 TX1 引脚根据输出控制寄存器的内容输出隐性电平。在复位状态（复位请求 =1）或外部复位引脚 $\overline{RST}$ 被拉低时，输出引脚 TX0 和 TX1 悬空。由输出控制寄存器中 OCMODE1、OCMODE0 两位确定的 4 种输出方式见表 4-15，CAN 发送器的配置如图 4-18 所示。

表 4-15　OCMODE 位的说明

OCMODE1	OCMODE0	输出方式
0	0	双向输出模式
0	1	测试输出模式[①]
1	0	正常输出模式
1	1	时钟输出模式

① 在检测输出模式中，TXn 会在下一个系统时钟的上升沿映射在 RX 各引脚上。TN1、TN0、TP1 和 TP0 配置同 OCR 相对应。

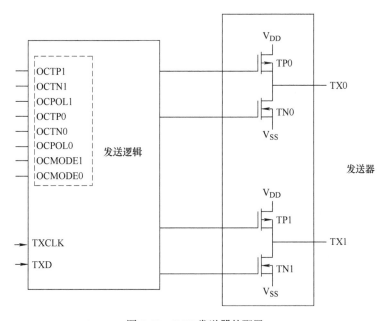

图 4-18　CAN 发送器的配置

在正常模式中，位序列（TXD）通过 TX0 和 TX1 送出。输出驱动引脚 TX0 和 TX1 的电平取决于被 OCTPx 和 OCTNx（悬空、上拉、下拉、推挽）编程的驱动器特性和 OCPOLx 所编程的输出端极性。

在时钟输出模式中，TX0 引脚和正常模式中是相同的，但是 TX1 上的数据流被发送时钟代替了。发送时钟的上升沿标志着一位的开始，时钟脉冲宽度是 $1 \times t_{\text{SCL}}$，如图 4-19 所示。

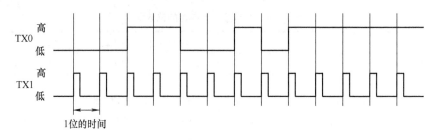

图 4-19　时钟输出模式举例

双向输出模式，位代表着时间的变化和触发。如果总线控制器通过发送器与总线隔离，则位流不允许含有直流成分。在隐性位无效（悬空）期间，显性位轮流使用 TX0 或 TX1 电平发送。例如，第一个显性位在 TX0 上发送，第二个在 TX1 上发送，第三个在 TX0 上发送，以此类推，如图 4-20 所示。

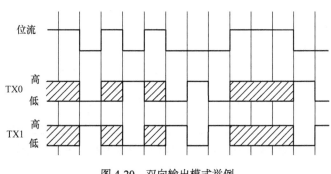

图 4-20　双向输出模式举例

在测试输出模式中，RX 上的电平在下一个系统时钟的上升沿映射到 TXn 上，系统时钟（$f_{osc}/2$）与输出控制寄存器中定义的极性一致。输出引脚配置见表 4-16。

表 4-16　输出引脚配置

驱动	TXD	OCTPx	OCTNx	OCPOLx	TPx[2]	TNx[3]	TXx[4]
悬浮	X[1]	0	0	X	关	关	悬浮
下拉	0	0	1	0	关	开	低
	1	0	1	0	关	关	悬浮
	0	0	1	1	关	关	悬浮
	1	0	1	1	关	开	低
上拉	0	1	0	0	关	关	悬浮
	1	1	0	0	开	关	高
	0	1	0	1	开	关	高
	1	1	0	1	关	关	悬浮
推挽	0	1	1	0	关	开	低
	1	1	1	0	开	关	高
	0	1	1	1	开	关	高
	1	1	1	1	关	开	低

① X 代表不影响。

② TPx 是片内输出发送器 x，连接 V_{DD}。

③ TNx 是片内输出发送器 x，连接 V_{SS}。

④ TXx 是在引脚 TX0 或 TX1 上的串行输出电平，要求 CAN 总线的输出电平在 TXD=0 时为显性，TXD=1 时为隐性。

（9）时钟分频寄存器（CDR）

CAN 地址 31，为微控制器控制 CLKOUT 的频率及屏蔽 CLKOUT 引脚，而且它还控制着 TX1 上的专用接收中断脉冲、接收比较通道和 BasicCAN 模式与 PeliCAN 模式的选择。硬件复位后，寄存器的默认状态是 Motorola 模式（00000101）12 分频和 Intel 模式（00000000）2 分频，其位分配见表 4-17。

表 4-17　时钟分频寄存器的位分配

BIT7	BIT 6	BIT 5	BIT 4	BIT 3	BIT 2	BIT 1	BIT 0
CAN 模式	CBP	RXINTEN	0[①]	关闭时钟	CD.2	CD.1	CD.0

① 此位不能被写，该值总为 0。应总是向此位写 0 以与将来可能使用此位的特性兼容。

外部 CLKOUT 引脚上的频率由 CD.2 ～ CD.0 决定，见表 4-18。

表 4-18　CLKOUT 频率选择[①]

CD.2	CD.1	CD.0	CLKOUT 频率
0	0	0	$f_{osc}/2$
0	0	1	$f_{osc}/4$
0	1	0	$f_{osc}/6$
0	1	1	$f_{osc}/8$
1	0	0	$f_{osc}/10$
1	0	1	$f_{osc}/12$
1	1	0	$f_{osc}/14$
1	1	1	f_{osc}

① f_{osc} 是外部振荡器（XTAL）的频率。

将关闭时钟位置位，可禁用 SJA1000 的外部 CLKOUT 引脚。

RXINTEN 位允许 TX1 输出用作专用接收中断输出。当一条已接收的信息成功地通过验收滤波器时，一个位时间长度的接收中断脉冲就会在 TX1 引脚输出。帧的最后一个位时间发送输出阶段应该工作在正常输出模式。

置位 CBP 可以使 CAN 输入比较器不工作，主要用于 SJA1000 外接发送 / 接收电路。如果 CBP 被置位且只有 RX0 被激活，那么没有被使用的 RX1 应被连接到一个确定的电平，例如 V_{SS}。

CDR.7 用于定义 CAN 模式。如果 CDR.7=0，那么 CAN 控制器工作于 BasicCAN 模式；如果 CDR.7=1，则 CAN 控制器工作在 PeliCAN 模式。

（10）发送缓冲区

发送缓冲区用来存储微控制器要 SJA1000 发送的报文，它被分为描述符区和数据区，见表 4-19。

表 4-19　发送缓冲区列表

CAN 地址	区	位							
10	描述符区	ID.10	ID.9	ID.8	ID.7	ID.6	ID.5	ID.4	ID.3
11		ID.2	ID.1	ID.0	RTR	DLC.3	DLC.3	DLC.3	DLC.3
12	数据区	发送数据字节 1							
13		发送数据字节 2							
14		发送数据字节 3							
15		发送数据字节 4							
16		发送数据字节 5							
17		发送数据字节 6							
18		发送数据字节 7							
19		发送数据字节 8							

（11）接收缓冲器

接收缓冲器用来存储微控制器要 SJA1000 接收的信息，标识符、远程发送请求位和数据长度码同发送缓冲区相同，只不过在地址 20 ～ 29 内。RXFIFO 共有 64 字节的信息空间。在任何情况下，FIFO 中可以存储的信息数都取决于各条信息的长度。如果 RXFIFO 中没有足够的空间来存储新的信息，CAN 控制器就会产生数据溢出，数据溢出发生时，已部分写入 RXFIFO 的当前信息将被删除，这种情况将通过状态位或数据溢出中断（中断允许时）通知微控制器。如果除了最后一位整个数据块被正确接收，则接收信息有效。

3. PeliCAN 模式

SJA1000 有复位和运行两种工作模式。在初始化期间的复位模式下，其寄存器配置见表 4-20；在正常工作期间的运行模式下，个别寄存器的定义会有所变化，见表 4-21。

表 4-20　SJA1000 寄存器配置（复位模式）

名称	地址	7	6	5	4	3	2	1	0
模式寄存器	0	—	—	—	睡眠方式	滤波方式	自检方式	监听方式	复位方式
命令寄存器	1	—	—	—	自收请求	清超限状态	释放接收缓冲器	中止发送	发送请求
状态寄存器	2	总线状态	错误状态	发送状态	接收状态	发送完成状态	发送缓冲器状态	数据超限状态	接收缓冲器状态
中断寄存器	3	总线错误中断	仲裁丢失中断	错误认可状态中断	唤醒中断	数据超限中断	错误报警中断	发送中断	接收中断
中断允许寄存器	4	总线错误中断允许	仲裁丢失中断允许	错误认可状态中断允许	唤醒中断允许	数据超限中断允许	错误报警中断允许	发送中断允许	接收中断允许
保留	5	—	—	—	—	—	—	—	—
总线时序寄存器 0	6	SJM.1	SJM.0	BRP.5	BRP.4	BRP.3	BRP.2	BRP.1	BRP.0
总线时序寄存器 1	7	SAM	TSEG2.2	TSEG2.1	TSEG2.0	TSEG1.3	TSEG1.2	TSEG1.1	TSEG1.0

（续）

名称	地址	7	6	5	4	3	2	1	0
输出控制寄存器	8	OCTP1	OCTN1	OCPOL1	OCTP0	OCTN0	OCPOL0	OCMODE1	OCMODE0
测试寄存器	9	–	–	–	–	–	–	–	–
保留	10								
仲裁丢失捕获	11	–	–	–	ALC.4	ALC.3	ALC.2	ALC.1	ALC.0
错误码捕获	12	ECC.7	ECC.6	ECC.5	ECC.4	ECC.3	ECC.2	ECC.1	ECC.0
错误警告限	13	EWL.7	EWL.6	EWL.5	EWL.4	EWL.3	EWL.2	EWL.1	EWL.0
RX 错误计数	14	RXERR.7	RXERR.6	RXERR.5	RXERR.4	RXERR.3	RXERR.2	RXERR.1	RXERR.0
TX 错误计数	15	TXERR.7	TXERR.6	TXERR.5	TXERR.4	TXERR.3	TXERR.2	TXERR.1	TXERR.0
滤波码寄存器 0～3	16～19	AC.7	AC.6	AC.5	AC.4	AC.3	AC.2	AC.1	AC.0
滤波屏蔽寄存器 0～3	20～23	AM.7	AM.6	AM.5	AM.4	AM.3	AM.2	AM.1	AM.0
保留	24～28	00H	00H	00H	00H	00H	00H	00H	00H
RX 报文个数	29	0	0	0	RMC.4	RMC.3	RMC.2	RMC.1	RMC.0
RX 缓冲器起始位置	30	0	0	RBSA.5	RBSA.4	RBSA.3	RBSA.2	RBSA.1	RBSA.0
时钟分配器	31	CAN 模式	CBP	RXINTEN	0	Clock off	CD.2	CD.1	CD.0
内部 RAM（FIFO）	32～95								
内部 RAM（TX）	96/108								
内部 RAM（free）	109/111								
00H	112/127								

表 4-21　SJA1000 寄存器配置（运行模式）与表 4-20 的不同之处

名称	地址	7	6	5	4	3	2	1	0
RX/TX 帧 信息 TX 帧 RX 帧	16								
		FF[①]	RTR	X	X	DLC.3	DLC.2	DLC.1	DLC.0
		FF	RTR	0	0	DLC.3	DLC.2	DLC.1	DLC.0
RX/TX 报文缓冲器	17～28								

① FF 指按标准或扩展帧的帧格式。

PeliCAN 为增强错误处理功能增加了一些新的特殊功能寄存器，包括仲裁丢失捕捉寄存器（ALC）、错误代码捕捉寄存器（ECC）、错误警告限寄存器（EWLR）、接收错误计数寄存器（RXERR）和发送错误计数寄存器（TXERR）等。借助于这些错误寄存器可以找到丢失仲裁位的位置，分析总线错误类型和位置，定义错误警告极限值以及记录发送和接收时出现的错误个数等。

一般来说，CAN 控制器的错误分析可通过以下 3 个途径来实现：

（1）错误寄存器

在 Peli CAN 模式中，有两个错误寄存器：接收错误寄存器和发送错误寄存器。对应的 CAN 相对地址为 14 和 15。在调试阶段，可以通过直接从这两个寄存器中读取错误计数器的值来判断目前 CAN 控制器所处的状态。

（2）错误中断

Peli CAN 模式共有 3 种类型的错误中断源：总线错误中断、错误警告限中断（可编程设置）和被动错误中断。可以在中断允许寄存器（IER）中区分出以上各中断，也可以通过直接从中断寄存器（IR）中直接读取中断寄存器的状态来判断属于哪种错误类型产生的中断。

（3）错误代码捕捉寄存器

当 CAN 总线发生错误时，产生相应的错误中断，与此同时，对应的错误类型和产生位置写入错误代码捕捉寄存器（对应的 CAN 相对地址为 12）。这个代码一直保存到被主控制器读取出来后，错误代码捕捉寄存器才重新被激活，可捕捉下一个错误代码。可以从错误代码捕捉寄存器读取的数据来分析错误是属于何种错误以及错误产生的位置，从而为调试工作提供了方便。

SJA1000 有两种自我测试方法：本地自我测试和全局自我测试。本地自我测试为单节点测试，它不需要来自其他节点的应答信号，可以自己发送数据，自己接收数据。通过检查接收到的数据是否与发送出去的数据相吻合，来确定该节点能否正常地发送和接收数据。这样就极大地方便了 CAN 通信电路的调试，使 CAN 通信电路的调试不再需要用一个正确的节点来确定某个节点是否能够成功地发送和接收数据。只需将 CAN 控制器的模式寄存器（CMR）的第三位（MOD.2）设置为 1，CAN 控制器就会自动进入自我测试模式。需要指出的是，虽然是单个节点进行自我测试，但是 CAN 的物理总线必须存在。

4. SJA1000 的应用电路

图 4-21 所示为由 SJA1000 与 80C51 系列的单片机、PCA82C250 总线收发器一起构成的应用电路图。

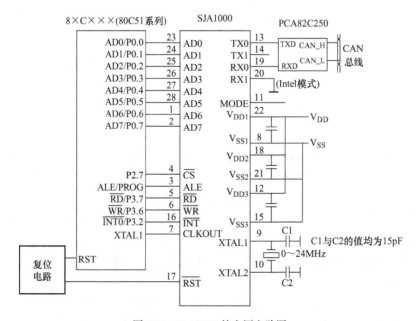

图 4-21　SJA1000 的应用电路图

4.3.2　TN82527 CAN 通信控制器

82527 是 Intel 公司生产的一种独立的 CAN 控制器。它可以通过并行总线与各种微控制器（包括 Intel 和 Motorola 类型）接口，也可以通过串行口（SPI）与无并行总线的微控制器（例如 MC68HC05）接口。

82527 串行通信控制器是一种可按 CAN 协议完成串行通信的高集成度器件，它可借助主微控制器或 CPU 的极小开销完成所有串行通信的功能，如报文的发送与接收、报文滤波、发送扫描和中断扫描等工作。

82527 是 Intel 公司第一个支持 CAN 2.0B 标准和扩展报文格式的器件。它具有发送和接收功能，并能完成扩展格式报文的报文滤波。由于 CAN 2.0B 的向后兼容性，82527 也完全支持 CAN2.0A 的标准报文格式。

82527 具有一个功能强大的 CPU 接口，它可以灵活地与不同的 CPU 相连接。它可被配置为与使用 Intel 或非 Intel 结构的 8 位分时复用的或 16 位分时复用的或 8 位非分时复用的地址或数据总线的 CPU 相连接。当不需要并行 CPU 接口时，灵活的串行口也可用。

82527 可提供 15 个 8 字节长的报文对象。除最后一个报文对象外，每个报文对象可被配置为发送或接收，最后一个报文对象是一个只用于接收的缓冲器，它具有一个特殊的屏蔽，这是为接收一组具有不同标识符的报文而设计的。

82527 还具有实现报文滤波的全局屏蔽功能，这一功能允许用户全局性地屏蔽报文的任何标识符位。可编程的全局屏蔽功能适用于标准的和扩展的两种报文。

82527 采用 Intel 高可靠性的 CHMOS Ⅲ 5V 工艺制造，可使用 44 引脚的 PLCC 封装或 44 引脚的 QFP 封装，适用于 –44 ～ 125℃的温度范围。82527 的封装及主要引脚设计成与 82526 兼容的形式，82526 是 Intel 公司早些时间开发的支持 CAN 2.0A 规范的 CAN 总线通信控制器，它们的结构原理大致相同。82527 的结构及功能框图如图 4-22 所示。

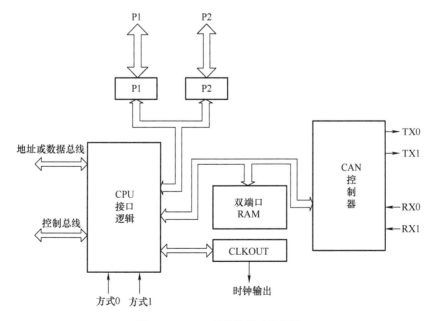

图 4-22　82527 的结构及功能框图

与82C200不同的是，82527的CAN控制器通过在片双端口RAM与微控制器进行数据交换。微控制器将要传送的数据信息，包括数据字节、标识符、数据帧或远程帧等包装成可多达15个的通信目标送入双端口RAM，82527可自动完成这些通信目标的传送。其主要特性可概括如下：

1）支持CAN 2.0B规范，包括标准和扩展数据帧和远程帧。

2）可程控全局屏蔽，包括标准和扩展标识符。

3）具有15个报文对象缓冲区，每个缓冲区的长度为8字节，包括14个TX/RX缓冲区，1个带可编程屏蔽的RX缓冲区。

4）灵活的CPU接口，包括8位多元总线（Intel或Motorola模式）、16位多元总线、8位非多元总线（同步或异步）、串行接口（如SPI）。

5）可程控位速率并有可程控时钟输出。

6）灵活的中断结构。

7）可设置输出驱动器和输入比较器结构。

8）两个8位双向I/O口。

9）44脚PLCC/QFP封装，引脚与82526兼容。

TN82527分为44引脚PLCC封装和QFP封装，44引脚PLCC封装的引脚如图4-23所示。

TN82527引脚功能说明见表4-22。

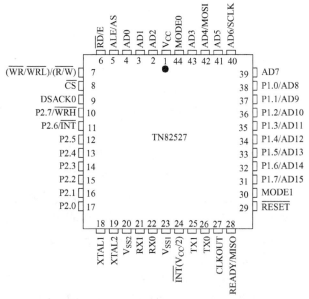

图4-23　4431脚PLCC封装的引脚

表4-22　TN82527引脚功能说明

名称	类型	说明
V_{SS1}	地	该引脚必须外接 V_{SS} 接地点。提供数字地
V_{SS2}	地	该引脚必须外接 V_{SS} 接地点。提供模拟比较器地
V_{CC}	电源	该引脚必须外接DC+5V。为整个器件提供电源
XTAL1	I	外部时钟输入。XTAL1（与XTAL2一起）将晶体接至内部振荡器
XTAL2	O	内部振荡器的推挽输出。XTAL2（与XTAL1一起）将晶体接至内部振荡器。若使用外部振荡器，XTAL2必须悬浮或不连接。XTAL2不能用作时钟输出以驱动其他CPU
CLKOUT	O	可编程时钟输出。该输出端可用于驱动主微控制器的振荡器
$\overline{RESET}$	I	热复位：（当 $\overline{RESET}$ 有效时，V_{CC} 保持为有效性）$\overline{RESET}$ 必须被置为有效低电平至少1ms 冷复位：（当 $\overline{RESET}$ 有效时，V_{CC} 置为有效电平）$\overline{RESET}$ 必须被置低至少1ms 冷复位期间RESET引脚不需要下降沿
$\overline{CS}$	I	该引脚为低电平时，允许CPU对82527进行访问
$\overline{INT}$	O	该中断引脚为至主微控制器的开漏输出

（续）

名称	类型	说明
$\overline{\text{INT}}$（$V_{CC}/2$）	O	$V_{CC}/2$ 为 ISO 低速物理层的供电电源。该引脚功能由 CPU 接口寄存器（地址 02H）的 MUX 位决定如下： 　　MUX=1 时，引脚 24（PLCC 封装）为 $V_{CC}/2$，引脚 11 为 $\overline{\text{INT}}$ 　　MUX=0 时，引脚 24（PLCC 封装）为 $\overline{\text{INT}}$
RX0 RX1	I I	由 CAN 总线输入端至输入比较器。当 RX0>RX1 时，读入隐性电平；当 RX1>RX0 时，读入显性电平。当 COBY 位（总线配置寄存器）被编程为 1 时，输入比较器被旁路，RX0 为 CAN 总线输入端
TX0 TX1	O O	至 CAN 总线的串行数据推挽输出。隐性位期间 TX0 为高，TX1 为低；显性位期间 TX0 为低，TX1 为高
AD0/A0/ICP AD1/A1/CP AD2/A2/CSAS AD3/A3/STE AD4/A4/MOSI AD5/A5 AD6/A6/SCLK AD7/A7	I/O–I–I I/O–I–I I/O–I–I I/O–I–I I/O–I–I I/O–I I/O–I–I I/O–I	8 位分时复用方式时，为地址 / 数据总线 8 位非分时复用方式时，为地址总线 16 位分时复用方式时，为地址 / 数据总线的低字节 在串行接口方式时，以下引脚具有以下功能： AD0：ICP 空闲时钟极性 AD1：CP 时钟相位 AD2：CSAS 片选激励状态 AD3：STE 同步发送使能 AD6：SCLK 串行时钟输入 AD4：MOSI 串行数据输入
AD8/D0/P1.0 AD9/D1/P1.1 AD10/D2/P1.2 AD11/D3/P1.3 AD12/D4/P1.4 AD13/D5/P1.5 AD14/D6/P1.6 AD15/D7/P1.7	I/O–O–I/O I/O–O–I/O I/O–O–I/O I/O–O–I/O I/O–O–I/O I/O–O–I/O I/O–O–I/O I/O–O–I/O	16 位分时复用方式时，为地址 / 数据总线的高字节 8 位非分时复用方式时，为数据总线 低速 I/O 口，8 位分时复用方式和串行方式时，为 P1 引脚 写入 9FH 和 AFH 对端口进行配置
P2.0 P2.1 P2.2 P2.3 P2.4 P2.5 P2.6/ $\overline{\text{INT}}$ P2.7/ $\overline{\text{WRH}}$	I/O I/O I/O I/O I/O I/O I/O–O I/O–I	在所有方式下均为 P2 当 MUX=1 时，P2.6 为 $\overline{\text{INT}}$，并为开漏输出 在 16 位分时复用方式时，P2.7 为 $\overline{\text{WRH}}$
MODE0 MODE1	I I	这两个引脚选择四种并行接口之一，复位期间这两个引脚微弱的保持为低 MODE0　MODE1 0　　　0　　Intel 模式 8 位分时复用 0　　　0　　复位 $\overline{\text{RD}}$ =0，$\overline{\text{WR}}$ =0，进入串行接口方式 0　　　1　　Intel 模式 16 位分时复用 1　　　0　　非 Intel 模式 8 位分时复用 1　　　0　　8 位非分时复用
ALE/AS	I–I	ALE 用于 Intel 模式，AS 用于非 Intel 模式，除模式 3 外该引脚必须接高电平
$\overline{\text{RD}}$	I	$\overline{\text{RD}}$ 用于 Intel 模式
E	I	E 用于非 Intel 模式，除模式 3 异步外该引脚必须接高电平
$\overline{\text{WR}}$ / $\overline{\text{WRL}}$	I	$\overline{\text{WR}}$ 用于 8 位 Intel 模式，$\overline{\text{WRL}}$ 用于 16 位 Intel 模式

（续）

名称	类型	说明
$\overline{\text{R/W}}$	I	$\overline{\text{R/W}}$用于非 Intel 模式
READY	O	READY 为主微控制器对 82527 同步访问的输出端，READY 对主微控制器为开漏输出
MISO	O	MISO 为串行接口方式的串行数据输出端
DSACK0	O	DSACK0 为主微控制器对 82527 同步访问的开漏输出端

注：1. I 表示输入引脚。

2. O 表示输出引脚。

3. I/O 表示输入或输出引脚。

4.3.3 内嵌 CAN 控制器的 P8xC591

独立的 CAN 控制器芯片需要外接一个微处理器，接受外部 CPU 的控制才能运行。如果微处理器内带有 CAN 控制器，那么无疑会大大简化应用系统的硬件设计，系统的可靠性也有很大提高。考虑到与 MCS-51 系列兼容的单片机在市场上占有很大的份额，在这里以 Philips 公司的 P8xC591 为例，介绍带 CAN 控制器的单片机。

1. 概述

P8xC591 是一个单片 8 位高性能微控制器，具有片内 CAN 控制器。它从 MCS-51 微控制器家族派生而来，采用了强大的 80C51 指令集并成功地包括了 Philips 公司 SJA1000 CAN 控制器的 PeliCAN 功能。全静态内核提供了扩展的节电方式。振荡器可停止和恢复而不会丢失数据。改进的 1∶1 内部时钟分频器在 12MHz 外部时钟速率时实现 500 ns 指令周期。

P8xC591 的框图如图 4-24 所示。

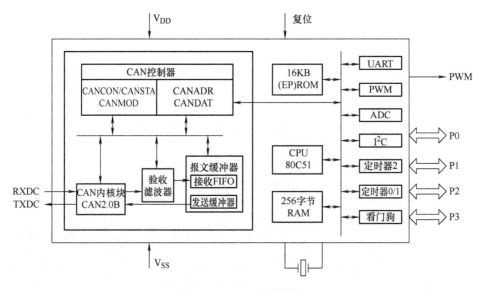

图 4-24　P8xC591 的框图

P8xC591 在 80C51 基础上增加的特点和功能：

1）16KB 内部程序存储器。

2）512 字节内部数据存储器，主和辅助 RAM。

3）3 个 16 位定时 / 计数器 T0、T1（标准 80C51）和 T2（捕获和比较）。

4）CAN 控制器。

5）带 6 路模拟输入的 10 位 ADC，可选择快速 8 位 ADC。

6）2 个 8 位分辨率的脉宽调制输出（PWM）。

7）带字节方式主、从功能的 I²C 总线串行 I/O 口。

8）片内看门狗定时器 T3。

9）保密位，32 字节加密阵列。

10）4 个中断优先级，15 个中断源。

11）电源控制模式：

① 时钟可停止和恢复。

② 空闲模式。

③ 掉电模式。

12）空闲模式中 ADC 有效。

13）双 DPTR。

14）可禁止 ALE 实现低 EMI。

15）软件复位（AUXR1.5）。

16）上电检测复位。

17）ONCE（On-Circuit Emulation）模式（在线仿真）。

P8xC591 组合了 P87C554（微控制器）和 SJA1000（独立的 CAN 控制器）的功能，并在 SJA1000 的基础上增加了以下 CAN 的特性：

1）增强的 CAN 接收中断。

2）扩展的验收滤波器。

3）验收滤波器可在运行中改变。

2. 引脚描述

P8xC591 有两种封装形式 QFP44 和 PLCC44。其引脚功能说明见表 4-23。

表 4-23　P8xC591 引脚功能说明[①]

符号	引脚号		功能描述
	QFP44	PLCC44	
$\overline{RST}$	4	10	复位：P8xC591 复位输入，当定时器 T3 溢出时，提供复位脉冲输出
P3.0 ~ P3.7			P3 口：8 位可编程 I/O；P3 可驱动 4 个 LSTTL 输入（接下来 8 个条目分别介绍了 P3 口的其他功能）
P3.0/RXD/T2	5	11	RXD：串行输入口 T2：事件输出
P3.1/TXD/RT2	7	13	TXD：串行输出口 RT2：T2 定时器复位信号，上升沿触发

（续）

符号	引脚号		功能描述
	QFP44	PLCC44	
P3.2/ $\overline{INT0}$ /CMSR0	8	14	$\overline{INT0}$：外部中断 0 CMSR0：定时器 T2 比较和设置 / 复位输出
P3.3/ $\overline{INT1}$ /CMSR1	9	15	$\overline{INT1}$：外部中断 1 CMSR1：定时器 T2 比较和设置 / 复位输出
P3.4/T0/CMSR2	10	16	T0：定时器 0 外部输入 CMSR2：定时器 T2 比较和设置 / 复位输出
P3.5/T1/CMSR3	11	17	T1：定时器 1 外部输入 CMSR3：定时器 T2 比较和设置 / 复位输出
P3.6/ $\overline{WR}$	12	18	$\overline{WR}$：外部数据存储器写选通
P3.7/ $\overline{RD}$	13	19	$\overline{RD}$：外部数据存储器读选通 复位时，P3 异步驱动为高 通过 P3M1 和 P3M2 寄存器可将 P3 口设置为 4 种模式之一： P3M1.x　P3M2.x　模式描述 0　　0　　准双向（默认的标准 C51 配置） 0　　1　　推挽 1　　0　　高阻 1　　1　　开漏
XTAL2	14	20	晶振引脚 2：反相振荡放大器输出，当使用外部振荡器时钟时开路
XTAL1	15	21	晶振引脚 1：反相振荡放大器输入和内部时钟发生电路输入 使用外部振荡器时钟时作为外部时钟信号的输入端
V_{ss}	22	16	地：0V 参考点
V_{cc}	44	38	电源：提供正常、空闲和掉电工作电压
P2.0/A08 ～ P2.7/A15	18 ～ 25	24 ～ 31	P2 口：8 位可编程 I/O 口 A08 ～ A15：外部存储器高地址。还具有以下功能： 外部存储器（A08 ～ A15）高地址字节，还可作为 EPROM 编程和校验时的高地址 复位时，P2 异步驱动为高 通过 P2M1 和 P2M2 寄存器可将 P2 口设置为 4 种模式之一： P2M1.x　P2M2.x　模式描述 0　　0　　准双向（默认的标准 C51 配置） 0　　1　　推挽 1　　0　　高阻 1　　1　　开漏
$\overline{RSEN}$	26	32	程序存储使能：外部程序存储器的读选通。当芯片从外部程序存储器读取程序时，$\overline{RSEN}$ 每个机器周期被激活两次。而在每次访问外部数据存储器时 $\overline{RSEN}$ 被忽略两次。对内部程序存储器访问时 $\overline{RSEN}$ 无效（保持为高）。$\overline{RSEN}$ 驱动 8 个 LSTTL 输入。驱动 CMOS 不需要外部上拉
ALE/ $\overline{PROG}$	27	33	地址锁存使能：正常操作中，在访问外部存储器时锁存地址的低字节。每 6 个振荡器周期激活一次，但在访问外部数据存储器时例外。ALE 可驱动 8 个 LSTTL 输出。驱动 CMOS 不需要外部上拉。若想禁止 ALE 的翻转（降低 RE1 噪声），必须通过软件置位 AO（SFR：AUXR.0） $\overline{PROG}$：编程脉冲输入

（续）

符号	引脚号		功能描述
	QFP44	PLCC44	
$\overline{EA}$ /V$_{PP}$	35	29	外部访问输入：如果复位时 $\overline{EA}$ 保持 TTL 高电平，CPU 执行内部程序存储器的程序；如果为 TTL 低电平，CPU 通过 P0 和 P2 执行外部编程存储器的程序。$\overline{EA}$ 不允许浮动，它在复位时锁存，复位后不用考虑。V$_{PP}$：给 P8xC591 提供编程电压
P0.0/AD0 ～ P0.7/AD7	30 ～ 37	36 ～ 43	P0 口：8 位开漏双向 I/O。复位时 P0 口为高组态（三态）AD7 ～ AD0：复用的数据和地址总线低地址。P0 口可驱动 8 个 LSTTL 输入
AV$_{ref+}$	38	44	A/D 转换参考电阻：高端
AV$_{SS}$	39	1	模拟地
P1.0 ～ P1.4 P1.5 ～ P1.7	40 ～ 44 1 ～ 3	2 ～ 6 7 ～ 9	P1 口：用户可配置输出类型的 8 位 I/O 口。P1 口作为输入或输出时的操作取决于所选择的配置。每个口都独立配置
P1.0/RXDC P1.1/TXDC	40 41	2 3	RXDC：CAN 接收器输入脚 TXDC：CAN 发送器输出脚 复位时，P1.0 和 P1.1 异步驱动为高，P1.2 ～ P1.7 为高组态（三态）
P1.2 ～ P1.4 P1.5 ～ P1.7	42 ～ 44 1 ～ 3	4 ～ 6 7 ～ 9	ADC0 ～ ADC2：可选功能。ADC 输入通道 ADC3 ～ ADC5：ADC 输入通道
P1.5/CT3I/INT5 P1.6/SCL P1.7/SDA	1 2 3	7 8 9	CT3I/INT5：T2 捕获定时器输入或外部中断输入 SCL：I^{2}C 串行时钟线，用于 I^{2}C 时不可使用推挽或准双向模式 SDA：I^{2}C 串行数据线，用于 I^{2}C 时不可使用推挽或准双向模式 通过 P1M1 和 P1M2 寄存器可将 P1 口设置为 4 种模式之一： P1M1.x P1M2.x 模式描述 0　　0　　准双向（默认的标准 C51 配置）[2] 0　　1　　推挽[2] 1　　0　　高阻 1　　1　　开漏
PWM0	6	12	脉宽调制：输出 0
PWM1	28	34	脉宽调制：输出 1

① 为避免上电时的"闩锁"效应，任意引脚的电压任何时候都不能高于 V$_{DD}$+0.5V 或低于 V$_{SS}$-0.5V。

② 不可用于 P1.6 和 P1.7。

3. P8xC591 PeliCAN 的性和结构

P8xC591 包括了 Philips 公司的独立 CAN 控制器 SJA1000 具有的所有功能，并增强如下功能：

1）增强的 CAN 接收中断：

① 有接收缓冲区级的接收中断。

② 用于接收中断的高优先级验收滤波器。

2）扩展的验收滤波器：

① 8 个滤波器用于标准帧格式。

② 4 个滤波器用于扩展格式。

③ 验收滤波器的"运行中改变"特性。

PeliCAN 框图如图 4-25 所示，它的各功能模块列举如下：

1）接口管理逻辑（IML）。

2）发送缓冲器（TXB）。

3）接收缓冲器（RXB、RXFIFO）。

4）验收滤波器（ACF）。

5）位流处理器（BSP）。

6）错误管理逻辑（EML）。

7）位时序逻辑（BTL）。

8）发送管理逻辑（TML）。

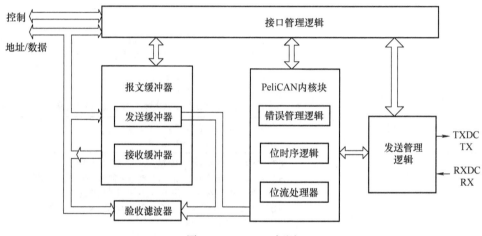

图 4-25 PeliCAN 框图

发送管理逻辑提供驱动器信号用于推挽式的 CAN TX 晶体管级。外部晶体管根据可编程输出驱动器的配置打开或者关闭。此外在这里，还有硬件复位时的短路保护和异步浮动。

4. PeliCAN 控制器与 CPU 之间的通信

80C51CPU 接口将 PeliCAN 与 P8xC591 微控制器内部总线相连（见图 4-26）。通过特殊功能寄存器可对 PeliCAN 寄存器和 RAM 区进行便捷的访问。由于支持大范围的地址，基于寻址的间接指针允许使用地址自动增加模式对寄存器进行快速访问。这样就将所需 SFR 的数目减少到 5 个。

CPU 通过 5 个特殊功能寄存器（CANADR（地址）、CANDAT（数据）、CANMOD（模式）、CANSTA（状态）和 CANCON（控制））对 PeliCAN 模块进行访问，如图 4-27 所示。需要注意的是，CANCON 和 CANSTA 根据访问方向的不同而具有不同的寄存器结构。

PeliCAN 寄存器可以通过两种不同的方式访问。关于控制 CAN 主要功能的最重要的几个寄存器，它们支持软件轮询，可以像单独的 SFR 一样直接访问，而 PeliCAN 模块中的其他部分通过一个间接的指针机制进行访问。为了达到高数据吞吐量，在使用间接寻址时也包含了地址自动增加的特性。

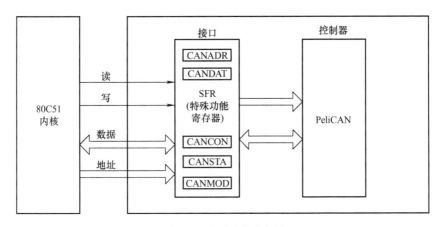

图 4-26　特殊功能寄存器

（1）CANADR

该读 / 写寄存器定义通过 CANDAT 访问的 PeliCAN 内部寄存器的地址。可将其解释为对 PeliCAN 的一个指针。对 PeliCAN 块寄存器的读 / 写访问通过 CANDAT 寄存器执行。通过地址自动增加模式，为 CAN 控制器内部寄存器提供了快速的类似栈的读 / 写。如果 CANADR 内当前定义的地址大于或等于 32（十进制），CANADR 的内容在任意对 CANDAT 读或写操作后自动增加。例如，将一个报文装入发送缓冲区可通过将发送缓冲区的首地址（112）写入 CANADR，然后将报文字节一个接一个地写入

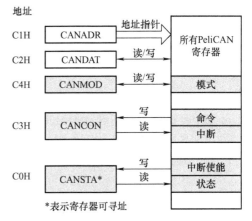

图 4-27　CAN 的特殊功能寄存器

CANDAT。CANADR 超过 FFH 后复位为 00H，如果 CANADR 小于 32，则不会执行自动地址增加。即使 CANDAT 执行读或写，CANADR 的值仍保持不变。这允许在 PeliCAN 控制器的低地址空间进行寄存器轮询。

（2）CANDAT

CANDAT 作为一个读 / 写寄存器。特殊功能寄存器 CANDAT 看上去是对 CANADR 所选的 CAN 控制器内部寄存器的一个端口。对 CANDAT 寄存器的读 / 写等效于对该内部寄存器的访问。需要注意的是，如果 CANADR 中当前的地址大于或等于 32，那么任何对 CANDAT 的访问将使 CANADR 自动增加。

（3）CANMOD

对 PeliCAN 模式寄存器 CANMOD 是直接进行读 / 写访问的模式寄存器，位于 PeliCAN 模块中的地址 00H。

（4）CANSTA

根据访问方向的不同，CANSTA 提供对 PeliCAN 的状态寄存器和中断使能寄存器的直接访问。对 CANSTA 的读操作是对 PeliCAN 的状态寄存器（地址 2）进行访问；对 CANSTA 的写操作是对中断使能寄存器（地址 4）进行访问。

（5）CANCON

根据访问方向的不同，CANCON 提供对 PeliCAN 的中断寄存器和命令寄存器的直接访问。对 CANCON 的读操作是对 PeliCAN 的中断寄存器（地址 3）进行访问；对 CANCON 的写操作是对命令寄存器（地址 1）进行访问。

除了 CANMOD、CANSTA、CANCON 等 PeliCAN 常用特殊寄存器可进行直接读/写访问外，其他的 CAN 寄存器都需要进行间接寻址。CANADR 寄存器指向 PeliCAN 寄存器的地址，在写操作时将要送到被寻址寄存器的数据写入 CANDAT；读操作时被寻址寄存器的数据可从 CANDAT 中读出。

4.4 CAN 总线收发器与 I/O 器件

4.4.1 CAN 总线收发器 82C250

82C250 是 CAN 控制器与物理总线之间的接口，它最初是为汽车高速通信（最高达 1Mbit/s）的应用而设计的。器件可以提供对总线的差动发送和接收功能。82C250 的主要特性如下：

1）与 ISO 11898 标准完全兼容。

2）高速性（最高可达 1Mbit/s）。

3）具有抗汽车环境下的瞬间干扰，保护总线能力。

4）降低射频干扰的斜率控制。

5）热保护。

6）电源与地之间的短路保护。

7）低电流待机方式。

8）掉电自动关闭输出，不干扰总线的正常运作。

9）可支持多达 110 个节点相连接。

82C250 的功能框图如图 4-28 所示，82C 250 的基本性能参数见表 4-24。

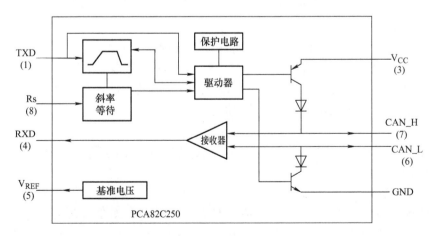

图 4-28　82C250 的功能框图

82C250 驱动电路内部具有限流电路，可防止发送输出级电源与地之间的短路。虽然短路出现时功耗增加，但不致使输出级损坏。

若结温超过约 160℃ 时，两个发送器输出端的极限电流将减小，由于发送器是功耗的主要部分，电流减小导致功耗减少，因而限制了芯片的温升。器件的所有其他部分将继续工作。这种温度保持在总线短路的情况下特别重要。82C250 采用双线差分驱动，有助于抑制汽车等恶劣电气环境下的瞬变干扰。

表 4-24　82C250 的基本性能参数

符号	参数	条件	最小值	典型值	最大值	单位
V_{CC}	电源电压	待机模式	4.5		5.5	V
I_{CC}	电源电流				170	μA
$1/t_{CC}$	发送速率最大值	NRZ	1			Mbit/s
V_{CAN}	CAN_H, CAN_L 输入输出电压		−8	−2	+18	V
ΔV	差动总线电压		1.5		3.0	V
γ_d	传播延迟	高速模式			50	Ns
T_{amb}	工作环境温度		−40		+125	℃

引脚 Rs（8）可用于选择 3 种不同的工作方式：高速、斜率控制和待机，见表 4-25。

表 4-25　引脚 Rs（8）选择的 3 种不同的工作方式

引脚 Rs（8）上的强制条件	工作方式	引脚 Rs（8）上的电压或电流
$V_{Rs} > 0.75V_{CC}$	待机	$I_{Rs} < 10μA$
$10μA < -I_{Rs} < 200μA$	斜率控制	$0.4V_{CC} < V_{Rs} < 0.6V_{CC}$
$V_{Rs} < 0.3V_{CC}$	高速	$-I_{Rs} < 500μA$

在高速工作方式下，发送器输出晶体管以尽可能快的速度启闭，在这种方式下不采取任何措施限制上升和下降斜率，此时，建议采用屏蔽电缆以避免射频干扰问题的出现。可选择高速工作方式只需将引脚 8 接地即可。

对于速度较低或长度较短的总线，可使用非屏蔽双绞线或一对平行线。为降低射频干扰，应限制上升和下降斜率。上升和下降斜率可通过从引脚 8 连接至地的电阻进行控制。斜率正比于引脚 8 上的电流输出。

若引脚 8 接高电平，则电路进入低电平待机方式，在这种方式下，发送器被关闭，而接收器转至低电流。若检测到显性位，RXD 将转至低电平，微控制器通过引脚 8 将收发器变为正常方式对此条件做出反应。由于在待机方式下接收器是慢速的，因此第一个报文将被丢失。82C250 真值表见表 4-26。

对于 CAN 控制器及带有 CAN 总线接口的器件，82C250 并不是必须使用的器件，因为多数 CAN 控制器均具有配置灵活的收发接口，并允许总线故障，只是驱动能力一般只允许 20～30 个节点连接在一条总线上。而 82C250 支持多达 110 个节点，并能以 1Mbit/s 的速率工作于恶劣电气环境下。利用 82C250 还可以方便地在 CAN 控制器与收发器之间建立光电隔离，以实现总线上各节点间的电气隔离。

表 4-26　82C250 真值表

电源	TXD	CAN_H	CAN_L	总线状态	RXD
4.5～5.5V	0	高电平	低电平	显性	0
4.5～5.5V	1（或悬浮）	悬浮状态	悬浮状态	隐性	1
<2V（未加电）	×	悬浮状态	悬浮状态	隐性	×
2V<V_{CC}<4.5V	>0.75 V_{CC}	悬浮状态	悬浮状态	隐性	×
2V<V_{CC}<4.5V	×	若 V_{Rs}>0.75V 则悬浮	若 V_{Rs}>0.75V 则悬浮	隐性	×

双绞线并不是 CAN 总线的惟一传输介质。利用光电转换接口器件及星形光纤耦合器，可建立光纤介质的 CAN 总线通信系统。此时，光纤中有光表示显性位，无光表示隐性位。

利用 CAN 控制器（如 82C200）的双相位输出方式通过设计适当的接口电路，也不难实现人们希望的 CAN 通信线的总线供电。

另外，CAN 协议中的错误检测及自动重发功能为建立高效的基于电力线载波或无线电介质（这类介质往往存在较强的干扰）的 CAN 通信系统提供了方便，且这种多机通信系统只需要一个频点。

4.4.2　CAN 总线收发器 TJA1050

1. 概述

TJA1050 是 Philips 公司生产、用以替代 82C250 的高速 CAN 总线收发器。跟 PCA82C250 一样，TJA1050 符合 ISO 11898 标准。它可以和其他遵从 ISO 11898 标准的收发器产品协同操作。电磁兼容性（Electromagnetic Compatibility，EMC）是 TJA1050 的主要设计目标。在关键的 AM 波段上它的辐射比 PCA82C250 低 20dB 以上。

除了 EMC 之外，TJA1050 的另外一个重要的特性是：在不上电时总线呈现无源特性。这使 TJA1050 对于在汽车内点火之后就失电的节点来说是一个更优的收发器。而持续上电的节点则要求有一个专用的低功耗模式，所以仍然是一个很好的选择。在后者的应用中，TJA1050 通过收发器不上电来实现极低的功耗，而远程唤醒功能则是使用一根独立的远程唤醒线。

由于 TJA1050 和 PCA82C250 的引脚互相兼容，因此 TJA1050 可以直接在已有的应用中使用，而不需要修改 PCB。TJA1050 的功能框图如图 4-29 所示。

2. 应用

TJA1050 的典型应用如图 4-30 所示。其中，协议控制器通过一条串行数据输出线 TXD 和一条串行数据输入线 RXD 连接到收发器。而收发器则通过它的两个有差动接收和发送能力的总线终端 CAN_H 和 CAN_L 连接到总线网络。它的引脚"S"用于模式控制。参考输出电压 V_{REF} 提供一个 $V_{CC}/2$ 的额定输出电压，这个电压是作为带有模拟输入 RX 的 CAN 控制器的参考电平。由于 SJA1000 具有数字输入，因此它不需要这个电压。收发器使用 5V 的额定电源电压。

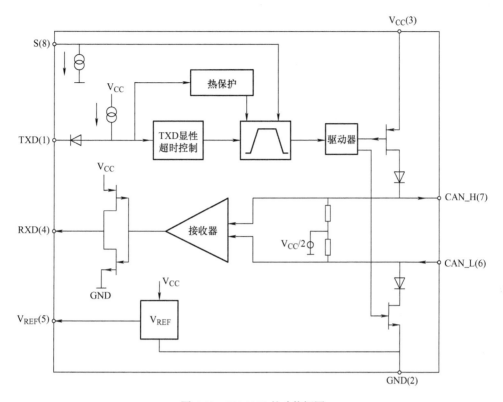

图 4-29　TJA1050 的功能框图

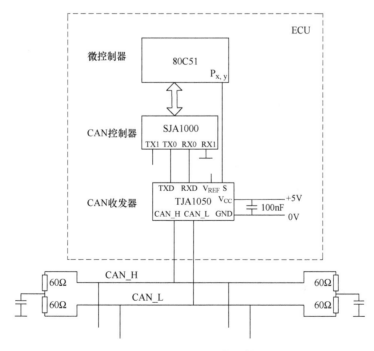

图 4-30　TJA1050 的典型应用

协议控制器向收发器的 TXD 引脚输出一个串行的数据流。收发器的内部上拉功能将

155

TXD 引脚置为逻辑高电平，即总线输出驱动器在开路时是无源的。根据 ISO 11898 的额定总线电平如图 4-31 所示，CAN_H 和 CAN_L 输入通过典型内部阻抗为 25kΩ 的接收器连接入网络，偏置到 $V_{CC}/2$ 的电平电压。另外，如果 TXD 是逻辑低电平，将激活总线的输出级，并在总线上产生一个显性信号电平如图 4-31 所示。输出驱动 CAN_H 由 V_{CC} 提供一个源输出，而 CAN_L 则向 GND 提供一个下拉输出。

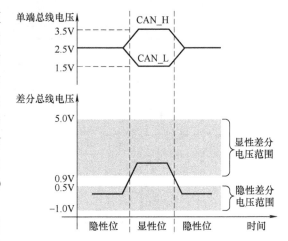

图 4-31　根据 ISO 11898 的额定总线电平

如果没有总线节点发送一个显性位，则总线处于隐性状态。如果一个或多个总线节点发送一个显性位，则总线就会覆盖隐性状态而进入显性状态。

接收器比较器将差动的总线信号转换成逻辑电平信号，并在 RXD 输出。总线协议控制器将接收到的串行数据流译码。接收器比较器总是激活的，即当总线节点发送一个报文时，它同时监控总线。这个功能可以用于支持 CAN 的非破坏性逐位仲裁策略。

典型的总线采用一对双绞线。考虑到 ISO 11898 中定义的总线型拓扑结构，总线两端都接一个 120Ω 的额定电阻。这就要求总线额定负载是 60Ω。终端电阻和电缆阻抗的紧密匹配确保了数据信号不会在总线的两端反射。

3. TJA1050 的主要特征

TJA1050 的主要特征如下：

1）与 ISO 11898 标准完全兼容。

2）速度高（最高可达 1Mbit/s）。

3）低电磁辐射（EME）。

4）电磁抗干扰（EMI）性极高。

5）不上电的节点不会对总线造成干扰。

6）发送数据（TXD）有防止钳位在显性总线电平的超时功能。

7）静音模式中提供了只听模式和 Babbling Idiot 保护。

8）在暂态时自动对总线引脚进行保护，防止汽车环境中的瞬态干扰。

9）输入级与 3.3V 以及 5V 的装置兼容。

10）热保护。

11）防止电源对地的短路功能。

12）可以连接至少 110 个节点。

4. TJA1050 的工作模式

TJA1050 有以下两种工作模式，都由引脚 S 来控制：高速模式和静音模式，它不支持 PCA82C250 的可变斜率控制。所以 TJA1050 有固定的斜率。尽管如此，其输出级优良的对称性使它的 EMC 性能比以前的产品更好。下面介绍一下这两种工作模式及相关功能。

（1）高速模式

高速模式是普通的工作模式，将引脚 S 连接到地可以进入该模式。由于引脚 S 有内部下拉功能，所以当它没有连接时，高速模式也是默认的工作模式。

在这个模式中，总线输出信号有固定的斜率，并且以尽量快的速度切换。这种模式适合于最大的位速率和最大的总线长度，并且此时它的收发器循环延迟最小。

（2）静音模式

在静音模式中，发送器是禁能的，所以它不考虑 TXD 的输入信号状态。因此，收发器运行在非发送状态中，它此时消耗的电源电流和在隐性状态时一样。将引脚 S 接高电平就可以进入静音模式。Babbling Idiot 保护静音模式中，节点可以被设置成对总线绝对无源的状态。当 CAN 控制器不受控制，占用总线无意识地发送报文 Babbling Idiot 时，这个模式就显得非常重要。微控制器激活了静音模式后，此时微控制器不再直接访问 CAN 控制器，TJA1050 将会释放总线。因此在要求系统有高可靠性的情况下，静音模式变得非常有用。在静音模式中，RXD 正常从总线接收信号。因此，静音模式就提供了具有诊断功能的只听模式。它确保节点的显性位完全不会影响总线。

（3）TXD 显性超时

除了静音模式外，TJA1050 还提供 TXD 显性超时功能。这个保护功能可以防止错误的 CAN 控制器通过发送持续的显性 TXD 信号将总线钳位在显性电平。

图 4-32 所示为 TXD 显性超时功能。超过允许最大的 TXD 显性时间后，发送器将被禁能。下一个显性输出只有在释放了 TXD 后才可以产生。

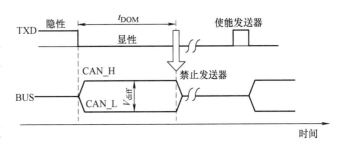

图 4-32　TXD 显性超时功能

（4）与 3.3V 器件兼容

在汽车应用中，越来越多地使用电源电压低于 5V 的器件。通过减少 TXD 和引脚 S 的输入阀值，TJA1050 可以和 3.3V 的器件（如 CAN 控制器）通信。因此，它对 5V 供电的微控制器和 CAN 控制器以及 3.3V 供电的派生器件都适用。

但是由于 TXD 内部有一个上拉电阻连接到 V_{CC} 为 5V，而且 RXD 有一个基于 V_{CC} 的推挽级，所以 3.3V 的器件必须能承受 5V 的 RXD 和 TXD。

5. 关于 EMC

实现高的 EMC 性能不只是收发器的问题，系统实现的细节终端拓扑外部电路也非常重要。接下来将展示使用 TJA1050 时突出的 EMC 性能。

（1）分裂终端的概念

实验指出，改良的总线终端概念—分裂终端，可以有效地减少辐射。另外这个概念使系统有更好的抗干扰性。

典型的分裂终端的概念如图 4-33 所示。总线端节点的两个终端电阻都被分成两个等值的电阻，即用两个 60Ω 的电阻代替一个 120Ω 的电阻。通过 Stubs 连接到总线上的 Stub 节点也可以选用相似的分裂终端配置。Stub 节点的电阻选择必须使包括所有终端电阻的总线负载在 $50 \sim 60\Omega$ 的规定范围中。有 10 个节点时（8 个 Stub 节点和 2 个总线终端节点），典型的电阻值是 $1.3\text{k}\Omega$。

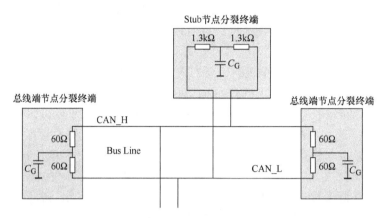

图 4-33　典型的分裂终端的概念

这个方案的特点是：普通模式信号可以在终端的中间分接点处得到。这个普通模式信号通过一个电容 C_G（10nF，100nF）连接到地。但很明显，电容要连接到"静态"的地电平。例如如果终端放置在总线节点之内，建议将分离地连接到具有最低电感的模块连接器的地引脚。

TJA1050 的电平有高度的对称性，总线的两条线与参考地的对称方式变得越来越重要。因此，为了要使用 TJA1050 有效的抗辐射性能，则要考虑每个 ECU 分裂终端电阻的匹配容差。

值得注意的是：由于使用了分裂终端 TJA1050 的 EMC 性能得到优化而且不会产生扼流，我们推荐使用分裂终端。其输出级有优良的对称性，用不同的辐射测量方法都检测不到扼流。但如果 EMC 性能仍不足够，也可以选择适用额外的方法，像电容和普通模式扼流器。

（2）CAN_H 和 CAN_L 上的电容

CAN_H 和 CAN_L 输出到 GND 的一对匹配电容 C_H 和 C_L 经常被用于提高抗电磁干扰的性能。相应噪声源的阻抗 R_F 和 CAN_H 和 CAN_L 对地的电容组成了一个 RC 低通滤波器。在抗干扰性能的问题上，电容的值应该尽可能大，才能获得低的角频率。另一方面输出级的整个电容负载和阻抗为数据信号建立了一个低通滤波器。因此相关的角频率要比数据传输频率高。这使电容值必须由节点的数量和数据传输频率决定。当 TJA1050 的输出级阻抗大约是 20Ω，总线系统有 10 个节点，速率为 500kbit/s，则电容的值不应该超过 470pF。外部电容构成的 RC 低通滤波器如图 4-34 所示。

（3）普通模式扼流器

普通模式扼流器对普通模式信号有高阻抗，对差动信号有低阻抗。因此有 RF 噪声和 / 或收发器驱动器的不理想对称产生的普通模式信号都被显著地衰减。所以，普通模式扼流器可以减小辐射以提高抗干扰性。

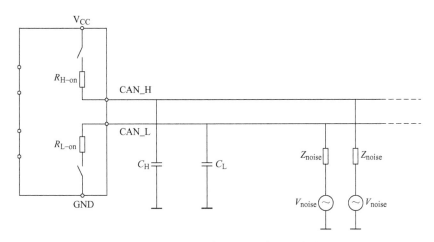

图 4-34　外部电容构成的 *RC* 低通滤波器

图 4-35 显示了如何将普通模式扼流器、分裂终端和 CAN_H、CAN_L 对 GND 的电容结合起来。如果首先要提高抗干扰性，建议将电容放置在收发器和普通模式扼流器之间；如果要减少辐射，则建议将电容放置在扼流器和分裂终端之间（虚线所示）。

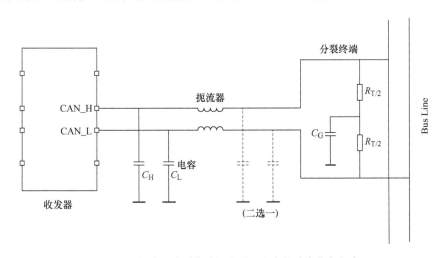

图 4-35　结合了分裂终端扼流器和电容的总线节点电路

普通模式扼流器也有一个缺点：扼流器的电感和引脚的电容将引起谐振。这无论是对差动信号还是普通模式信号，都将在总线引脚和扼流器之间引起不必要的谐振。差动信号的振荡可能引起 RXD 的多次切换。

前面的收发器产品在使用非屏蔽双绞线时，通常需要一个普通模式扼流器来满足汽车厂商严格的辐射和抗干扰要求。TJA1050 可以建立设有扼流器的汽车内系统。最后，是否需要扼流器是由特定的系统设备如线束和两条总线的对称性电阻与电容的匹配容差决定。

6. 电源和推荐的旁路电容

通常，旁路电容用于对所要求的电源电压供应进行缓冲。一个大小适中的旁路电容也可以避免过高的电流峰值流入地，为收发器建立一个"静态"的信号地。

（1）平均和峰值电源电流

为了选择合适的电容，要考虑 CAN 高速收发器电源 V_{CC} 的两个参数：

1）平均电源电流：平均电源电流用于计算 V_{CC} 电压调节器的温度负载。它是在假设节点持续以 50% 的占空比发送报文的情况下估算出来的。

2）峰值电源电流：峰值电源电流在某些时间发生了某些总线故障的情况下出现，因此它对电源的缓冲保护有一定的影响。我们推荐参考表 4-27 所示的收发器 V_{CC} 电源特性。这些值在计算要求的电压调节器和旁路电容时要考虑。

表 4-27　在普通和最差的情况下平均和峰值电源电流

文件	TJA1050		PCA82C250	
	平均 $I_{V_{cc}}$（50% 占空比）	峰值 $I_{V_{cc}}$（显性，$V_{TXD}=0V$）	平均 $I_{V_{cc}}$（50% 占空比）	峰值 $I_{V_{cc}}$（显性，$V_{TXD}=0V$）
普通，60Ω 负载	43mA	75mA	44mA	70mA
最差的情况（CAN_H）对 GND 短路	60mA	137mA	80mA	165mA

（2）旁路电容

当一个位从隐性切换到显性时，需要额外的电源电流来驱动总线。这个电流可以用下面的式子算出：

$$\Delta I_{CC} = I_{CC\_dom} - I_{CC\_rec}$$

式中，I_{CC_dom} 是指显性状态下的电源电流；I_{CC_rec} 是隐性状态下的电源电流。

由于限制电压调节器的调节速度，就要求一个旁路电容来保持电源电压 V_{CC} 是常数。否则 V_{CC} 将可能偏离定义的电压范围（5V ± 5%），或者至少由于电压调节器的调节功能产生一些振荡。我们根本不需要这些振荡，因为它们会增加电磁辐射。因此在普通操作中，至少需要用 100nF 的电容进行保护。这样在引脚 V_{CC} 和引脚 GND 之间连接一个旁路电容变得非常有必要。考虑到电压调节器的性能，还可以选择使用更大的电容。

7. 地电平偏移的问题

汽车的总线系统要处理不同节点之间地电平偏移的问题。这意味着，每个节点根据自己的地电平都可以"看见"不同单端总线的电压，但差动的总线电压未受影响。

根据 TJA1050 的数据表，CAN_H 允许的最大单端电压是 +12V，而 CAN_L 允许的最小单端电压是 –12V。这个范围内的单端总线电压保证了差动接收器的阀值电压位于 0.5 ～ 0.9V 之间。这个允许的单端电压范围就是差动收发器的普通模式范围。ISO 11898 定义的普通模式范围是 –2 ～ 7V。所以 TJA1050 根据 ISO 11898 提供了一个扩展的普通模式范围。

轻微超出定义的普通模式范围不会立即引起通信故障，因此，地电平偏移的容差要受到限制。普通模式范围和允许最大地电平偏移之间的关系如图 4-36 和图 4-37 所示。

图 4-36 所示为发送节点 2 的地电平比接收节点 1 的地电平高的情况。在这种情况下，根据接收节点的地电平，允许的最大地电平偏移符合 CAN_H 最大时的单端电压 12V。从

图 4-36 可以看到，允许的最大地电平偏移是 8V（GND_{Trans}–GND_{Rec}）。

　　图 4-37 所示为发送节点 1 的地电平比接收节点 2 的地电平低的情况。在这种情况下，根据接收节点的地电平，允许的最大地电平偏移符合 CAN_L 最小时的单端电压 –12V。从图 4-37 可以看到，允许的最大地电平偏移是 –13V（GND_{Trans}–GND_{Rec}）。由于每个节点在系统中都可以暂时作为发送器，TJA1050 任何两个节点间允许的最大地电平偏移限制为 8V。

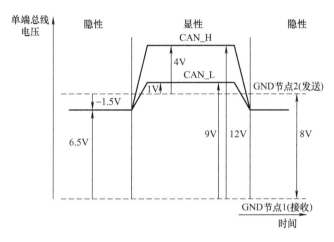

图 4-36　发送节点 2 的地电平比接收节点 1 的地电平高的情况

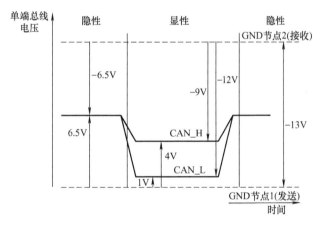

图 4-37　发送节点 1 的地电平比接收节点 2 的地电平低的情况

　　在隐性总线状态中，每个节点都根据它们的偏置和地电平拉总线，此时就产生了一个平均的隐性总线电压。在图 4-36 的例子中，接收节点地电平的隐性电平是 6.5V 左右，而发送节点地电平的隐性电平则是 –1.5V。

　　在图 4-36 和图 4-37 这两个例子中显示了总线系统中的地电平偏移，它明显扰乱了CAN_H 和 CAN_L 隐性电平电压的对称性。这就意味着将产生不希望的普通模式信号，使系统的电磁辐射增强。由于辐射对地电平偏移非常敏感，相应的系统器件要注意防止地电平偏移源。

8. 不上电的收发器

目前的汽车应用可被划分成系统（只有在点火的时候活动）和应用（点火之后仍然要工作，譬如停车）。这将区分由 clamp-15 点火和 clamp-30 电池供电的局部网络。当汽车点火后，clamp-15 的节点是不上电的，而 clamp-30 的节点是持续供电的。典型的电源配置如图 4-38 所示。

对局部网络的要求：不上电的 clamp-15 收发器必须不能降低系统的性能。从总线流入不上电收发器的反向电流要尽量低。TJA1050 具有最低的反向电流，被用于 clamp-15。在不上电的时候，收发器要处理下面的问题：普通模式信号的非对称偏置；RXD 显性钳位；与 V_{CC} 逆向的电源。

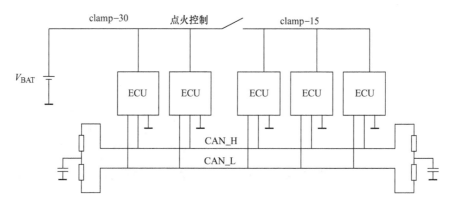

图 4-38　典型的电源配置

（1）普通模式电压的非对称偏置

原理上，图 4-39 中的电路根据显性状态的总线电平，给普通模式电压提供对称的偏置。因此在隐性状态中，纵向电压偏置到对称的 $V_{CC}/2$。

在不上电的情况下，内部偏置电路是总线向收发器产生显著反向电流的原因。结果使隐性状态下的 DC 电压电平和普通模式电压都下降到低于

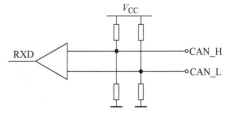

图 4-39　接收器输入的简化偏置电路

$V_{CC}/2$ 的对称电压。由于 TJA1050 的设计在不上电的情况下，不会向总线拉电流，因此和 PCA82C250 相比，TJA1050 的反向电流减少了大约 10%。

在长时间的隐性总线状态（总线空闲）后，普通模式电压显著低于 $V_{CC}/2$ 的额定值。在 CAN 报文的第一个显性位中（帧起始位），普通模式电压恢复。由于相关的普通模式阻抗很大，因此在 CAN 帧的隐性总线状态中，普通模式电压没有显著下降。这就意味着普通模式信号只在 CAN 报文开始的时候出现，而且和 CAN 报文有同样的频率。这些普通模式信号会增加电磁辐射。显性电平一次谐波的频率和发送 CAN 报文的频率相同。由于不上电的收发器 TJA1050 有非常低的反向电流，所以它不会降低系统的辐射性能。

当系统中有越来越多的不上电节点时（总体的反向电流很大），普通模式电压的不对称偏置变得非常明显。在存在大量的不上电节点的时候，要获得优化的 EMC 性能，我们建议用一个外部的偏置电路将普通模式电压稳定在 $V_{CC}/2$。图 4-40 显示了外部偏置电路，

它由电阻 R_1 和 R_2，以及分裂终端组成。R_1 和 R_2 的电阻值（分别是 $R_{T/2}$）应非常接近。R_1 和 R_2 阻值的合理范围是 $1 \sim 2\mathrm{k}\Omega$。上面的外部偏置概念只适用于 clamp-30 节点，因为它们是一直上电的。

（2）RXD 显性钳位

关于不上电收发器的另一个重要问题在图 4-41 中显示。在一些应用中，为了获得较低的功率，收发器是不上电的，而仍然上电的微控制器 /CAN 控制器则进入准备模式。

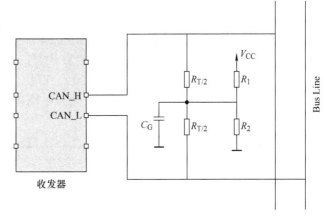

图 4-40　外部偏置电路

收发器在不上电时通常将 RXD 的电平拉到 GND，这样 RXD 就被钳位到显性电平。这在 CAN 控制器看来是一个持续的唤醒信号。所以，当收发器不上电时不能使 CAN 控制器进入准备模式。

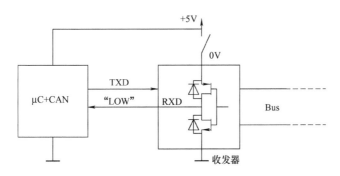

图 4-41　不上电收发器的 RXD 显性钳位

TJA1050 在不上电的情况下，可以将 RXD 引脚悬空，这样就克服了 RXD 显性钳位的问题。现在，CAN 控制器中一个集成的 RXD 上拉电阻足以将 RXD 拉到隐性电平。但如果有需要，也可以再加一个外部上拉电阻。

（3）与 V_{CC} 反向的电源

流入不上电收发器的反向电流通常会产生和 V_{CC} 反向的电源，我们不希望出现这种情况，因为可能产生一些意外情况。在收发器不上电，而在微控制器 /CAN 控制器仍然上电的情况下，主要有以下四条反向电流的通路：

1）反向电流从高电平的 RXD 流向 V_{CC}。

2）反向电流从高电平的 TXD 流向 V_{CC}。

3）反向电流从高电平的引脚 S 流向 V_{CC}。

4）反向电流从总线线路流向 V_{CC} 和 GND。

上面的前三条路径已经完全被 TJA1050 消除了。总线线路上的反向电流显著下降，结果 TJA1050 中 V_{CC} 可能的反向电源电压显著比 PCA82C250 低。因此在同样 V_{CC} 供电的情况下，剩下的反向电源电压将不足以产生一些对器件不确定的行为。

9. 用 TJA1050 代替 PCA82C250

由于 PCA82C250 和 TJA1050 总体的引脚和功能都兼容，所以用 TJA1050 代替现有应用中的 PCA82C250 变得非常简单。但在代替的过程中要注意两个不同的问题：互操作性和兼容性。互操作性是指 PCA82C250 和 TJA1050 在同一个总线系统中一起工作的能力，而兼容性则包括引脚、工作模式、电源电压范围、总线接口以及 CAN 控制器、外部电路等问题。

由于 PCA82C250 和 TJA1050 都符合 ISO 11898 标准，这就保证了这两个收发器可以互操作，因此可以在同一个总线网络中一起工作。下面我们将讨论兼容性的问题。

（1）引脚

PCA82C250 和 TJA1050 的引脚相同。因此在大多数情况下，TJA1050 也可以使用 PCA82C250 开发的 PCB。

（2）工作模式

这些收发器都使用引脚 8 作为模式选择。但 TJA1050 不支持 PCA82C250 的斜率控制模式。所以，不再需要原来在 PCA82C250 引脚 8 上用于调节斜率的电阻。在 PCA82C250 引脚 8 上加高电平，将激活减少电流消耗的准备模式。TJA1050 的静音模式和 PCA82C250 的准备模式相似，它也可以禁能发送器，但不减少电流的消耗。将 TJA1050 的引脚 8 置高电平就可以进入静音模式。如果在这两个收发器的引脚 8 加低电平，它们都进入高速模式。

（3）斜率控制电阻

斜率控制电阻是否要被移去，由应用决定。这里有两种不同的情况：

1）如果斜率控制电阻直接连接到 GND，电阻可以不被移去。

2）如果斜率控制电阻连接到微控制器的一个输出端口，让以前的应用（使用 PCA82C250）可以在斜率控制模式和准备模式之间转换，这个电阻在使用 TJA1050 的应用中要被移去，否则不能在高速模式和静音模式之间切换。

（4）接口

TJA1050 和控制器的接口可以像平常一样，串行数字信号流输入 TXD，从 RXD 输出信号流。但这里要注意：为了保证 3.3V 电源供电的控制器可以驱动 TJA1050 的输入，TXD 和引脚 S 的输入阀值都有一定的下降。TJA1050 同时也支持 5V 电源供电的传统微控制器。表 4-28 总结了用 TJA1050 和 PCA82C250 要注意的兼容性问题。

表 4-28 TJA1050 和 PCA82C250 之间的比较

特性	TJA1050	PCA82C250
互操作性 /ISO 11898	是	是
引脚兼容性	是	是
工作模式： 引脚 8 高电平 引脚 8 低电平 引脚 8 上的电阻连接到 GND 悬空引脚 8	静音模式 高速模式 高速模式 高速模式	准备模式 高速模式 斜率控制模式 高速模式
电源电压容差	5%	10%

（续）

特性	TJA1050	PCA82C250
不上电时无源	是	否
TXD 显性保护	是	否
最小的位速率	60kbit/s	0kbit/s
3.3V I/O 兼容	是	否

4.4.3　CAN 总线 I/O 器件 82C150

CAN 总线上的节点既可以是基于微控制器的智能节点，也可以是具有 CAN 接口的 I/O 器件。82C150 即是一种具有 CAN 总线接口的模拟和数字 I/O 器件，它为提高微控制器 I/O 能力和降低线路数量和复杂性提供了一种廉价、高效的方法，可广泛应用于机电领域、自动化仪表及通用工业应用中的传感器、执行器接口。

82C150 的主要功能包括：

（1）CAN 接口功能

1）具有严格的位定时，符合 CAN 技术规范 2.0A 和 2.0B。

2）全集成内部时钟振荡器（不需要晶振），位速率为 20 ～ 125kbit/s。

3）具有位速率自动检测和校正功能。

4）具有 4 个可编程标识符位，在一个 CAN 总线系统上最多可连接 16 个 82C150。

5）支持总线故障自动恢复。

6）具有通过 CAN 总线唤醒功能的睡眠方式。

7）带有 CAN 总线差分输入比较器和输出驱动器。

（2）I/O 功能

1）16 条可配置的数字及模拟 I/O 口线。

2）每条 I/O 口线均可通过 CAN 总线单独配置，包括 I/O 方向、口模式和输入跳变的检测功能。

3）在用作数字输入时，可设置为由输入端变化而引起 CAN 报文自动发送。

4）两个分辨率为 10 位的准模拟量（分配脉冲调制 PDM）输出。

5）具有 6 路模拟输入通道的 10 位 A/D 转换器。

6）两个通用比较器。

（3）工作特性

1）电源电压为 5V ± 4%，典型电源电流为 20mA。

2）工作温度范围为 –40 ～ 125℃。

3）采用 28 脚小型表面封装。

图 4-42 所示为 CAN 总线 I/O 器件 P82C150 的应用示例。P82C150 作为 CAN 总线节点，与模拟量输入、开关量输入直接相连，把这些采集到的信号通过 PCA82C250 送到总线上，再进一步送往总线上其他带有 CPU 的节点进行处理。同时 82C150 也把从总线上接收到的控制输出信号送往驱动电路，对电机、指示灯等实行控制。

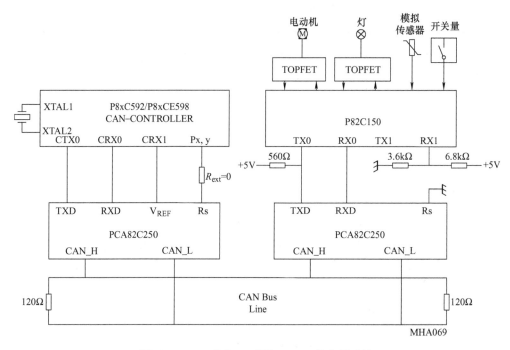

图 4-42　CAN 总线 I/O 器件 82C150 的应用示例

4.5　总线长度及节点数的确定

在 CAN 总线系统的实际应用中，经常会遇到要估算一个网络的最大总线长度和节点数的情况。下面分析当采用 PCA82C250 作为总线驱动器时，影响网络的最大总线长度和节点数的相关因素以及估算的方法。若采用其他驱动器，则也可以参照该方法进行估算。

由 CAN 总线所构成的网络，其最大总线长度主要由以下 3 个方面的因素所决定：

1）互连总线节点的回路延时（由 CAN 总线控制器和驱动器等引入）和总线线路延时。

2）由于各节点振荡器频率的相对误差而导致的位时钟周期的偏差。

3）由于总线电缆串联等效电阻和总线节点的输入电阻而导致的信号幅度的下降。

传输延迟时间对总线长度的影响主要是由 CAN 总线的特点（非破坏性总线仲裁和帧内应答）所决定的。举例来说，在每帧报文的应答场（ACK 场），要求接收报文正确的节点在应答间隙将发送节点的隐性电平拉为显性电平，作为对发送节点的应答。由于这些过程必须在一个位时间内完成，所以总线线路延时以及其他延时之和必须小于 1/2 个位时钟周期。非破坏性总线仲裁和帧内应答本来是 CAN 总线区别于其他现场总线最显著的优点之一，在这里却成了一个缺点。缺点主要表现在其限制了 CAN 总线速度进一步提高的可能性，当需要更高的速度时则无法满足要求。如表 4-29 所示，最大总线长度与位速率之间的关系就是这种缺点的直接体现。关于前两种因素对总线长度的影响，不在此讨论，下面仅对总线电缆电阻对总线长度的影响做一个分析。

表 4-29　位速率与总线长度的关系

位速率 / (kbit/s)	总线长度 /m
1000	30
500	100
250	250
125	500
62.5	1000

在静态条件下，总线节点的差动输入电压由流过该节点差动输入电阻的电流所决定。如图 4-43 所示，节点的差动输入电压主要取决于以下因素：发送节点的差动输出电压 $V_{\text{diff.out}}$，总线电缆的电阻 $R_{\text{W}}=\rho L$ 和接收节点的差动输入电阻 R_{diff}。当发送节点在总线的一端而接收节点在总线的另一端时为最坏的情况，这时接收节点的差动输入电压可按下式计算：

$$V_{\text{diff.in}} = \frac{V_{\text{diff.out}}}{1+2R_{\text{W}}\left(\dfrac{1}{R_{\text{T}}}+\dfrac{n-1}{R_{\text{diff}}}\right)}$$

式中，R_{W} 为总线电缆电阻；R_{T} 为终端匹配电阻；R_{diff} 为差动输入电阻；n 为节点总数。

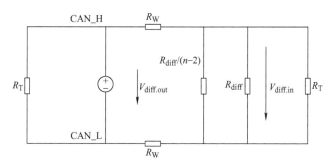

图 4-43　网络分布等效图

当差动输入电压小于 0.5V 或 0.4V 时，接收节点检测为隐性位；当差动输入电压大于 0.9V 或 1.0 V 时，接收节点检测为显性位。所以为了正确地检测到显性位，接收节点必须能接收到一定的差动输入电压，这个电压取决于接收显性位的阀值电压 V_{TH} 和用户定义的安全区电压。所需的差动输入电压可由下式表示：

$$V_{\text{diff.in.req}} = V_{\text{TH}} + K_{\text{sm}}(V_{\text{diff.out}} - V_{\text{th}})$$

式中，K_{sm} 为决定安全区电压的差动系数，在 $0 \sim 1$ 之间取值。由于接收的差动输入电压必须大于检测显性位所需的电压，在极限情况下，可以得到如下表达式：

$$V_{\text{diff.in.min}} = \frac{V_{\text{diff.out.min}}}{1+2R_{\text{W.max}}\left(\dfrac{1}{R_{\text{T.min}}}+\dfrac{n_{\text{max}}-1}{R_{\text{diff.min}}}\right)} \geqslant V_{\text{diff.in.req}}$$

根据关系 $R_{\text{W.max}} = \rho_{\text{max}} L_{\text{max}}$，上式经变换后可得到：

$$L_{\max} \leqslant \frac{1}{2 \times \rho_{\max}} \times \left(\frac{V_{\text{diff.out.min}}}{V_{\text{TH.max}} + K_{\text{sm}}(V_{\text{diff.out.min}} - V_{\text{TH.max}})} - 1 \right) \times \frac{R_{\text{T.min}} R_{\text{diff.min}}}{R_{\text{diff.min}} + (n_{\max} - 1)R_{\text{T.min}}}$$

式中，$n_{\max}$ 为系统接入的最大节点数；$\rho_{\max}$ 为所用电缆的单位长度的最大电阻率；$V_{\text{diff.out.min}}$（1.5V）为输出显性位时最小差动输出电压；$V_{\text{TH.max}}$（1V）为接收显性位最大阈值电压；$R_{\text{diff.min}}$（20kΩ）为节点最小差动输入电阻；$R_{\text{T.min}}$（118Ω）为最小终端电阻。

从上式可以很清楚地看出，最大总线长度除了与终端电阻、节点数等有关外，还与总线电缆单位长度的电阻率成反比。由于不同类型电缆的电阻率不同，所以其最大总线长度也有很大的差别。若差动系数 K_{sm} 为 0.2，在最坏的情况下，可得出总线电缆电阻 R_{W} 必须小于 15Ω。正常情况下（$V_{\text{diff.out}}$ 为 2V，V_{TH} 为 0.9V，R_{diff} 为 50kΩ，R_{T} 为 120Ω），在差动系数 K_{sm} 为 0.2 时，总线电缆电阻 R_{W} 小于 45Ω 即可。表 4-30 列出了几种不同类型的电缆和节点数条件下最大总线长度的情况。最大总线长度是在最坏情况下计算得到的。

上面所讲的是总线电缆电阻与总线长度之间的关系，那么网络中所能连接的最大节点数又与什么因素有关呢？下面分析一下这个问题。一个网络中所能连接的最大节点数主要取决于 CAN 驱动器所能驱动的最小负载电阻 $R_{\text{L.min}}$。CAN 驱动器 PCA82C250 提供的负载驱动能力为 $R_{\text{L.min}}$=45Ω。从图 4-43 中，可以得到用于计算最大节点数的如下关系式（假设总线电阻 R_{W} 为 0，此时为最坏情况）：

$$\frac{R_{\text{T.min}} \times R_{\text{diff.min}}}{2R_{\text{diff.min}} + (n_{\max} - 1)R_{\text{T.min}}} > R_{\text{L.min}} \Rightarrow n_{\max} < 1 + R_{\text{diff.min}} \left(\frac{1}{R_{\text{L.min}}} - \frac{2}{R_{\text{T.min}}} \right)$$

假设 PCA82C250 的最小差动输入电阻为 $R_{\text{diff.min}}$=20kΩ，当 R_{T}=118Ω 和 R_{L}=45Ω 时，能连结的最大节点数为 106 个；当 R_{T}=120Ω 和 R_{L}=45Ω 时，则为 112 个。其实节点数的多少除了与 PCA82C250 的驱动能力有关以外，还与总线长度有密切的关系。只有总线长度在合适的范围以内时，才有可能达到上面的最大节点数。从表 4-30 中也可以看出这一点。

表 4-30　在不同类型的电缆和节点数条件下的最大总线长度

电缆类型	最大总线长度 /m（K_{sm}=0.2）			最大总线长度 /m（K_{sm}=0.1）		
	N=32	N=64	N=100	N=32	N=64	N=100
DeviceNetTM（细缆）	200	170	150	230	200	170
DeviceNetTM（粗缆）	800	690	600	940	810	700
0.5mm²（或 AWG20）	360	310	270	420	360	320
0.75mm²（或 AWG18）	550	470	410	640	550	480

4.6　CAN 控制器与 8051 系列单片机的接口技术

4.6.1　CAN 总线智能节点的设计

节点是网络上信息的接收站和发送站，CAN 总线系统中共有两种类型的节点：不带微处理器的非智能节点和带微处理器的智能节点。如由一片 P82C150 就可以构成一个数字和模拟信号采集的节点，像这种节点就是非智能节点。所谓智能节点是由微处理器和可编程的 CAN 控制芯片组成，它们有两者合二为一的，如芯片 P8xC591；也有如本节将要介绍的，由独立的通信控制芯片与单片机接口构成。由于前者设计时需专用的开发工具，而后者可以采用通用的单片机仿真器，所以后者在设计时更为灵活方便，用得也更多，但前者的可靠性更高。

1. CAN 总线系统智能节点硬件电路设计

下面所介绍的 CAN 总线系统智能节点，采用 89C51 作为节点的微控制器，在 CAN 总线通信接口中，CAN 通信控制器采用 SJA1000，CAN 总线收发器采用 82C250。

图 4-44 所示为 CAN 总线系统智能节点硬件电路原理图。从图 4-44 中可以看出，电路主要由 4 部分构成：微控制器 89C51、独立 CAN 通信控制器 SJA1000、CAN 总线收发器 82C250 和高速光耦合器 6N137。微控制器 89C51 负责 SJA1000 的初始化，通过控制 SJA1000 实现数据的接收和发送等通信任务。

SJA1000 的 AD0 ～ AD7 连接到 89C51 的 P0 口，$\overline{CS}$ 连接到 89C51 的 P2.0。P2.0 为 0 时 CPU 片外存储器地址可选中 SJA1000，CPU 通过这些地址可对 SJA1000 执行相应的读 / 写操作。SJA1000 的 $\overline{RD}$、$\overline{WR}$、ALE 分别与 89C51 的对应引脚相连，$\overline{INT}$ 接 89C51 的 $\overline{INT0}$，89C51 就可以通过中断方式访问 SJA1000。

为了增强 CAN 总线节点的抗干扰能力，SJA1000 的 TX0 和 RX0 并不是直接与 82C250 的 TXD 和 RXD 相连，而是通过高速光耦合器 6N137 后与 82C250 相连，这样就很好地实现了总线上各 CAN 节点间的电气隔离。不过，应该特别说明的一点是，光耦部分电路所采用的两个电源 V_{CC} 和 V_{DD} 必须完全隔离，否则采用光耦也就失去了意义。电源的完全隔离可采用小功率电源隔离模块或带 5V 隔离输出的开关电源模块实现。这些部分虽然增加了接口电路的复杂性，但是却提高了节点的稳定性和安全性。

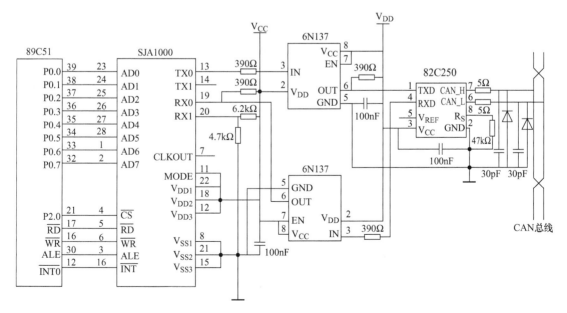

图 4-44　CAN 总线系统智能节点硬件电路原理图

82C250 与 CAN 总线的接口部分也采用了一定的安全和抗干扰措施。82C250 的 CAN_H 和 CAN_L 引脚各自通过一个 5Ω 的电阻与 CAN 总线相连，电阻可起到一定的限流作用，保护 82C250 免受过电流的冲击。CAN_H 和 CAN_L 与地之间并联了两个 30pF 的小电容，可以起到滤除总线上的高频干扰和一定的防电磁辐射的能力。另外，在两根 CAN 总线输入端与地之间分别接了一个防雷击管，当两输入端与地之间出现瞬变干扰时，通过防雷击管的放电可起到一定的保护作用。瞬变干扰是电磁兼容领域中主要的一种干扰方式，特别是雷击浪涌波，由于持续时间短、脉冲幅值高、能量大，给电子电气设备的正常运行带来极大的威胁。82C250 的 Rs 引脚上接有一个斜率电阻，电阻的大小可根据总线通信速度适当调整，一般在 16 ~ 140kΩ 之间。

2. CAN 总线系统智能节点软件设计

CAN 总线系统智能节点软件设计主要包括三大部分：CAN 节点初始化、报文发送和报文接收。熟悉这三部分程序的设计，就能编写出利用 CAN 总线进行通信的一般应用程序。当然，如果要将 CAN 总线应用于通信任务比较复杂的系统中，还需详细地了解有关 CAN 总线错误处理、总线关闭处理、接收滤波处理、波特率参数设置和自动检测以及 CAN 总线通信距离和节点数的计算等方面的内容。

（1）CAN 节点初始化

SJA1000 的初始化只有在复位模式下才可以进行，初始化主要包括工作方式的设置、接收滤波方式的设置、接收屏蔽寄存器（AMR）和接收代码寄存器（ACR）的设置、波特率参数设置和中断允许寄存器（IER）的设置等。在完成 SJA1000 的初始化设置以后，SJA1000 就可以回到工作状态，进行正常的通信任务。下面提供了 SJA1000 初始化的 51 汇编源程序，程序中寄存器符号表示的是 SJA1000 相应寄存器占用的片外存储器地址，这些符号可在程序的头部用伪指令 EQU 进行定义。后面对这一点不再做特别说明。

```
CANINI:
        MOV   DPTR, #MODE        ; 方式寄存器
        MOV   A, #09H            ; 进入复位模式，对 SJA1000 进行初始化
        MOVX  @DPTR, A
        MOV   DPTR, #CDR         ; 时钟分频寄存器
        MOV   A, #88H            ; 选择 PeliCAN 模式，关闭时钟输出（CLKOUT）
        MOVX  @DPTR, A
        MOV   DPTR, #IER         ; 中断允许寄存器
        MOV   A, #0DH            ; 开放发送中断、溢出中断和错误警告中断
        MOVX  @DPTR, A
        MOV   DPTR, #AMR         ; 接收屏蔽寄存器
        MOV   R6, #4
        MOV   R0, #DAMR          ; 接收屏蔽寄存器内容在单片机内 RAM 中的首址
AMRINI: MOV   A, @R0
        MOVX  @DPTR, A           ; 接收屏蔽寄存器赋初值
        INC   DPTR
```

```
        DJNZ    R6, AMRINI
        MOV     DPTR, #ACR          ; 接收代码寄存器
        MOV     R6, #4
        MOV     R0, #DACR           ; 接收代码寄存器内容在单片机内 RAM 中的首址
ACRINI: MOV     A, @R0
        MOVX    @DPTR, A            ; 接收代码寄存器赋初值
        INC     DPTR
        DJNZ    R6, ACRINI
        MOV     DPTR, #BTR0         ; 总线定时寄存器 0
        MOV     A, #03H
        MOVX    @DPTR, A
        MOVX    DPTR, #BTR1         ; 总线定时寄存器 1
        MOV     A, #0FFH                                ; 设置波特率
        MOVX    @DPTR, A
        MOV     DPTR, #OCR          ; 输出控制寄存器
        MOV     A, #0AAH
        MOVX    @DPTR, A
        MOV     DPTR, #RBSA         ; 接收缓存器起始地址寄存器
        MOV     A, #0               ; 设置接收缓存器 FIFO 起始地址为 0
        MOVX    @DPTR, A
        MOV     DPTR, #TXERR        ; 发送错误计数寄存器
        MOV     A, #0               ; 清除发送错误计数寄存器
        MOVX    @DPTR, A
        MOV     DPTR, #ECC          ; 错误代码捕捉寄存器
        MOVX    A, @DPTR            ; 清除错误代码捕捉寄存器
        MOV     DPTR, #MODE         ; 方式寄存器
        MOV     A, #08H             ; 设置单滤波接收方式，并返回工作状态
        MOVX    @DPTR, A
        RET
```

（2）报文发送

发送子程序负责节点报文的发送。发送时用户只需将待发送的数据按特定格式组合成帧报文，送入 SJA1000 发送缓存区中，然后启动 SJA1000 发送即可。当然在往 SJA1000 发送缓存区送报文之前，必须先做一些判断（如下面程序所示）。发送程序分发送远程帧和数据帧两种，远程帧无数据场。

发送数据帧

```
TDATA:
        MOV     DPTR, #SR           ; 状态寄存器
        MOVX    A, @DPTR            ; 从 SJA1000 读入状态寄存器值
        JB      ACC.4, TDATA        ; 判断是否正在接收，正在接收则等待
```

```
    TS0:   MOVX  A, @DPTR
           JNB    ACC.3, TS0              ; 判断上次发送是否完成，未完成则等待发送完成
    TS1:   MOVX  A, @DPTR
           JNB    ACC.2, TS1              ; 判断发送缓冲区是否锁定，锁定则等待
    TS2:   MOV   DPTR, #CANTXB            ; SJA1000 发送缓存区首址
           MOV   A, #88H                  ; 发送扩展帧格式数据帧，数据场长度为 8 个字节
           MOVX  @DPTR, A
           INC    DPTR
           MOV   A, #ID0                  ; 4 个字节标识符（ID0 ～ ID3, 共 29 位），根据
                                            实际情况赋值
           MOVX  @DPTR, A
           INC    DPTR
           MOV   A, #ID1
           MOVX  @DPTR, A
           INC    DPTR
           MOV   A, #ID2
           MOVX  @DPTR, A
           INC    DPTR
           MOV   A, #ID3
           MOVX   @DPTR, A
           MOV   R0, #TRDATA              ; 单片机内 RAM 发送数据区首址，数据内容由
                                            用户定义
    MTBF  MOV  A, @R0
          INC    DPTR
          MOX   @DPTR, A
          INC    R0
          CJNE   R0, #TRDATA+8, MTBF                    ; 向发送缓冲区写 8 个字节
          MOV    DPTR, #CMR              ; 命令寄存器地址
          MOV   A, #01H
          MOVX  @DPTR, A                 ; 启动 SJA1000 发送
          RET
```

发送远程帧

```
    TRMF:
          MOV    DPTR, #SR               ; 状态寄存器
          MOVX  A, @DPTR                 ; 从 SJA1000 读入状态寄存器值
          JB     ACC.4, TDATA            ; 判断是否正在接收，正在接收则等待
    TR0:  MOVX  A, @DPTR
          JNB    ACC.3, TR0              ; 判断上次发送是否完成，未完成则等待发送完成
    TR1   MOVX  A, @DPTR
```

```
        JNB    ACC.2, TR1        ; 判断发送缓冲区是否锁定, 锁定则等待
  TR2:  MOV    DPTR, #CANTXB     ; SJA1000 发送缓存区首址
        MOV    A, #0C8H          ; 发送扩展帧格式远程帧, 请求数据场长度为 8
                                   个字节, 可改变

        MOVX   @DPTR, A
        INC    DPTR
        MOV    A, #ID0           ; 4 个字节标识符 (ID0 ～ ID3, 共 29 位), 根据
                                   实际情况赋值

        MOVX   @DPTR, A
        INC    DPTR
        MOV    A, #ID1
        MOVX   @DPTR, A
        INC    DPTR
        MOV    A, #ID2
        MOVX   @DPTR, A
        INC    DPTR
        MOV    A, #ID3
        MOVX   @DPTR, A          ; 远程帧无数据场
        MOV    DPTR, #CMR        ; 命令寄存器地址
        MOV    A, #01H
        MOVX   @DPTR, A          ; 启动 SJA1000 发送
        RET
```

（3）报文接收

接收子程序负责节点报文的接收以及其他情况处理。接收子程序比发送子程序要复杂一些, 因为在处理报文接收的过程中, 同时要对诸如总线关闭、错误报警、接收溢出等情况进行处理。SJA1000 报文的接收主要有两种方式: 中断接收方式和查询接收方式。如果对通信的实时性要求不是很强, 建议采用查询接收方式。两种接收方式的编程思路基本相同。下面仅以查询接收方式为例对接收子程序做一个说明。

```
  SRARCH:
        MOV    DPTR, #SR         ; 状态寄存器地址
        MOVX   A, @DPTR
        ANL    A, #0C3H          ; 读取总线关闭、错误状态、接收溢出、有数据
                                   等位状态

        JNZ    PROC
        RET                      ; 无上述状态, 结束
  PROC: JNB    ACC.7, PROCI
  BUSERR: MOV  DPTR, #IR         ; IR 中断寄存器; 出现总线关闭
        MOVX   A, @DPTR          ; 读中断寄存器, 清除中断位
        MOV    DPTR, #MODE       ; 方式寄存器地址
```

```
        MOV     A, #08H
        MOVX    @DPTR, A          ; 将方式寄存器复位请求位清 0
        LCALL   ALARM             ; 调用报警子程序
        RET
        NOP
PROCI:  MOV     DPTR, #IR         ; 总线正常
        MOVX    A, @DPTR          ; 读取中断寄存器, 清除中断位
        JNB     ACC.3, OTHER
OVER:   MOV     DPTR, #CMR        ; 数据溢出
        MOV     A, #0CH
        MOVX    @DPTR, A          ; 在命令寄存器中清除数据溢出和释放接收缓冲区
        RET
        NOP
OTHER:  JB      ACC.0, RECE       ; IR.0=1, 接收缓冲区有数据
        LJMP    RECOUT            ; IR.0=0, 接收缓冲区无数据, 退出接收
        NOP
RECE:   MOV     DPTR, #CANRXB     ; 接收缓冲区首地址(16), 准备读取数据
        MOVX    A, @DPTR          ; 读取数据帧格式字
        JNB     ACC.6, RDATA      ; RTR=1 是远程请求帧, 远程帧无数据场
        MOV     DPTR, #CMR
        MOV     A, #04H           ; CMR.2=1 释放接收缓冲区
        MOVX    @DPTR, A          ; 只有接收了数据才能释放接收缓冲区
        LCALL   TRDATA            ; 发送对方请求的数据
        LJMP    RECOUT            ; 退出接收
        NOP
RDATA:  MOV     DPTR, #CANRXB     ; 读取并保存接收缓冲区的数据
        MOV     R1, #CPURBF       ; CPU 片内接收缓冲区首址
        MOVX    A, @DPTR          ; 读取数据帧格式字
        MOV     @R1, A            ; 保存
        ANL     A, #0FH           ; 截取低 4 位时数据长度(0～8)
        ADD     A, #4             ; 加 4 个字节的标识符(ID)
        MOV     R6, A
RDATA0: INC     DPTR
        INC     R1
        MOVX    A, @DPTR
        MOV     @R1, A
        DJNZ    R6, RDATA0        ; 循环读取与保存
        MOV     DPTR, #CMR
        MOV     A, #04H           ; 释放 CAN 接收缓冲区
```

```
        MOVX      @DPTR, A
RECOUT: MOV       DPTR, #ALC     ; 释放仲裁丢失捕捉寄存器和错误捕捉寄存器
        MOVX      A, @DPTR
        MOV       DPTR, #ECC
        MOVX      A, @DPTR
        NOP
        RET
```

4.6.2 CAN 中继器的设计

　　CAN 中继器（网桥）是系统组网的关键设备之一，在稍大型的 CAN 总线系统中经常会用到中继器。使用中继器可以提高网络设计的灵活性，极大地扩展其使用范围。但这里所讨论的中继器，并不仅仅是中继器，而且具有一定的网桥（网关）功能。因为只要对中继器的初始化参数进行适当配置，就能使中继器既具有报文转发功能，又具有报文过滤功能。这里只是借用了中继器的名称而已，以后对这一点不再做特别说明。

　　使用中继器的主要优点表现在以下方面：

　　1）过滤通信量。中继器接收一个子网的报文，只有当报文是发送给中继器所连的另一个子网时中继器才转发，否则不转发。由于这种过滤作用，网上的负荷就减轻了，因而减少了在扩展的网段上所有节点所经受的平均时延。

　　2）扩大了通信距离，但代价是增加了一些存储转发时延。

　　3）增加了节点的最大数目。

　　4）各个网段可使用不同的通信速率。

　　5）提高了可靠性。当网络出现故障时，一般只影响个别网段。

　　6）性能得到改善。如果把较大的网分割成若干较小的子网，并且每个小的子网内部的通信量明显地高于网间的通信量，那么整个互联网络的性能就变得更好。

　　当然，中继器也有一定的缺点。例如：

　　1）由于中继器对接收的帧要先存储后转发，因此便增加了时延。

　　2）CAN 总线的 MAC 子层并没有流量控制功能。当网络上的负荷很重时，中继器中缓冲区的存储空间可能不够而发生溢出，以致产生帧丢失的现象。

　　3）中继器若出现故障，对相邻两个子网的工作都将产生影响。

　　下面要介绍的中继器是基于两片 SJA1000 CAN 控制器的。

1. CAN 中继器硬件电路设计

　　图 4-45 所示为 CAN 中继器硬件结构框图。CAN 中继器主要由 89C52 和两路 CAN 控制器接口组成，89C52 作为 CAN 中继器的微控制器，负责整个中继器的监控任务。两路 CAN 控制器接口电路基本相同，都是由 CAN 通信控制器 SJA1000、光电耦合电路和 CAN 总线收发器 82C250 组成。两路 CAN 接口的 CAN 总线收发器都采用带隔离的 DC/DC 模块单独供电。这样不仅实现了两路 CAN 接口之间的电气隔离，也实现了中继器与 CAN 总线的隔离。虽然为此在一定程度上增加了中继器硬件的复杂性，还增加了一定的成本，但却是值得的。采取隔离措施，可使故障局限在某一网段内，而不至于影响其他网段，既

便于维护又保证了系统设备的安全。

中继器硬件除了以上主要部分以外，还有 LED 指示、EEPROM 和看门狗等部分。中继器中共设计了 7 个 LED：1 个用于中继器上电指示，4 个用于两路 CAN 接口的当前接收和发送状态指示，还有 2

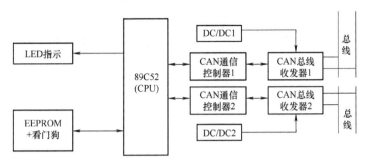

图 4-45　CAN 中继器硬件结构框图

个用于两路 CAN 接口的通信故障（如总线关闭）指示。这样从中继器面板上 LED 的指示就可以基本了解中继器的整个运行情况。中继器的看门狗采用 MAX1232。MAX1232 具有高电平、低电平上电复位和看门狗功能。EEPROM 采用具有 1KB 容量的 24LC08，EEPROM 可用于保存中继器的配置参数等信息，以便于系统的灵活配置。

2. CAN 中继器软件设计

CAN 中继器的主要任务是在两个 CAN 网段之间实现数据的转发，由于通信对时间的要求以及 CAN 中继器 CPU 中内部缓存容量有限（89C52 内部 RAM 的容量为 256 个字节），所以在进行软件设计时要求做到存储转发的时间尽量短。为了达到以上要求，CPU 采用中断方式接收两个 CAN 控制器的数据，同时尽量精简 CPU 收发子程序的代码长度。为了节省内存和实行有效管理，CPU 采用了先入先出机制来管理内部 RAM，关于这一点在后面的程序设计中将进行详细的介绍。

为了实现中继器的数据转发功能，CAN 中继器软件主要包括以下一些子程序：初始化子程序、主监控程序、接收中断子程序和发送子程序等。初始化子程序的编写方法与上一节中 CAN 总线智能节点的初始化子程序基本相同，只是在对两个 CAN 控制器进行初始化时应采用不同的初始化参数，该子程序在这里不再进行介绍。下面主要对其他三个子程序的设计进行介绍。

在具体介绍之前，为了程序说明的需要，现将程序中用到的一些变量或符号的定义列举如下：

```
;设第一路 CAN 控制器（SJA1000）的起始地址为 4000H
MODE1    EQU    4000H        ;CAN 控制器 1 方式寄存器
CMR1     EQU    4001H        ;CAN 控制器 1 命令寄存器
SR1      EQU    4002H        ;CAN 控制器 1 状态寄存器
IR1      EQU    4003H        ;CAN 控制器 1 中断寄存器
ALC1     EQU    400BH        ;CAN 控制器 1 丢失仲裁捕获寄存器
ECC1     EQU    400CH        ;CAN 控制器 1 错误代码捕获寄存器
TXB1     EQU    4010H        ;CAN 控制器 1 发送缓冲区首址
RXB1     EQU    4010H        ;CAN 控制器 1 接收缓冲区首址

;设第二路 CAN 控制器（SJA1000）的起始地址为 8000H
```

```
MODE2    EQU    8000H        ; CAN 控制器 2 方式寄存器
CMR2     EQU    8001H        ; CAN 控制器 2 命令寄存器
SR2      EQU    8002H        ; CAN 控制器 2 状态寄存器
IR2      EQU    8003H        ; CAN 控制器 2 中断寄存器
ALC2     EQU    800BH        ; CAN 控制器 2 丢失仲裁捕获寄存器
ECC2     EQU    800CH        ; CAN 控制器 2 错误代码捕获寄存器
TXB2     EQU    8010H        ; CAN 控制器 2 发送缓冲区首址
RXB2     EQU    8010H        ; CAN 控制器 2 接收缓冲区首址


CBF1RP   EQU    2AH     ; 第一路 FIFO 接收数据指针（从 CAN 控制器 1 接收数据）
CBF1TP   EQU    2BH     ; 第一路 FIFO 发送数据指针
BF1LEN   EQU    2CH     ; 第一路 FIFO 中存储数据的有效字节长度的存储单元
CBF2RP   EQU    2DH     ; 第二路 FIFO 接收数据指针（从 CAN 控制器 2 接收数据）
CBF2TP   EQU    2EH     ; 第二路 FIFO 发送数据指针
BF2LEN   EQU    2FH     ; 第二路 FIFO 中存储数据的有效字节长度的存储单元
```

（1）主监控程序设计

主监控程序负责对两路 CAN 控制器的 FIFO 进行监视，如某一路 FIFO 非空则向另一路转发。两路 FIFO 的容量大小是不相等的，在下面的程序中对应 CAN 控制器 1 的 FIFO 大小为 72 个字节单元（30H ~ 77H），而对应 CAN 控制器 2 的 FIFO 大小为 112 个字节单元（78H ~ E7H）。采用这种不对称配置的一个好处在于，可以将容量更大的 FIFO 分配给通信任务更繁忙的一方，从而尽量避免 FIFO 的溢出。FIFO 共有两个指针：接收数据指针和发送数据指针。当两个指针不相等时即证明 FIFO 中存有有效数据。FIFO 接收数据指针的调整是通过接收中断子程序实现的，而发送数据指针的调整则通过发送子程序实现。CAN 中继器主监控程序如下：

```
MAIN:  MOV  SP, #0E9H
       MOV  R0, #0H
       CLR  A                  ; 清零片内 RAM，初始化变量和标志
CLAIR: MOV  @R0, A
       DJNZ R0, CLAIR
WORK:  MOV  CBF1RP, #30H       ; 初始化 CAN1 方的 FIFO 首址参数（72 个单元）
       MOV  CBF1TP, #30H
       MOV  BF1LEN, #0
       MOV  CBF2RP, #78H       ; 初始化 CAN2 方的 FIFO 首址参数（112 单元）
       MOV  CBF2TP, #78H
       MOV  BF2LEN, #0
       ANL  TCON, #0FAH        ; INT0、INT1 采用电平中断，防止中断丢失
       MOV  IE, #85H           ; 允许 INT0 和 INT1 中断

; 主程序监控流程
```

```
MLOOP: NOP
        MOV  A, CBF1RP          ; CAN1 方接收指针与发送指针比较
        CJNE A, CBF1TP，LOOP1   ; CAN1 方 FIFO 中有数据，发送给 CAN2 方
        NOP                     ; CAN1 方 FIFO 中无数据
        SJMP LOOP2              ; 进入对 CAN2 方 FIFO 的检测
        NOP
LOOP1:  LCALL TDATA2           ; 调用往 CAN2 方的发送子程序
LOOP2:  NOP                    ; 查看 CAN2 方 FIFO
        MOV  A, CBF2RP          ; CAN2 方接收指针和发送指针比较
        CJNE A, CBF2TP，LOOP3   ; CAN2 方 FIFO 中有数据，发送给 CAN1 方
        NOP                     ; CAN2 方 FIFO 中无数据
        SJMP MLOOP             ; 循环检测
        NOP
LOOP3:  LCALL TDATA1           ; 调用往 CAN1 方的发送子程序
        NOP
        SJMP MLOOP
```

（2）接收中断子程序设计

接收中断子程序负责 CAN 总线数据的接收，中继器软件中共有两个接收中断子程序，分别对应两路 CAN 总线控制器。当任一路 CAN 总线控制器从总线上接收到数据时，就会向 CPU 提出中断申请，CPU 响应中断执行中断处理程序完成数据接收。在中断处理程序中除了将 CAN 控制器中的接收数据存入 CPU 内部相应的 FIFO 中以外，还要进行相应的 FIFO 参数的调整，包括 FIFO 接收数据指针和 FIFO 中存储数据的有效字节长度。当 FIFO 中空闲字节空间不够存储最近接收数据帧时，最近接收数据帧将被丢弃，直到有多余的空间释放出来为止。采用上述措施能有效地避免 FIFO 中数据的覆盖，提高了数据的安全性。下面提供了中继器的第一路接收中断子程序，第二路接收中断子程序除了有关 FIFO 参数以外与第一路基本相同。

```
CAN1REC:
        CLR   EA                ; 关闭所有中断，以免影响接收
        PUSH  ACC               ; 保存 A 寄存器值
        PUSH  B                 ; 保存 B 寄存器值
        PUSH  PSW               ; 保存 PSW 的值
        SETB  RS0               ; 使用寄存器组 1
        CLR   RS1
        MOV   DPTR, #IR1        ; 读 IR1，同时自动清除各中断标志（接收中断除外）
        MOVX  A, @DPTR
PROCI:  JNB   ACC.2, OVER       ; 判断是否为错误警告中断，1：是
ERRO:   MOV   DPTR, #SR1        ; 读状态寄存器 1
        MOVX  A, @DPTR
        JB    ACC.7, ERRO2      ; 判断总线是否关闭，1：关闭
```

```
        SJMP    EOUT
ERRO2:  MOV     DPTR, #MODE1   ; 将 CAN1 恢复正常模式
        MOV     A, #08H        ; 同时维持单滤波模式
        MOVX    @DPTR, A
; 置单片机为等待模式, 使看门狗复位 (此看门狗的时钟输入脚接至单片机的 ALE)
; 保证中继器关闭时自动恢复
EOUT:   ORL     PCON, #01H
        LJMP    INTOUT
        NOP
OVER:   JNB     ACC.3, RECE    ; 是否为溢出? 1: 是
        MOV     DPTR, #CMR1
        MOV     A, #0CH
        MOVX    @DPTR, A       ; 若溢出, 则清除溢出状态
        LJMP    INTOUT
        NOP
RECE:   JB      ACC.0, RPCD    ; 若为接收中断, 则接收
        LJMP    INTOUT         ; 非接收中断, 则中断返回
        NOP
RPCD:   MOV     DPTR, #RXB1    ; 接收, CAN 的接收缓冲器首址
        MOV     R0, CBF1RP     ; R0 取代 89C52 的 FIFO 接收数据指针
        MOVX    A, @DPTR       ; 读 CAN 接收缓冲器首字节 (帧结构信息)
        MOV     @R0, A
        ANL     A, #0FH        ; 获取数据场长度
        ADD     A, #4          ; 加上 4 个字节的 ID (扩展帧)
        MOV     R6, A          ; R6 保存将要读取的帧的长度
        INC     A              ; 加上帧结构信息的一个字节
        ADD     A, BF1LEN      ; 加 FIFO 中已存储报文的有效字节长度, 得到
                               ;   新的长度
        MOV     R5, A          ; FIFO 帧长度先保存在 R5 中
        CLR     C
        SUBB    A, #48H        ; 判断 FIFO 已存是否超过 FIFO 总长度 (72 个字节)
        JC      RPCD0
        SJMP    RPCD15         ; 超过 72, 则接收的帧丢弃
RPCD0:                         ; 没超过 72, 则正常接收
        INC     DPTR
        INC     R0
        CJNE    R0, #78H,RPCD1 ; 第一路 FIFO 的范围在 30H ~ 77H 之间
        MOV     R0, #30H       ; 若超出, 则指向首址 (首尾相连 FIFO)
RPCD1:  MOVX    A, @DPTR
```

```
          MOV   @R0, A
RPCD10: DJNZ  R6, RPCD0
          INC   R0                    ; R0 指向 FIFO 的下一帧地址
          CJNE  R0, #78H,RPCD13       ; 若 R0 为 78H，则超出 FIFO 范围，须使 R0 重
                                        新指向 30H
          MOV   R0, #30H
PRCD13: MOV   CBF1RP, R0             ; 调整第一路 FIFO 接收数据指针
          MOV   BF1LEN, R5            ; FIFO 中有效字节长度更新
RPCD15: MOV   DPTR, #CMR1
          MOV   A, #04H               ; 释放 SJA1000 接收缓冲区
          MOVX  @DPTR, A
INTOUT: POP   PSW                    ; 恢复现场并开中断
          POP   B
          POP   ACC
          SETB  EA
          NOP
          RETI                        ; 中断返回
```

（3）发送子程序设计

发送子程序负责 FIFO 中数据的发送，中继器软件中共有两个发送子程序，分别对应两路 CAN 总线控制器。发送子程序的调用是在主监控程序中进行的，当主监控程序发现某一路 CAN 控制器对应的 FIFO 非空时，就会调用发送子程序向另一路发送数据。在发送子程序中除了将 FIFO 中数据向另一方发送以外，同样也要进行相应的 FIFO 参数的调整，包括 FIFO 发送数据指针和 FIFO 中存储数据的有效字节长度。中继器的发送子程序与上一节提供的发送子程序的设计有些不同之处。当目前不符合发送条件时前面发送子程序中采用的是循环等待的办法，直到条件满足为止，而中继器的发送子程序检测到目前发送条件不符合时则直接返回。在中断器中采用直接返回的办法，可以让 CPU 利用这段时间处理其他事务，提高 CPU 的执行效率，而作为单个的节点则没有这种必要。下面提供了中继器的第一路发送子程序，第二路发送子程序除了有关 FIFO 参数以外与第一路基本相同。

```
TDATA1:
          MOV   DPTR, #SR1
          MOVX  A, @DPTR
          JNB   ACC.4, TS0            ; 判断 SJA1000 是否正在接收，正在接收则返回
          RET
TS0:  JB   ACC.3, TS1               ; 判断先前发送是否完成，未完成则返回
          RET
TS1:  JB   ACC.2, TS2               ; 判断 SJA1000 发送缓冲区是否锁定，锁定则返回
          RET
TS2:  CLR  EA                       ; 发送过程中关中断，以免干扰发送
```

```
        MOV  DPTR, #TXB1        ; 将 FIFO 中数据送往 CAN 发送缓冲器
        MOV  R0, CBF2TP         ; R0 取代 89C52 的 FIFO 发送数据指针
        MOV  A, @R0             ; 读取首字节（帧信息）
        MOVX @DPTR,A
        ANL  A, #0FH            ; 获取数据场的长度（字节数）
        ADD  A, #4              ; 加 4 字节的 ID
        MOV  R6, A
        DEC  BF2LEN
MTBF:   INC  R0
        CJNE R0, #0E8H,MTBR     ; CAN2 的 FIFO 范围 78H ～ E7H
        MOV  R0, #78H           ; 若超出范围，则调整回首址
MTBR:   MOV  A,@R0
        INC  DPTR
        MOVX @DPTR, A
        DEC  BF2LEN            ; 第二路 FIFO 中有效字节长度调整
        DJNZ R6, MTBF
        MOV  DPTR,#CMR1        ; 命令寄存器
        MOV  A, #01H
        MOVX @DPTR,A          ; 启动发送
        INC  R0
        CJNE R0, #0E8H, MTBR1
        MOV  R0, #78H
MTBR1:  MOV  CBF2TP, R0       ; 调整第二路 FIFO 发送数据指针
        SETB EA              ; 开中断
        NOP
        RET                  ; 返回
```

4.6.3　CAN 总线与 RS-485 总线转换网桥的设计

目前，在许多现场已投入使用的测量与控制系统中，各仪器设备或装置之间通信所使用的仍是传统的 RS-485 或 RS-422 总线。在不断地投入新型现场总线系统的同时，要在短期内改造或淘汰那些旧系统是不现实的。况且，在许多应用场合，新老系统中主机的控制算法及功能是相似或兼容的，所以在一定时期内，新老总线系统同时并存是客观的现实需要。另一方面现场总线本身的标准也并不统一，如常用的现场总线就有 PROFIBUS、FF、LonWorks、CAN、HART 等，它们之间也存在互连互通的问题。

近年来，随着现场总线技术的进步和发展，出现了工业控制系统连接网桥的概念以及相应的产品。应当说，网桥概念和产品的出现标志着解决"开放式"系统问题的开始，同时也是彻底实现信息化现场总线技术的开端。目前，工业控制现场总线中的网桥设备所起的作用，是实现不同信号传输模式设备之间的连接；但网桥绝不仅仅是一个物理接口转换器，还必须具有通信协议转换的功能。物理接口的转换主要是实现信号模式转换，同时

也是通信协议转换的基础。在物理接口转换的基础上，通信协议转换提供了不同总线之间的数据连接和通信格式等的转换。下面简单介绍一下CAN总线与RS-485总线转换网桥的设计方法。

图4-46所示为CAN总线与RS-485总线转换网桥硬件结构框图。网桥的微控制器采用P89C52，负责整个网桥的监控任务。P89C52具有8K Flash存储器和256个字节的内部RAM，为了扩大Flash和内部RAM容量也可以采用P89C51RC+、P89C51RD+等微控制器。CAN控制器接口电路由CAN通信控制器SJA1000和CAN总线收发器82C250组成，为了增加系统可靠性和抗干扰能力，可以在SJA1000和82C250之间增加光电耦合电路。RS-485总线端所使用的是内部具有光电耦合的差动收发器MAX1480，在MAX1480内部还集成了一个变压器可为光电耦合两端提供隔离电源，所以使用起来非常方便。网桥硬件除了以上主要部分以外，还有LED指示、EEPROM和看门狗等部分。网桥中设计的LED，可用于网桥的上电指示、总线收发状态及故障情况指示。尽量做到从网桥面板上LED的指示就可以基本了解网桥的整个运行情况，便于网桥的管理和维护。网桥的看门狗部分使用了一片X25045。X25045除了具有看门狗和上电复位功能以外，其内部还集成了512个字节的串行EEPROM，EEPROM可用于保存网桥的配置参数等信息。网桥的配置可通过CAN总线或RS-485总线实现，也可以采用单独设计的RS-232接口进行配置。为了进行配置，一般在网桥中设计有一个配置开关。通过网桥的适当配置可非常方便地实现报文的过滤，将不属于其转发的报文不予转发。

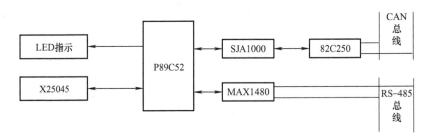

图4-46　CAN总线与RS-485总线转换网桥硬件结构框图

网桥软件设计与CAN中继器软件设计类似，总线数据的接收均采用中断方式而在主监控程序中实现数据的发送，内存采用FIFO机制管理。但由于CAN总线与RS-485总线毕竟是两种不同的总线，网桥软件的设计比CAN中继器软件的设计要稍微复杂一些。

CAN总线标准具有物理层和数据链路层协议，以帧为单位进行数据通信，且每帧均携带相应的ID标识符，而RS-485本质上仅仅是一个物理层标准，以字节为单位进行数据通信，不带任何其他附属信息，其帧格式完全由用户自己定义。由于不管是在CAN总线还是在RS-485总线中最终信息的传输都是以帧为单位，所以在考虑设计RS-485帧格式时，应该参考CAN总线的帧格式，包括地址（ID）、帧长度、数据和校验等。如果两者的帧格式类似，将为协议的转换带来很多方便。具体设计RS-485帧格式时可参考以下格式：

地址（1）	CAN帧格式（1）	CAN网ID（4）	数据帧（0~8）	校验（1）

第一个字段为地址字段，占用一个字节，可作为RS-485子网的多机通信地址使用。

在 RS-485 网络中，只能采用一主多从的方式进行通信，网络中必须有一个主控节点。在此 RS-485 子网中网桥为主控节点，通过查询点名的方式实现网络通信管理。第二到第四个字段与 CAN 报文中的同名字段定义相同，实际上这三个字段就是一帧完整的 CAN 报文。网桥在进行转发时只需将这三个字段构成的 CAN 报文发送出去即可，使网桥中的协议转换更容易实现。最后的校验字段可用于网桥接收报文时的校验，以保证数据的可靠。

图 4-47 所示为网桥主监控程序流程图。监控程序根据接收缓冲区中是否有报文，决定是否发送以及发送给谁。如接收 CAN 子网数据缓冲区中有报文则向 RS-485 子网转发报文，如接收 RS-485 子网数据缓冲区中有报文则向 CAN 子网转发报文。由于 CAN 报文和自定义的 RS-485 报文的帧格式不同，在转发报文时，要进行帧格式的转换。在转发报文后，要对相应的 FIFO 缓冲区进行参数调整。另外在主监控程序中，如上位机对网桥有状态请求或网桥本身有故障，网桥可向上位机返回本机状态。该项功能便于系统的故障定位，增强了系统的可维护性。在该监控中没有考虑网桥对 RS-485 子网的轮询过程，在实际设计时应该考虑。

网桥的报文接收中断共有两个，包括接收 RS-485 子网报文中断和接收 CAN 子网报文中断。图 4-48 所示为网桥接收 RS-485 子网报文中断处理程序流程图。

在本网桥中，RS-485 子网采用的是多机通信方式，所以响应中断后从 89C52 的 SBUF 寄存器读入的第一个字节为地址。在接收数据前应先清除多机通信位 SM2，并计算接收报文数据长度，与缓冲区剩余空间比较。若会溢出，则不予接收。在中断返回前应置位 SM2，以便能正确响应下一帧报文的中断。

图 4-49 所示为网桥接收 CAN 子网报文中断处理程序流程图。

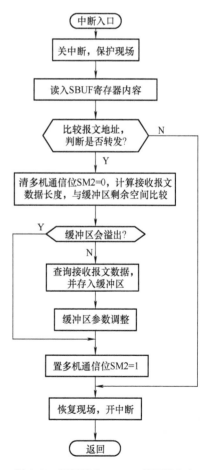

图 4-48　网桥接收 RS-485 子网报文中断处理程序流程图

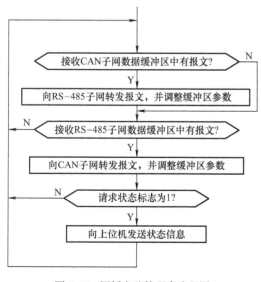

图 4-47　网桥主监控程序流程图

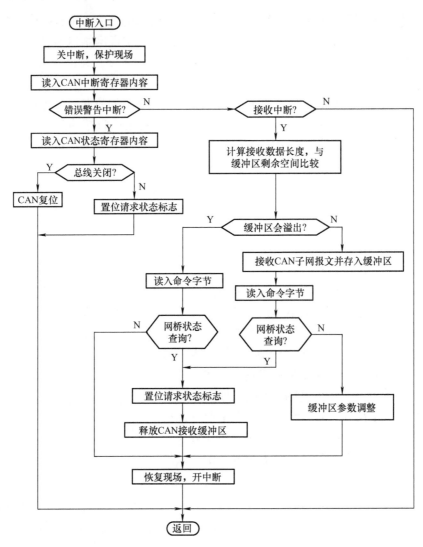

图 4-49　网桥接收 CAN 子网报文中断处理程序流程图

　　在进入中断后，首先应判断中断类型。若为错误警告中断则进行相应处理并建立标志，若为接收中断则接收报文。在报文接收前，要根据接收报文的长度判断接收缓冲区是否会溢出。若会溢出，则判断是否状态查询命令，是则置位请求状态标志，对于接收的其他数据帧则丢弃。若缓冲区不会溢出，则接收该报文。接收报文后读入命令字节，判断是否网桥状态查询命令，若是则置位请求状态标志，不进行缓冲区参数调整（因为是上位机发送给网桥的命令，只要求网桥作出响应，不要求其转发，所以不能放入缓冲区中）。若不是网桥状态查询命令，则不作处理，只进行缓冲区参数调整，接收报文有效。随后是释放 CAN 接收缓冲区，恢复现场和中断返回等工作。

　　在网桥或中继器软件的设计中一般应该遵循这样一条原则，就是不要将网桥或中继器的功能设计得过于复杂。它们的主要任务是完成物理层或数据链路层的协议转换，并将过滤的报文以最快的速度转发。至于通信流量和差错控制，应当由通信双方的应用层通信软件来完成。

4.7　CAN 总线通信适配器的设计

CAN 总线通信适配器是用来实现上位计算机和 CAN 智能测控节点等下位机之间的数据交换任务的。当现场有数据要送到监控 PC 机时，CAN 总线通信适配器负责接收来自现场的数据，并将其转发给 PC 机进行监视和处理；当 PC 机有监控命令、输出信息或组态参数需要传送给下位机时，CAN 总线通信适配器将 PC 机的数据发送至 CAN 网络，并由目标下位机接收，以控制相应下位机单元的动作。

4.7.1　CAN 总线通信适配器的硬件结构

基于 PCI 总线的 CAN 总线通信适配器的硬件结构图如图 4-50 所示。适配器主要由 CAN 总线收发器 PCA82C250、CAN 通信控制器 SJA1000、AT89S52 CPU、译码电路 EPM7064 和 EEPROM 以及与 PC 机相连接的 PCI 控制器 CY7C09449 等构成。板内 AT89S52 内部的监控程序控制 CAN 总线的接收、发送及数据处理，并通过内含双口 RAM 的 PCI 控制器 CY7C09449 与 PC 机进行通信，实现下位机智能测控节点与上位 PC 机的数据交换。

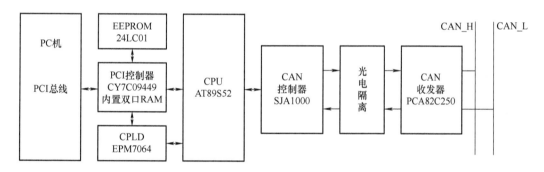

图 4-50　CAN 总线通信适配器的硬件结构图

4.7.2　CAN 总线通信适配器的工作原理

该适配器的 CAN 总线网络通信功能由微处理器 AT89S52 和 CAN 控制器 SJA1000 共同完成。其中，AT89S52 主要承担节点与 PC 机之间的数据通信和协调管理工作；SJA1000 完成具体的报文发送和接收控制任务。当 AT89S52 把数据和控制字标志送给 SJA1000 时，SJA1000 便控制 CAN 收发器自动完成一帧报文的发送和接收。

要实现 PC 机和 CAN 控制器之间的数据传送，必须在 PC 机和适配器上的 CPU 之间建立起双向的数据交换通道。Cypress 公司生产的半导体 PCI-DP 系列的 PCI 接口控制器 CY7C09449PV 可以直接与多种微处理器接口，它内置的 128Kbit 的双口 SRAM 可以作为 PC 机与 AT89S52 的共享存储器，实现 PC 机与 AT89S52 的数据交换。

CAN 总线收发器选用 82C250。它是 CAN 总线控制器和物理总线的接口，可以提供对 CAN 总线的差动发送和接收能力。在 SJA1000 与 82C250 之间接入光耦合器，能避免 PC 机由于地环流造成的损坏，增强了系统在工业现场环境中使用的可靠性，提高了抗干扰能力。光耦两侧应采用 DC/DC 隔离电源供电。

译码功能是由 EPM7064S 来实现的。EPM7064SLC44-10 是 ALTERA 公司的 MAX70000S 系列芯片的一种。该芯片基于该公司的第二代 MAX（多阵列矩阵）结构，采用先进的 CMOS EEPROM 技术，内含 1250 个逻辑门和 64 个宏单元，同时该芯片满足 IEEE 1149 JTAG（Joint Test Action Group，联合测试行动小组）技术规范，具有 ISP（在系统可编程）的特性，通过对其逻辑和功能进行设计，可简化 CAN 总线通信适配器的设计，提高系统的可靠性，缩小板卡的尺寸，而且有方便的重组功能，有利于该板卡的功能扩展。

CAN 总线通信适配器的工作过程：上电复位后，AT89S52 CPU 处在监控状态。下传数据时，上位机监控程序首先调用虚拟设备驱动程序（WDM）得到双口 RAM 映射空间的线性地址，然后将下传数据写入双口 RAM，放入其指定的发送缓冲器。AT89S52 CPU 内的监控程序把上位 PC 发送到双口 RAM 的数据通过 SJA1000 发送到 CAN 总线网络上，网络上相应的智能测控模块会收到此信息并处理数据，判断是配置信息或者是监控命令信息，并做出相应的反应；上传数据时，CAN 总线网络上的智能测控模块将检测到的现场状态等信息通过 SJA1000 发送到 CAN 总线上。适配器上的 AT89S52 CPU 在运行监控程序的过程中，通过 SJA1000 接收来自 CAN 总线网络上的信息，在监控程序中将智能测控模块发来的数据信息存放到双口 RAM 中，上位机监控软件通过加载设备驱动程序（WDM）提供的双口 RAM 的线性地址，利用此线性地址查询双口 RAM 中开辟出的固定的数据接收缓冲区内的数据，然后进行存储、显示、打印报表等处理。

4.8　实例：CAN 控制网络在煤矿瓦斯报警系统中的应用

瓦斯气体浓度是煤矿监控系统的重要指标之一，目前多数矿用瓦斯监控系统通信多采用 RS-232、RS-485 总线。基于 RS-485 总线的监控系统在信息传输方面存在以下缺点：单主站结构、开放性和互操作性差、可靠性和实时性低。而基于 CAN 总线的监控系统具有多主站结构、开放性好、可靠性和实时性高、传输距离远等优点。因此，本节将介绍一种基于 CAN 总线的煤矿瓦斯报警系统。

煤矿瓦斯报警 CAN 节点网络图如图 4-51 所示，采用总线式网络拓扑结构，结构简单，成本低。整个网络由 CAN 智能节点、监控主机构成。监控主机选用工控 PC，通过插在工控 PC 扩展槽中的 CAN 智能适配卡与各瓦斯传感器网络节点通信，进行数据采集、显示，也可以根据需要对网络节点进行参数设置和控制等。CAN 智能节点由微处理器和可编程的 CAN 控制芯片组成，主要完成现场瓦斯浓度、温湿度信号的采集、显示处理，控制各现场设备的运行，并通过 CAN 总线完成与监控主机的通信。

4.8.1　系统硬件设计

瓦斯报警节点系统的硬件结构框图如图 4-52 所示，主要包括 LXK-3 瓦斯传感器、SHT11 温湿度传感器、

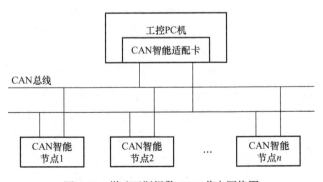

图 4-51　煤矿瓦斯报警 CAN 节点网络图

P87C591 单片机、TJA1050 CAN 总线
收发器、FM12864I 液晶显示模块等。

1. 微控制器 P87C591 单片机

处理器模块是煤矿瓦斯报警节点
系统的核心。节点采用 Philips 公司
的 P87C591 作 微 控 制 器。P87C591
是一个单片 8 位高性能微控制器，具
有片内 CAN 控制器。采用了强大的

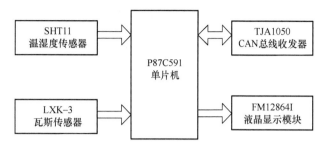

图 4-52　瓦斯报警节点系统的硬件结构框图

80C51 指令集并包括了 Philips 半导体公司的独立 SJA1000 CAN 控制器的 PeliCAN 功能，
片内带有 6 路模拟量输入的 10 位 ADC，可选择快速 8 位 ADC，具有 I²C 总线串行 I/O
口，全静态内核提供了扩展的节电方式，改进的 1∶1 内部时钟分频器，在 12 MHz 外部
时钟速率下可实现 500 ns 的指令周期。

2. 基于 P87C591 的 CAN 节点模块

图 4-53 所示为 CAN 节点接口应用电路图。

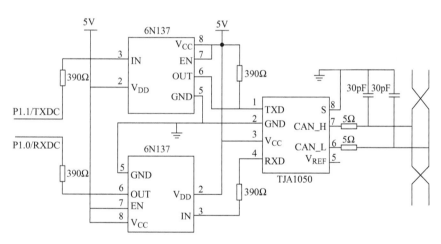

图 4-53　CAN 节点接口应用电路图

P87C591 单片机内部 CAN 控制器 SJA1000 的 TXDC 和 RXDC 通过高速光耦合器
6N137 与 CAN 总线收发器 TJA1050 相连，这样，就可以很好地实现总线上的各 CAN 节
点间的电气隔离，增强了 CAN 总线节点的抗干扰能力。

4.8.2　系统软件设计

系统软件的主要功能包括传感器数据采集与处理、液晶显示、CAN 通信等，采用模
块化设计方式。传感器数据采集与处理模块主要完成瓦斯信号的参数采集、读取温湿度传
感器的数据，并进行补偿、线性转换处理等。CAN 通信模块包括发送报文中断和接收报
文中断 2 个部分完成报文的收发功能。报文采用 CAN2.0A 格式，自拟应用层协议。液晶
显示模块实现对瓦斯浓度、温湿度等数据的本地实时显示。

1. 传感器数据采集与处理模块

瓦斯浓度信号的传感器数据采集与处理模块主要完成参数采集与数据计算工作。计算瓦斯浓度时，根据 A/D 转换器的数字输出计算出差分电压 Δ，再根据 LXK-3 的输出特性曲线得到瓦斯浓度值。温湿度传感器的数据通过 SHT11 的 DATA 线直接读取。

2. 液晶显示模块

首先要对液晶显示模块进行初始化，包括模式的选择、文本首地址和区域的设定、起始光标位置的设定、清屏、字符或图形模式的选择等；另外还要把基本的操作设计成子函数形式；在上述基础上编写显示模块软件。

3. CAN 通信模块

图 4-54 和图 4-55 所示分别为 CAN 接收和发送中断服务程序流程图。

CAN 通信模块负责接收来自上位机的命令或数据，并发送本节点数据。首先进行 SJA1000 的寄存器初始化配置，然后通过改变寄存器的值，进入待机、接收或发送模式。

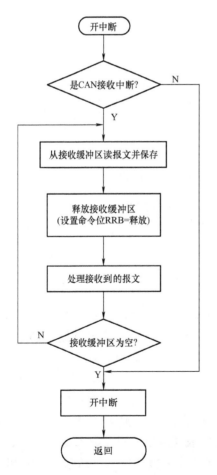

图 4-54　CAN 接收中断服务程序流程图

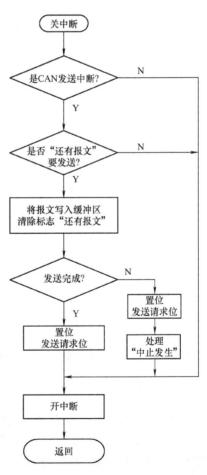

图 4-55　CAN 发送中断服务程序流程图

第 5 章

DeviceNet

DeviceNet 是 20 世纪 90 年代中期发展起来的一种基于 CAN 技术的开放型、符合全球工业标准的低成本、高性能的通信网络，最初由美国 Rockwell 公司开发应用。DeviceNet 现已成为国际标准 IEC 62026-3（低压开关设备和控制设备 . 控制器设备接口），并被列为欧洲标准，也是世界上的亚洲和美洲的设备网标准。2002 年 10 月 DeviceNet 被批准为中国国家标准 GB/T 18858.3-2002，并于 2003 年 4 月 1 日起实施。

目前，DeviceNet 技术属于"开放 DeviceNet 厂商协会"ODVA 组织所有。ODVA 在世界范围拥有 300 多家著名自动化设备厂商的会员（如 Rockwell、ABB、Omron 等）。我国的 ODVA 组织由上海电器科学研究所牵头成立，目前正积极推广该技术。

5.1 概述

DeviceNet 是一种低端网络系统，网络设计方案简单。其设备具有互换性和互操作性，用户可以对不同厂商的设备进行最佳系统集成，大大减少了系统安装、调试的成本和时间，被广泛地应用于汽车工业、半导体芯片制造和半导体产品制造、食品饮料、搬运业、电力系统、石油、化工、冶金、制药等领域。

DeviceNet 是一种低成本现场总线。它能将 PLC、操作员终端、传感器、光电开关、执行机构、驱动器等现场智能设备连接成网络，省去了昂贵和繁琐的电缆硬接线。它采用直接互连技术改善了设备间的通信，并同时为系统提供了重要的设备级诊断功能，这是在传统 I/O 接口上很难实现的。

DeviceNet 是一个开放的网络标准。任何对 DeviceNet 技术感兴趣的组织或个人都可以从开放式 ODVA 获得其规范，任何制造或打算制造 DeviceNet 产品的公司均可加入 ODVA。

DeviceNet 技术具有如下特点：

1）DeviceNet 基于 CAN 总线技术，它可以连接开关、光电传感器、阀组、电动机起动器、过程传感器、变频调速设备、固态过载保护装置、条形码阅读器、I/O 口人机界面等，传输速率为 125 ~ 500kbit/s，每个网络的最大节点数是 64 个，干线长度为 100 ~ 500m。

2）DeviceNet 使用的通信模式是"生产者 / 消费者"模式。该模式允许网络上的所有节点同时存取同一源数据，网络通信效率更高；采用通信广播信息发送方式，各个客户可以在同一时间接收到生产者所发送的数据，网络利用率更高。"生产者 / 消费者"模式与传统的"源 / 目的"通信模式相比，前者采用多信道广播式，网络节点同步化；后者采用应答式，如果要向多个设备传送信息，则需要对这些设备分别进行"呼叫""响应"通信，即使是同一信息，也需要产生多个信息包，这样，增加了网络的通信量，网络响应速度受限制，难以满足高速的、对事件苛刻的实时控制。

3）设备可互换性。各个销售商所生产的符合 DeviceNet 网络和行规标准的简单装置（如按钮、电动机起动器、光电传感器、限位开关等）都可以互换，为用户提供灵活性和可选择性。

4）DeviceNet 网络上的设备可以随时连接或断开，而不会影响网上其他设备的运行，方便维护和减少维修费用，也便于系统的扩充和改造。

5）节点设备可通过网络统一配电，亦可配置为自行供电。

6）DeviceNet 网络上的设备安装比传统的 I/O 布线更加节省费用，尤其是当设备分布在几百米范围内时，更有利于降低布线安装成本。

7）利用 RS Network for DeviceNet 软件可以方便地对网络上的设备进行配置、测试和管理。网络上的设备以图形方式显示工作状态，一目了然。

5.2　DeviceNet 通信模型

DeviceNet 通信模型如图 5-1 所示，遵从 ISO/OSI 参考模型包括物理层、数据链路层和应用层。DeviceNet 的物理层采用 CAN 总线物理层信号的定义，增加了有关传输介质的规范。数据链路层沿用了 CAN 总线协议规范，采用"生产者/消费者"通信模式，充分利用 CAN 的报文过滤技术，有效节省了节点资源。DeviceNet 应用层定义了有关连接、报文传送和数据分割等方面的内容。

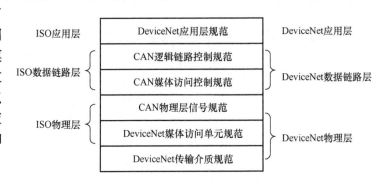

图 5-1　DeviceNet 通信模型

5.2.1　物理层

DeviceNet 物理层定义了 DeviceNet 的总线拓扑结构、网络元件及物理信号规范。DeviceNet 的物理层包括传输介质、媒体访问单元和物理层信号三个部分。下面分别介绍一下各部分功能。

1. 传输介质

DeviceNet 传输介质规范主要定义了 DeviceNet 的总线拓扑结构、传输介质的性能和连接器的电气及机械接口标准。

（1）拓扑结构

DeviceNet 网络典型的拓扑结构是主干 / 分支式的总线型网络，它支持多种分支结构：单节点分支、多节点分支、菊花链分支和树形分支等，如图 5-2 所示。

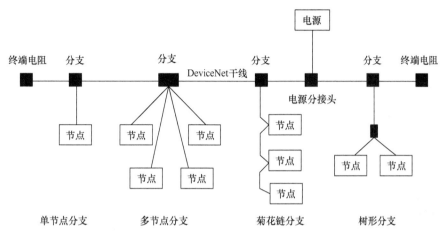

图 5-2　DeviceNet 的典型拓扑结构

DeviceNet 是一个有源网络，主干线上必须安装一个 24V 电源。电源分接头可加在网络的任何一点，可以实现多电源的冗余供电。为了避免信号的反射和回波，主干线两端必须连接 120Ω 的终端电阻。

（2）传输介质

DeviceNet 网络电缆既可以用于传输数据信号，又可以给网络设备供电。根据工业环境特点，DeviceNet 采用不同规格的电缆：粗缆、细缆和扁平电缆。粗缆传输距离长、可靠性高，适用于大型网络长距离干线；细缆传输距离短、安装方便、成本低，适用于架设终端设备较为集中的小型网络；扁平电缆不扭结，折叠整齐，适用于频繁弯曲的柜内布线。在不同的传输速率下，干线电缆和支线电缆的推荐值见表 5-1。

表 5-1　干线电缆和支线电缆的推荐值

通信速率 /（kbit/s）	干线长度			单根支线最大长度 /m	总支线长度 /m
	粗缆 /m	细缆 /m	扁平电缆 /m		
125	500	100	420	6	156
250	250	100	100	6	78
500	100	100	200	6	39

DeviceNet 网络电缆采用五线制：一对用于 24V 直流供电，一对用于数据通信，一根作为屏蔽线。

（3）连接器

DeviceNet 连接器是 5 针型连接器，用于将 DeviceNet 网络设备与分支电缆相连接。DeviceNet 连接器采用密封式和开放式两种类型。密封式连接器如图 5-3 所示，开放式连接器如图 5-4 所示，并分别给出了两种连接器的插头和插座结构以及针脚说明。

（4）设备分接头

设备端子提供连接到干线的连接点。设备可直接通过端子或通过支线连接到网络，端子可使设备无需切断网络运行就可脱离网络。

（5）电源分接头

通过电源分接头将电源连接到干线。电源分接头中包含熔丝或断路器，以防止总线过电流损坏电缆和连接器。

（6）接地与隔离

DeviceNet 网络应在一点接地。如果多点接地会造成接地回路；如果不接地将容易受到静电以及外部噪声的影响。干线的屏蔽线通过铜导体连接到电源地或 V^-。网络上任一设备必须有接地隔离栅。带有接地隔离栅的节点称作隔离节点。在 DeviceNet 外部也可能存在隔离。

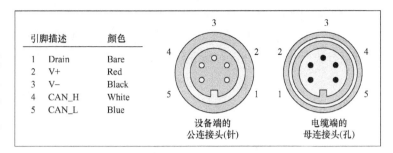

图 5-3　密封式连接器

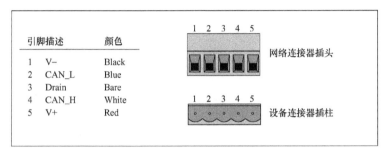

图 5-4　开放式连接器

2. 媒体访问单元

物理层的媒体访问单元结构图如图 5-5 所示，包括收发器、连接器、误接线保护电路、稳压器和可选的光隔离器。

（1）收发器

收发器是在网络上发送和接收 CAN 信号的物理组件，是连接协议控制器和传输介质的接口。PCA82C250 是使用广泛的收发器之一，也可以选择其他符合 DeviceNet 规范的收发器。

（2）误接线保护电路与稳压器

误接线保护电路如图 5-6 所示，要求节点能承受连接器 5 根线的各种组合的接线错误。在 U^+ 电压高达 18V 时不会造成永久损害。VD_1 防止 U^- 端子误接 U^+ 电压；VT_1 作为电源线上接入的开关防止 U^- 断开造成损害。

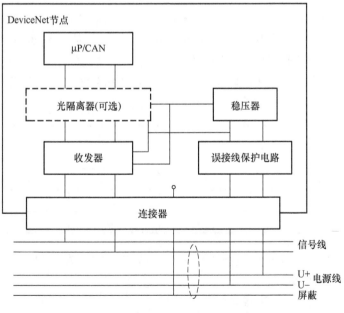

图 5-5　物理层的媒体访问单元结构图

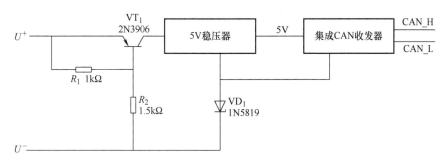

图 5-6　误接线保护电路

从网络上差分接收信号，并用 CAN 控制器传来的信号差分驱动网络。稳压器可以将 11 ～ 24V 电源电压稳定到 5V 电压供 CAN 收发器使用。

（3）光隔离器

光隔离器的作用是从电路上把干扰源和易受干扰的部分隔离开来，使测控装置与现场仅保持信号联系，而不直接发生电的联系。隔离的实质是把引进的干扰通道切断，从而达到隔离现场干扰的目的。

3. 物理层信号

DeviceNet 的物理层信号定义完全遵循 CAN 规范。

CAN 规范定义了两种互补的逻辑电平：“显性”（逻辑 0）和“隐性”（逻辑 1）。总线设备如果同时传送“显性”位和“隐性”位时，总线电平将为“显性”。仅当线路空闲或发送“隐性”位期间，总线呈现“隐性”状态。

5.2.2　数据链路层

DeviceNet 的数据链路层遵循 CAN 协议规范，并通过 CAN 控制器芯片实现。

DeviceNet 的数据链路层分为媒体访问控制（MAC）子层和逻辑链路控制（LLC）子层。MAC 子层的功能主要是定义传送规则，亦即控制帧结构、执行仲裁、错误检测、出错标定和故障界定。LLC 子层的主要功能是为数据传送和远程数据请求提供服务，确认由 LLC 子层接受的报文实际已被接受，并为恢复管理和通知超载提供信息。DeviceNet 与 CAN 总线数据链路层功能的不同之处如下：

1）CAN 在 MAC 子层定义了四种帧格式：数据帧、远程帧、超载帧和出错帧。DeviceNet 上使用数据帧传送数据；出错帧用于错误和意外情况的处理。

2）CAN 总线数据帧分为标准帧和扩展帧两类。DeviceNet 只使用标准帧，其中 CAN 的 11 位标识符在 DeviceNet 中被称为“连接 ID”。

3）DeviceNet 将 CAN 的 11 位标识符再分成四个单独报文组，由于 CAN 总线具有非破坏性总线仲裁机制，所以 DeviceNet 的四个报文组具有不同的优先级。

4）CAN 总线控制器工作不正常时，通过故障诊断可以使错误节点处于总线关闭状态，而 DeviceNet 若不符合 DeviceNet 规范则转为脱离总线状态，脱离节点不参与 DeviceNet 通信，但 CAN 控制器工作正常。

5.2.3　应用层

DeviceNet 的应用层规范详细定义了有关数据生产者/消费者与报文传输、数据通信方式和对象模型与设备描述等方面的内容。

（1）数据生产者/消费者与报文传输

DeviceNet 采用了数据生成者/消费者通信结构，其数据包为数据提供了标识域。产生数据的设备带有相应的标识，其他网络上的设备都侦听此信息，即消费此数据。DeviceNet 上的设备既可能是客户，也可能是服务器，或者兼备两个角色。而每一个客户/服务器又都可能是生产者、消费者，或者两者皆是。典型的，例如服务器"消费"请求，同时"产出"响应；则相应的，客户"消费"响应，同时"产出"请求。也存在一些独立的连接，它们不属于客户或服务器，而只是单纯生产或消费数据，这分别对应了周期性或状态改变类数据传送方式的源/目的，这样就可以显著降低带宽消耗。与典型的源/目的模式相比，生产者/消费者模型是一种更为灵活高效的处理机制。

DeviceNet 定义了两种报文传输的方式：I/O 报文和显示报文。I/O 报文适用于实时性要求较高的数据，可以是一点/多点传送。显示报文则适用于两个设备间的点对点报文传输，是典型的请求/响应通信方式，常用于节点的配置、问题诊断等，多使用较低的优先级传输。

（2）数据通信方式

DeviceNet 支持多种数据通信方式，如循环、状态改变、选通、查询等。循环方式适用于一些模拟设备，可以根据设备的信号发生的速度，灵活设定循环进行数据通信的时间间隔，这样就可以大大降低对网络的带宽要求。状态改变方式用于离散的设备，使用事件触发方式，当设备状态发生改变时才发生通信，而不是由主设备不断地查询来完成。选通方式下，利用 8 字节的报文广播，64 个二进制位的值对应着网络上 64 个可能的节点，通过位的标识，指定要求响应的从设备。查询方式下，I/O 报文直接依次发送到各个从设备（点对点）。多种可选的数据交换形式，均可以由用户方便地指定。通过选择合理的数据通信方式，网络使用的效率得以明显的提高。

（3）对象模型与设备描述

对象模型提供了组织和实现 DeviceNet 产品构成元件属性、服务和行为的简便的模板。DeviceNet 产品典型的对象包括身份对象、报文路由器对象、DeviceNet 对象、集合对象、连接对象和参数对象。DeviceNet 规范为来自不同厂商的同一类别设备定义了标准的设备模型。符合同一模型的设备遵循相同的身份标识和通信模式。这些与不同类设备相关的数据包含在设备描述中。设备描述定义了对象模型、I/O 数据格式、可配置参数和公共接口。DeviceNet 规范还允许厂商提供电子数据表（Electronic Data Sheet，EDS），以文件的形式记录设备的一些具体的操作参数等信息，便于在配置设备时使用。这样，来自不同厂商的 DeviceNet 产品可以方便地连接到 DeviceNet 上。

5.3　DeviceNet 的连接及报文协议

DeviceNet 是面向连接服务的网络，任意两个节点在开始通信之前必须事先建立连接以提供通信路径，这种连接是逻辑上的关系，在物理上并不实际存在。在 DeviceNet 中，每个连接由 CAN 标识符来定义。

5.3.1　CAN 标识符

在 DeviceNet 中，每个连接由 11 位的连接标识符（Connection ID，CID）来标识，见表 5-2。

表 5-2　DeviceNet 的报文分组及标识符

标识符各位的含义											范围	用途
10	9	8	7	6	5	4	3	2	1	0		
0	组 1 报文标识				源 MAC ID 标识符						000 ~ 3FFH	报文组 1
1	0	MAC ID						组 2 报文 ID			400 ~ 5FFH	报文组 2
1	1	组 3 报文标识			源 MAC ID 标识符						600 ~ 7BFH	报文组 3
1	1	1	1	1	组 4 报文标识						7C0 ~ 7EFH	报文组 4
1	1	1	1	1	1	1	1	X	X	X	7F0 ~ 7FFH	无效标识

该连接标识符包括报文组标识符、报文标识符（Message ID）和媒体访问控制标识符（MAC ID）三个部分。根据优先级的不同，将报文分为四组。在每组报文中，MAC ID 用于标识源和目标地址；报文 ID 用于标识一个连接所使用的通信通道。四个报文组的主要特点如下：

（1）报文组 1

分配了 1024 个 CAN 标识符（000H ~ 3FFH），占所有可用标识符的一半。该组中每个设备最多可拥有 16 个不同的报文。该组报文的优先级主要由报文 ID（报文的含义）决定。如果 2 个设备同时发送报文，报文 ID 号较小的设备总是先发送。以这种方式可以相对容易地建立一个 16 个优先级的系统。报文组 1 通常用于 I/O 报文。

（2）报文组 2

分配了 512 个标识符（400H ~ 5FFH）。该组的大多数报文 ID 可选择定义为"预定义主 / 从连接集"。其中 1 个报文 ID 定义为网络管理。优先级主要由 MAC ID 决定，其次由报文 ID 决定。

（3）报文组 3

分配了 448 个标识符（600H ~ 7BFH），具有与报文组 1 相似的结构。与报文组 1 不同的是，它主要交换低优先级的过程数据。此外，该组的主要用途是建立动态的显示连接。每个设备可有 7 个不同的报文，其中 2 个报文保留作未连接报文管理器端口（UCMMPort）。

（4）报文组 4

分配了 48 个 CAN 标识符（7C0H ~ 7EFH），不包含任何设备地址，只有报文 ID。该组的报文只用于网络管理。通常分配 4 个报文 ID 用于"离线连接集"。

其他 16 个 CAN 标识符（7F0H ~ 7FFH）在 DeviceNet 中被禁止。

在所有的报文中有一些报文是预留的，不能做其他的用途，例如：

1）组 2 报文 ID6 用于预定义主 / 从连接。

2）组 2 报文 ID7 用于重复 MAC ID 检测。

3）组 3 信息 ID5 用于未连接显示响应。

4）组 3 信息 ID6 用于未连接显示请求。

5.3.2　DeviceNet 传输报文

DeviceNet 定义了两种类型的报文：I/O 报文和显示报文。

（1）I/O 报文

I/O 报文适用于实时性要求较高的控制数据传输。它能够从一个生产应用传输到多个消费应用，对报文传送的可靠性、送达时间的确定性及可重复性有很高的要求。I/O 报文通常使用高优先级的报文标识符，连接标识符提供了 I/O 报文的连接信息。I/O 报文传送通过 I/O 信息连接对象来实现。在 I/O 报文被传输之前，I/O 信息连接对象必须已经建立。

I/O 报文的数据场不包含任何与配置相关的数据，仅仅是实时的 I/O 数据。每个 I/O 报文使用 1 个 CAN 标识符。I/O 报文的格式如图 5-7 所示。

| CAN帧头 | I/O 数据(0～8 字节) | CAN帧尾 |

图 5-7　I/O 报文的格式

当 I/O 报文的长度大于 8 字节，需要分段形成 I/O 报文片段时，数据场中才有 1 字节供报文分段协议使用。I/O 报文分段格式见表 5-3。分段类型表明是首段、中间段还是最后段；分段计数器用来标志每一个单独的分段，每经过一个相邻连续分段，分段计数器加 1，当计数器值达到 64 时，又从 0 值开始。

表 5-3　I/O 报文分段格式

偏移地址	位							
	7	6	5	4	3	2	1	0
0	分段类型		分段计数器					
1～7	I/O 报文分段							

（2）显示报文

显示报文适用于设备间多用途的点对点报文传送，是典型的请求 / 响应通信方式，常用于上传 / 下载程序、修改设备参数、记载数据日志和设备诊断等。显示报文结构十分灵活，数据域中带有通信网络所需的协议信息和要求操作服务的指令。显示报文利用 CAN 的数据区来传递定义的报文，显示报文的格式如图 5-8 所示。

| CAN帧头 | I/O 数据(0～8 字节) | CAN帧尾 |

图 5-8　显示报文的格式

显示报文的数据区包括报文头和完整的报文体两部分，如果显示报文长度大于 8 字节，则必须采用分段方式传输。

1）报文头：显示报文的 CAN 数据区的 0 号字节指定报文头，其格式见表 5-4。

分段位（Frag）指示此传输是否为显示报文的一个分段；事物处理 ID（XID）表明该区应用程序用以匹配响应和相关请求；MAC ID 包含源 MAC ID 或目的 MAC ID，如果在连接标识符中指定目的 MAC ID，那么必须在报文头中指定其他端点的源 MAC ID；如果在连接标识符中指定源 MAC ID，那么必须在报文中指定其他端点的目的 MAC ID。

表 5-4 显示报文报头格式

偏移地址	位							
	7	6	5	4	3	2	1	0
0	Frag		MAC ID					

2）报文体：报文体包括服务区和服务特定变量，显示报文的报文体格式见表 5-5。

表 5-5 显示报文的报文体格式

偏移地址	位							
	7	6	5	4	3	2	1	0
1	R/R		服务代码					
2～7	服务特定变量							

请求 / 响应位（R/R）用于指定显示报文是请求报文还是响应报文；服务代码表示传送服务的类型；服务特定变量包含请求的信息体格式、报文组选择、源报文 ID、目的报文 ID、连接实例 ID 和错误代码等。

3）分段协议：如果显示报文长度大于 8 字节，就需要采用分段协议。显示报文的分段协议格式见表 5-6。

表 5-6 显示报文的分段协议格式

偏移地址	位							
	7	6	5	4	3	2	1	0
0	Frag（1）	XID	MAC ID					
1	分段类型		分段计数器					
2～7	显示报文分段							

分段位（Frag）为 1 表示是显示报文的一个分段；显示报文与 I/O 报文分段协议格式完全相同；分段协议在显示报文内的位置与在 I/O 报文内的位置是不同的，显示报文位于 1 字节，I/O 报文位于 0 字节。

5.3.3 DeviceNet 连接的建立

DeviceNet 是一个基于连接的网络系统，下面以一个客户机和一个服务器为例，说明 DeviceNet 设备通过连接进行信息交换的过程。

如图 5-9 所示，DeviceNet 网络中的设备要进行信息交换，首先设备要通过重复 MAC ID 检测；接着设备通过未连接显示请求 / 响应报文；然后通过显示信息连接对显示报文进行各种配置，还可以通过显示信息连接建立 I/O 连接；最后通过 I/O 连接进行 I/O 报文的交换。

在预定义主 / 从连接中，I/O 连接可以与显示信息连接一同通过未连接显示报文建立，但仍须经过显示报文的配置才能激活。

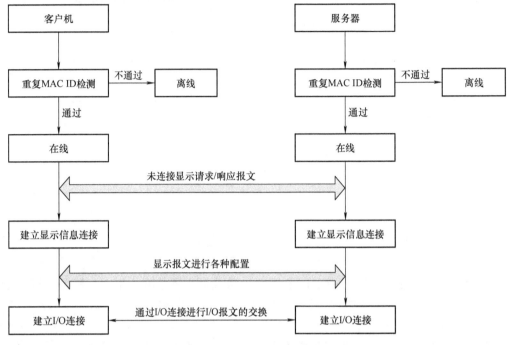

图 5-9　DeviceNet 设备间数据交换过程

1. 重复 MAC ID 检测

DeviceNet 网络中的每一个设备必须被赋予一个唯一的 MAC ID，由于设备的 MAC ID 可以手动设定，所以 MAC ID 重复的情况是不可避免的。如果存在两个 MAC ID 相同的设备，就会影响网络的正常运行，因此，所有的 DeviceNet 设备都必须运用重复 MAC ID 检测算法。

（1）重复 MAC ID 检测过程

重复 MAC ID 检测是每一个 DeviceNet 设备到达在线状态必须进行的过程，主要分为通过检测、未通过检测和在线应答 3 种情况。

1）通过检测。

DeviceNet 设备要转换到在线状态，发送重复 MAC ID 检测请求报文后，如果在预定时间内未接收到重复 MAC ID 检测响应报文，就会转入在线状态。

2）未通过检测。

DeviceNet 设备要转换到在线状态，发送重复 MAC ID 检测请求报文后，如果在预定时间内接收到重复 MAC ID 检测响应报文，就会转入离线状态。

3）在线应答。

DeviceNet 设备要转换到在线状态以后，如果接收到与自己 MAC ID 重复的设备发送的重复 MAC ID 检测请求报文，则立即发送重复 MAC ID 检测响应报文，并通知该设备此 MAC ID 已被占用。

（2）重复 MAC ID 检测报文

DeviceNet 协议预留了组 2 报文 ID7 作为重复 MAC ID 检测的连接 ID，这时在连接 ID 中的 MAC ID 是目的 MAC ID。重复 MAC ID 检测报文的数据场的格式见表 5-7。

表 5-7　重复 MAC ID 检测报文的数据场的格式

偏移地址	位							
	7	6	5	4	3	2	1	0
0	R/R	物理端口号						
1	制造商 ID							
2								
3	序列号							
4								
5								
6								

1）R/R 位表明是请求报文还是响应报文，0 为请求，1 为响应。

2）物理端口号表明设备的具体 DeviceNet 通信端口，大多设备只有一个 DeviceNet 通信端口，此项设为 0。

3）制造商 ID 是 ODVA 给所有制造 DeviceNet 产品的厂商分配的一个唯一的 ID，如台达电子公司的制造商 ID 是 31FH。

4）序列号表明是每一个在 ODVA 注册的制造商为他们生产的每一个 DeviceNet 产品分配的一个编号。

假定一个设备的 MAC ID 是 3，制造商 ID 为 31FH，序列号为 1111121BH，物理端口号为 0，则该设备上电后发送的重复 MAC ID 检测请求报文的格式见表 5-8。

表 5-8　重复 MAC ID 检测请求报文的格式

段	数据	说明
仲裁场	100000111110（二进制）	组 2 报文，MAC ID 为 3，报文 ID 为 111
控制场	011（二进制）	DLC 为 0111，表示数据场有 7 字节数据
数据场	00H（十六进制）	重复 MAC ID 检测请求报文
	1FH（十六进制）	制造商 ID 为 31FH
	03H（十六进制）	
	1BH（十六进制）	产品序列号为 1111121BH
	12H（十六进制）	
	11H（十六进制）	
	11H（十六进制）	

2. 建立连接

（1）I/O 连接

I/O 连接可以是点对点的连接，也可以是多点的连接。

动态 I/O 连接是通过一个已经存在的显示信息连接建立起来的。动态 I/O 连接的过程如下：

1）与将建立 I/O 连接的一个节点建立显示报文连接。

2）通过向 DeviceNet 连接分类发送一个创建请求来创建一个 I/O 连接对象。

3）配置 I/O 连接实例。

4）应用 I/O 连接对象执行的配置，将实例化服务于 I/O 连接所必须的组件中。

5）在另一个节点重复以上步骤。

DeviceNet 不要求节点必须支持 I/O 连接的动态建立，也可以采用预定义主/从连接中 I/O 连接的建立。

（2）显示信息连接

在两个设备之间提供了一个通用的、多用途的通信路径。显示信息连接提供典型的面向请求/响应的网络通信方式。

DeviceNet 中的报文总是以面向连接的方式进行交换，因此，在进行通信之前，首先必须建立连接对象。DeviceNet 节点在开机后能够立即寻址的端口是"非连接信息管理器端口"（UCMM 端口）和预定义主/从连接组的"Group2 非连接显示请求端口"。当通过 UCMM 端口或者 Group2 非连接显示请求端口建立一个显示报文连接后，这个连接可用于从一个节点向其他节点传送信息，或建立 I/O 信息连接。一旦建立了 I/O 信息连接，就可以在网络设备之间传送 I/O 数据。

通过 UCMM 端口可以动态地建立显示信息连接。一个支持预定义主/从连接组，并且具有 UCMM 功能的设备称为 Group 2 服务器。一个 Group 2 服务器可被一个或多个客户机通过一个或多个连接进行寻址。

预定义主/从连接组用于简单而快速地建立一个连接。当使用预定义的主/从连接组时，客户机（主站）和服务器（从站）之间只允许存在一个显示连接。由于在预定义主/从连接组定义内已省略了创建和配置应用与应用之间连接的许多步骤，可以使用较少的网络和设备资源来实现 DeviceNet 通信。

不具有 UCMM 功能，只支持预定义主/从连接组的从设备，被称为 DeviceNet 中的仅限 Group 2 服务器。只有分配它的主站才可以寻址仅限 Group 2 服务器。仅限 Group 2 的设备能够接收的所有报文都在报文组 2 中被定义。支持预定义主/从连接组对设备制造商来说代表了一个简单实现的方案。绝大多数现有的 DeviceNet 设备都是基于预定义的主/从连接组，因为这在终端设备上实现起来比较简单。

（3）离线连接

客户机可以采用离线连接来恢复处于通信故障状态的节点。客户机使用离线连接组（组 4）报文恢复处于通信故障状态的节点的过程如下：

1）客户机通过组 4 报文信息 ID2F 进行 DeviceNet 离线节点控制权的请求。

2）如果没有收到组 4 报文信息 ID2E 报文，则说明该客户机取得了 DeviceNet 离线节点控制权，转到 4）。

3）如果收到了组 4 报文信息 ID2E 报文，则说明 DeviceNet 离线节点控制权已被发出响应的节点取得。

4）取得 DeviceNet 离线节点控制权的客户机使用组 4 报文信息 ID2D 向所有

DeviceNet 离线故障节点发出 DeviceNet 离线故障请求报文。

5）发生 DeviceNet 离线故障的节点使用组 4 报文信息 ID2C 产生相应的 DeviceNet 离线故障响应报文。

3. DeviceNet 预定义主 / 从连接组

DeviceNet 定义了 UCMM，可以建立动态显示信息连接，接发和管理网络上的未连接显示报文。UCMM 提供两类服务，为建立、打开显示信息连接和关闭显示信息连接，最后设置建立 I/O 连接。这种连接方法很灵活，可以动态修改，但是设置过程比较繁琐，同时需要设备具备灵活配置能力。在实际应用中，大多数应用对象比较简单，可以采用主 / 从连接方式。DeviceNet 定义了预定义主 / 从连接报文组和仅使用报文组 2 的从站，以简化设备配置过程并降低成本。

预定义主 / 从连接报文组预先定义了一些通信功能。主站通过主 / 从连接报文组建立主 / 从通信关系，配置报文传输机制（位选通、轮询、显示等）。预定义主 / 从连接报文组的标识符分配情况见表 5-9。

表 5-9　预定义主 / 从连接报文组的标识符分配情况

标识符											报文类型
10	9	8	7	6	5	4	3	2	1	0	
0	报文组 1				源 MAC ID						报文组 1
0	1	1	0	0	源 MAC ID						从站 I/O 多点轮询响应报文
0	1	1	0	1	源 MAC ID						从站 I/O 状态变化 / 循环通知报文
0	1	1	1	0	源 MAC ID						从站 I/O 位选通响应报文
0	1	1	1	1	源 MAC ID						从站 I/O 轮询响应 / 状态变化 / 循环应答报文

标识符											报文类型
10	9	8	7	6	5	4	3	2	1	0	
1	0	MAC ID					报文组 2				报文组 2
1	0	源 MAC ID					0	0	0		主站 I/O 位选通命令报文
1	0	多点通信 MAC ID					0	0	1		主站 I/O 多点轮询命令报文
1	0	目标 MAC ID					0	1	0		主站状态变化 / 循环应答报文
1	0	源 MAC ID					0	1	1		从站显示 / 未连接响应报文
1	0	目标 MAC ID					1	0	0		主站显示响应 / 请求报文
1	0	目标 MAC ID					1	0	1		主站 I/O 轮询 / 状态变化 / 循环命令报文
1	0	目标 MAC ID					1	1	0		仅限组 2 的未连接显示响应 / 请求报文
1	0	目标 MAC ID					1	1	1		重复 MAC ID 检测报文

未连接显示报文由 UCMM 管理。不具备 UCMM 功能的从站称为仅限组 2 从站。这种从站不能接收未连接显示报文，只能通过仅限组 2 的未连接显示响应 / 请求报文实现预定义主 / 从连接的建立和删除。仅限组 2 的未连接显示请求报文是预留的命令，用来分配 / 释放预定义主 / 从连接组。仅限组 2 的未连接显示响应报文是仅限组 2 的未连接显示

请求报文和发送设备监测脉冲／设备关闭报文。

4. 预定义主／从连接的工作过程

DeviceNet 信息交换过程大体可分为未连接显示信息交换、显示信息交换和 I/O 信息交换。预定义主／从连接的信息交换过程与此相似，所不同的是预定义主／从连接使用已经预先定义的报文。

（1）主／从关系的确定

系统运行时，每个从站（服务器）仅能接收一个主站（客户机）分配的预定义主／从连接，欲成为组 2 客户机的设备，首先要对服务器分配所需要的预定义主／从连接。分配的具体步骤如下：

1）客户机通过服务器设备的 UCMM 端口发送建立显示信息连接请求报文，通过步骤 2）确定服务器是否为仅限组 2 服务器。

2）如果服务器通过 UCMM 端口成功响应，则设备具有 UCMM 功能，转到步骤 3）。如果服务器没有响应（发生了 2 次等待响应超时），则假定设备为仅限组 2 设备（无 UCMM 功能），转到步骤 4）。

3）通过建立的显示信息连接分配预定义主／从连接。预定义主／从连接成功完成以后，服务器成为组 2 服务器，客户机成为它的主站。客户机可以任意使用 UCMM 产生的显示信息连接或组 2 中的预定义主／从连接。

4）客户机通过组 2 未连接显示请求报文向仅限组 2 设备分配预定义主／从连接组。如果预定义主／从连接组还没被分配，则服务器发送响应成功报文。

（2）预定义主／从连接的使用过程

在预定义主／从连接中，从站建立的连接实例是预先定义好的，包括显示信息、轮询连接、位选通连接、状态变化／循环连接及多点轮询连接。建立主／从连接请求报文的数据场格式见表 5-10。

表 5-10　建立主／从连接请求报文的数据场格式

偏移地址	位							
	7	6	5	4	3	2	1	0
0	分段（0）	XID	源 MAC ID					
1	R/R（0）	服务代码（4BH）						
2	DeviceNet 类 ID（03H）							
3	实例 ID（01H）							
4	分配选择（Allocation Choice）							
5	0	0	主站 MAC ID					

分配选择字节用于预定义主／从连接中连接实例的选择，具体格式见表 5-11。

表 5-11　分配选择字节格式

位	7	6	5	4	3	2	1	0
含义	保留	应答禁止	循环	状态变化	多点轮询	位选通	轮询	显示

如果分配选择字节为 01H，则从站建立显示信息连接实例；如果为 02H，则从站建立轮询 I/O 连接实例。从站建立连接成功后返回的分配主 / 从连接响应报文格式见表 5-12。

表 5-12　分配主 / 从连接响应报文格式

偏移地址	位							
	7	6	5	4	3	2	1	0
0	分段（0）	XID	源 MAC ID					
1	R/R（1）	服务代码（4BH）						
2	保留位（0）				信息格式（0～3）			

一般情况下，首先建立显示信息连接实例，然后建立 I/O 连接实例。建立 I/O 连接是未激活的，必须通过显示信息连接设置 I/O 连接的 Expected-Packet-Rate 属性值来激活。如果主站要关闭某个连接，则采用关闭主 / 从连接组请求报文，其报文格式与建立主 / 从连接请求报文基本一致，只是服务代码为 4CH，所要删除的连接实例也是由分配选择字节的值来确定的。

5. 预定义主 / 从连接实例

预定义主 / 从连接组中定义了 5 个连接实例，在 DeviceNet 网络设备中，基于预定义主 / 从连接实例设计的从站数量很多，下面介绍这 5 个连接实例的建立过程以及它们是如何传送数据的。

（1）显示信息连接

1）显示信息连接的建立。

从站处于在线状态后，接收到主站发送的仅限组 2 未连接显示请求报文后，将建立一个显示信息连接实例，然后向主站发送一个仅限组 2 未连接显示响应报文。

2）通过显示信息连接传送显示报文。

主站和从站建立显示信息连接后，就可以进行显示报文的通信。

（2）轮询连接

轮询连接是预定义主 / 从连接组中定义的 4 种 I/O 连接之一。轮询连接传送的是轮询命令和响应报文。主站向每个要轮询的从站发出轮询命令报文，从站收到轮询命令后回到轮询响应报文。

轮询连接是点对点的，轮询命令报文可以将任意数量的数据发送到目的从站，轮询响应报文可以由从站向主站返回任意数量的数据和状态信息。

1）轮询连接的建立。

轮询连接的建立可以通过未连接显示报文或显示报文建立。通过显示报文建立的过程与未连接显示报文建立轮询连接的过程基本一致。

2）通过轮询连接传送 I/O 数据。

主站和从站之间建立轮询连接并激活以后，轮询连接即处于已建立状态，支持传送 I/O 数据。主站对不同的从站发送不同的轮询命令报文，轮询命令报文的数据由具体应用决定，连接 ID 与从站的 MAC ID。从站接到主站发给自己的轮询命令报文后返回轮询响应报文，轮询响应报文的连接 ID 由从站决定，I/O 数据由从站的具体应用决定。主站和从站之间的轮询命令和轮询响应在 CAN 数据场中有 0 ～ 8 字节的数据，若数据长度大于 8字节，可以进行分段传输。

（3）位选通连接

位选通连接是预定义主 / 从连接组中定义的 4 种 I/O 连接之一，位选通连接传送的是位选通命令和响应报文。位选通命令是由主站发送的一种 I/O 报文，位选通命令具有多点发送功能，多个从站能同时接收并响应同一个位选通命令。位选通响应是从站接到位选通命令后发送给主站的 I/O 报文。

位选通命令和响应报文能迅速在主站和它的位选通从站间传送少量的 I/O 数据。在 I/O数据少于 8 字节时，该传送方式是非常有效的。主站通过位选通命令向每一个位选通从站发送一个数据位，每一个位选通从站通过位选通响应向主站返回最多 8 个字节的 I/O 数据。

1）位选通连接的建立。

位选通连接的建立可以通过未连接显示报文或显示报文建立。位选通连接的建立与轮询连接的建立过程基本一致。

2）通过位选通连接传送 I/O 数据。

主站和从站之间建立位选通连接并激活以后，位选通连接即处于已建立状态，支持传送 I/O 数据。位选通命令报文包含 64 位（8 字节）输出数据的位串，一位输出位对应网络上的一个 MAC ID（0 ～ 63）。CAN 数据场的第 0 字节的最低位分配给 MAC ID0，第7 字节的最高位分配给 MAC ID63。

主站通过位选通命令给它的 4 个从站分别发送一位有效数据（从站 MAC ID 不需要连续），不管从站的数量和 MAC ID 是多少，整个 64 位一起发送，只有配置位选通实例的从站响应该命令。从站返回的 I/O 数据由从站的具体应用决定，但数据长度不能大于 8 字节。

（4）状态变化连接 / 循环连接

状态变化连接 / 循环连接是预定义主 / 从连接组中定义的 4 种 I/O 连接之一，状态变化连接 / 循环连接是点对点连接，与其他 I/O 连接所不同的是，主站和从站都可主动进行报文发送。状态变化 / 循环报文可以是有应答的，也可以是无应答的。状态变化连接和循环连接的行为表现相同。在任意一个从站的分配选择字节中，状态变化连接和循环连接只能配置一个。

状态变化连接适用于离散量的设备，使用事件触发的方式，当设备状态发生变化时才发生通信，而不是由主设备不断地查询来完成。循环连接适用于模拟量的设备，可以根据设备信号变化的快慢灵活设定循环进行数据通信的时间间隔，而不必不断地快速采样。采用状态变化连接 / 循环连接可以大大降低对网络带宽的要求。

1）状态变化连接 / 循环连接的建立。

状态变化连接 / 循环连接的建立与其他 I/O 连接建立类似，主站通过未连接显示报文或显示报文对从站进行状态变化连接 / 循环连接的分配。注意，建立状态变化连接 / 循环连接实例时，还要求建立轮询连接实例。

2）通过状态变化连接 / 循环连接传送 I/O 数据。

由于状态变化连接 / 循环连接分为主站主动发送和从站主动发送两种情况，主站主动发送状态变化 / 循环命令报文，从站返回状态变化 / 循环应答报文；从站主动发送状态变

化 / 循环命令报文，主站返回状态变化 / 循环应答报文。状态变化连接和循环连接的处理规则相同。

　　主站（从站）发送的状态变化命令报文在 CAN 数据区中具有 0 ～ 8 字节的数据，如果数据长度大于 8 字节，还可以进行分段传输。从站或主站返回的应答报文数据长度一般为 0。

　　（5）多点轮询连接

　　主站通过 I/O 报文向多个从站发出多点轮询命令，多点轮询响应是接收到多点轮询命令后从站返回给主站的 I/O 报文。多点轮询连接在其多点性能上有别于点对点的轮询连接，任何数量的从站都可属于主站的多点通信组。每个主站可以对多个从站进行分组。

　　1）多点轮询连接的建立。

　　多点轮询连接的建立与其他 I/O 连接的建立类似，主站通过未连接显示报文或显示报文对从站进行多点轮询连接的分配。从站如果支持多点轮询连接，就建立一个多点轮询连接实例，并将成功建立连接的响应发送给主站。

　　2）通过多点轮询连接传送 I/O 数据。

　　通过多点轮询命令报文主站可以向目标从站设备传送任意数量的数据（分段或不分段），多点轮询响应报文也可以自从站返回任意数量（分段或不分段）的数据。

　　多点轮询命令报文的连接 ID 中的多点通信 MAC ID 可由主站赋值，主要有以下两种方式：

　　① 采用主站的 MAC ID。此时要求主站仅管理一个多点通信组，并且该主站不能成为相对于另一主站的多点通信组的从站。

　　② 采用多点通信组中某一从站的 MAC ID。

5.4　DeviceNet 对象模型

　　DeviceNet 通过抽象的对象模型来描述网络中所有可见的数据和功能。一个 DeviceNet 设备可以定义为一个对象的集合。这种基于对象的描述提供了一个清晰的设备模型。DeviceNet 对象模型如图 5-10 所示。

　　一个对象代表设备内一个部件的抽象描述。对象由它的数据或属性、功能或服务以及它所定义的行为决定。属性代表数据，设备通过 DeviceNet 生产这些数据。其中可能包括：对象的状态、定时器值、设备序列号或者温度、压力或位置等过程数据。服务用于调用一个对象的功能或方式，它可对独立属性（如 Get_Attribute_Single/Set_Attribute_Single）进行读或写操作。另外还可以创建新的对象实例，或删除现有对象。对象的行为定义了如何对外部或内部事件进行响应。内部事件可以是定时器的运行事件，外部事件可以是设备要响应的新的过程数据。

　　对象分类定义了所有属性、服务和同一类对象行为的描述。如果设备中存在一个对象，我们把它看作一个分类实例或者对象实例。所能建立的一个分类的实例数目取决于设备的容量。当对象的分类被定义时，对象的功能和行为也随之定义。一个分类的所有实例都支持相同的服务、相同的行为并具有相同的属性。对于每个独立的属性来说，每个实例都有自身的状态和值。

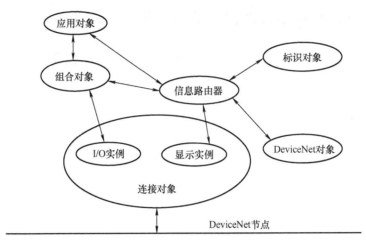

图 5-10　DeviceNet 对象模型

一个对象的数据和服务通过一个分层的寻址概念进行寻址，它包括以下部分：

1）设备地址（MAC ID）。

2）分类 ID。

3）实例 ID。

4）属性 ID。

5）服务代码。

在 DeviceNet 中通常使用标识符（ID）来定义分类、实例、属性和服务。每个 ID 通常用 8 位数来表示分类、实例和属性，7 位数表示服务。这样分类、实例和属性就有多达 256 个可用的 ID，而服务则有 128 个可用的 ID。分类和实例也可以使用 16 位整数，这样它们的地址空间就扩展为 65536 个不同的 ID。但 16 位模式只被少数设备所支持。

分类、实例、属性和服务的 ID 并不完全供用户自由使用。其中一些保留作将来的规范扩展之用，还有一些保留给厂商使用。

在 DeviceNet 设备中典型的对象类包括：

（1）Identity（标识对象）

DeviceNet 设备有且只有一个标识对象类实例（实例号为 1）。该实例具有以下属性：供应商 ID、设备类型、产品代码、版本产品名称，以及检测脉冲周期等。实例必须支持服务 Get_Attribute_Single（服务代码：0x0e）。

（2）Message Router（信息路由对象）

DeviceNet 设备有且只有一个信息路由对象类实例（实例号为 2）。信息路由对象将显示信息转发到相应的对象，对外部并不可见。信息路由对象的属性包括：支持最多连接数、活动连接 ID、系统组件使用的连接数。

（3）DeviceNet（DeviceNet 类对象）

DeviceNet 设备有且只有一个 DeviceNet 对象类实例（实例号为 3）。DeviceNet 对象具有以下属性：节点 MAC ID、通信波特率、BOI（离线中断）、分配信息。实例必须支持服务：Get_Attribute_Single（服务代码：0x0e）、Set_Attribute_Single（服务代码：0x10），对象所提供的分类特殊服务 Allocate_Master/Slave_Connection_Set（服务代码：0x4B），

Release_Group_2_Identifier_Set（服务代码：0x4c）。

（4）Assembly（组合对象）

DeviceNet 设备可能具有一个或者多个组合对象类实例（实例号为 4）。组合对象类实例的主要作用是将不同应用对象的属性（数据）组合成为一个单一的属性，从而可以通过一个报文发送。

（5）Connection（连接对象）

DeviceNet 设备至少具有两个连接类实例（实例号为 5）。每个连接对象表示网络上两个节点之间虚拟连接的一个端点。连接对象分为显示信息连接、I/O 信息连接。显示报文用于属性寻址、属性值以及特定服务；I/O 报文中数据的处理由连接对象 I/O 连接实例决定。

（6）Parameter（参数对象）

参数对象（实例号为 6）是可选的，用于具有可配置参数的设备中。每个实例分别代表不同的配置参数。参数对象为配置工具提供了一个标准的途径，用于访问所有的参数。

（7）Application（应用对象）

通常除了组合对象和参数对象外，设备中至少有一个应用对象。

5.5　设备描述与 EDS 文件

为了实现同类设备的互用性并促进其互换性，同类设备间必须具备某种一致性，即每种设备类型必须有一个标准的模型。设备描述通过定义标准的设备模型，促进不同厂商同类设备的互操作性，并促进其互换性。ODVA 已经规定了一些工业自动化中常用产品的设备描述。例如，通用 I/O（离散或模拟）、驱动器、位置控制器等。

在 DeviceNet 规范中设备描述分为以下 3 个部分：

（1）设备类型的对象模型

对象模型定义了设备中所必需和可选的对象分类。对象模型还指定了实现的对象实例的个数，这些对象如何影响设备的行为，及其与这些对象的接口。

（2）设备类型的 I/O 数据格式

在设备描述中指定了 I/O 数据格式。通常也包括组合对象的定义，组合对象属性包括了特定的数据的映射。

（3）配置数据和访问该数据的公共接口

描述了配置数据以及数据的公共接口实现。通常包含在电子数据文档（EDS）中，EDS 包含在设备的用户文件中。DeviceNet 规范规定了 EDS 的格式，EDS 文件提供访问和改变设备可配置参数的所有必要信息。当使用 EDS 时，供货商可以将产品的特殊信息提供给其他供货商。这样可以具有友好的用户配置工具，可以很容易地更新，无需经常修正配置软件工具。

5.6　一致性测试

ODVA 定义了 DeviceNet 设备和系统的测试和批准程序。会员厂商有机会将它们的设备交给当前 3 个独立的 DeviceNet 兼容性测试中心之一进行一致性测试。所有 DeviceNet

设备只做两个关键性测试：互操作性和互换性。

互操作性表示所有厂商的 DeviceNet 设备都可在网络上互相操作。互换性比其更进一步，可以用相同类型的设备（即它们符合相同的设备描述）在逻辑上互相置换，不管这些设备是由哪个厂商制造的。

一致性测试可以分成以下 3 个部分：

1）软件测试对 DeviceNet 协议的功能进行验证。在测试时，根据设备复杂性的不同，可传输多达数千个报文。

2）硬件测试检测物理层的兼容性。该测试检测规范的所有要求，例如断线保护、过电压、接地和绝缘、CAN 收发器等。该测试对于不符合 DeviceNet 规范的设备可能是破坏性的。

3）系统互用性测试，可以验证在一个多达 64 个节点和众多不同厂商扫描仪的网络中设备的功能。一致性测试软件可直接从 ODVA 获得。它是基于 Windows 的工具，运行在不同供应商的几个 PC-CAN 接口上。厂商在进行正式的 ODVA 测试之前可以对其设备进行测试。

5.7 DeviceNet 设备

DeviceNet 设备主要包括 DNET 扫描模块、远程 I/O 适配模块、通信转换模块（网关）、PLC 扩展模块和变频器通信模块等，其中 DeviceNet 扫描模块在网络中起主站作用，其他模块为 DeviceNet 从站。下面以台达公司的产品为例介绍一下 DeviceNet 设备。

5.7.1 DNET 扫描模块

台达 DNET 扫描模块是运行于 SV PLC 主机左侧的 DeviceNet 主站模块，当 SV PLC 通过 DNET 扫描模块与 DeviceNet 网络相连时，DNET 扫描模块作为 PLC 主机与总线上其他从站进行数据交换。DNET 扫描模块负责将 PLC 主机的数据传送到总线上的从站，同时搜集总线上各个从站返回数据，传回 PLC 主机。

1. DNET 扫描模块的特点

1）支持组 2 服务器从站和仅限组 2 服务器从站。

2）在预定义主/从连接组中支持显示信息连接，支持与从站建立各种 I/O 连接，如轮询、位选通、状态变化或循环。

3）支持 DeviceNet 主站模式和从站模式。

4）在 DeviceNet 网络配置工具中支持 EDS 文件配置。

5）支持通过 PLC 梯形图发送显性报文读/写从站数据。

6）自动与 PLC 主机进行数据交换，使用者只需对 PLC 的 D 寄存器编程。

2. DNET 扫描模块的外观及功能介绍

台达 DNET 扫描模块的外观及功能介绍如图 5-11 所示。

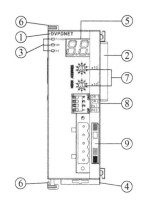

图 5-11　台达 DNET 扫描模块的外观及功能介绍

①—模块名称　②—I/O 模块接口　③—Power, MS, NS 指示灯　④—导轨安装滑块　⑤—数字显示器
⑥—I/O 模块固定扣　⑦—地址设定开关　⑧—功能设定开关　⑨—DeviceNet 连接器接口

3. DNET 扫描模块与 SV 主机的数据对应关系

当 DNET 扫描模块与 PLC 主机连接后，PLC 将给每一个扫描模块分配数据映射区，见表 5-13。

表 5-13　DNET 扫描模块与 SV 主机的数据对应关系

DNET 扫描模块索引号	映射的 D 区寄存器	
	输出映射表	输入映射表
1	D6250–D6497	D6000–D6247
2	D6750–D6997	D6500–D6746
3	D7250–D7497	D7000–D7247
4	D7750–D7997	D7500–D7747
5	D8250–D8497	D8000–D8247
6	D8750–D8997	D8500–D8747
7	D9250–D9497	D9000–D9247
8	D9750–D9997	D9500–D9747

5.7.2　DeviceNet 远程 I/O 适配模块

RTU-DENT 远程 I/O 适配模块定义为 DeviceNet 从站，其 I/O 扩展接口用于连接 I/O 模块，它的 RS–485 接口用于连接变频器、伺服驱动器、温控器、PLC 等 Modbus 设备。

1. RTU-DNET 模块的特点

1）在预定义的主 / 从连接组中支持显性连接，支持轮询的 I/O 连接方式。

2）网络配置软件 DeviceNetBuilder 提供了图形配置接口，可以自动扫描并识别扩展模块。

3）RTU-DNET 模块最多可扩展数字输入 / 输出点数各 128 台。

4）RTU-DNET 模块支持 Modbus 通信协议，最多可连接 8 台 Modbus。

2. RTU-DNET 模块的外观及功能介绍

台达 RTU-DNET 模块的外观及功能介绍如图 5-12 所示。

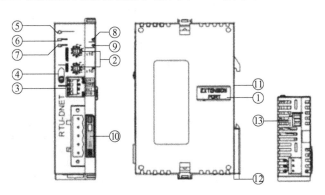

图 5-12 台达 RTU-DNET 模块的外观及功能介绍

①—扩展 IO 界面 ②—地址设定开关 ③—功能设定开关 ④—RUN/STOP 开关 ⑤—POWER 指示灯
⑥—MS（模块状态）指示灯 ⑦—NS（网络状态）指示灯 ⑧—RUN 指示灯 ⑨—ALARM 指示灯
⑩—DeviceNet 连接器接口 ⑪—DIN 轨槽 ⑫—DIN 轨固定卡扣 ⑬—RS-485 通信端口

3. RTU-DNET 模块的典型应用

RTU-DNET 作为 DeviceNet 从站，主要实现 DeviceNet 主站和扩展模块及 Modbus 设备的数据交换，RTU-DNET 模块的典型应用如图 5-13 所示。

5.7.3 DeviceNet 通信转换模块

DeviceNet 通信转换模块（IFD9502）定义为 DeviceNet 从站，可用于 DeviceNet 网络和台达 PLC、变频器、伺服驱动器、温控器以及人机界面的连接。此外 IFD9502 还提供自定义功能，该功能用于连接 DeviceNet 网络和符合 Modbus 协议的自定义设备。

1. IFD9502 模块的特点

1）支持仅限组 2 服务器。

2）在预定义主 / 从连接组中支持显性连接、轮询连接。

3）在 DeviceNet 网络配置工具中支持 EDS 文件配置。

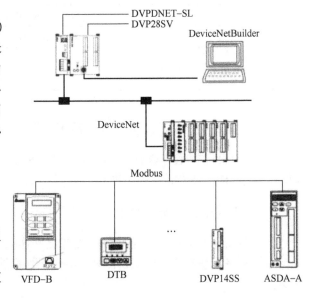

图 5-13 RTU-DNET 模块的典型应用

2. IFD9502 模块的外观及功能介绍

台达 IFD9502 模块的外观及功能介绍如图 5-14 所示。

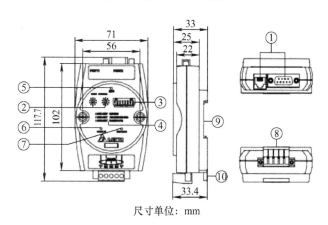

尺寸单位：mm

图 5-14　台达 IFD9502 模块的外观及功能介绍

①—通信口　②—地址设定开关　③—功能设定开关　④—功能设定开关说明　⑤—SP（端口扫描）指示灯

⑥—MS（模块状态）指示灯　⑦—NS（网络状态）指示灯　⑧—DeviceNet 通信连接器　⑨—DIN 轨槽

⑩—DIN 轨固定卡扣

3. IFD9502 模块的典型应用

IFD9502 模块作为台达 VFD 系列变频器与 SV 系列 PLC DeviceNet 通信的网关应用如图 5-15 所示。

5.7.4　DeviceNetBuilder 软件

DeviceNetBuilder 软件是 DeviceNet 网络配置软件，可以在官方网站上下载。下面介绍一下 DeviceNetBuilder 软件的操作步骤：

（1）打开 DeviceNetBuilder 软件

DeviceNetBuilder 软件的主界面如图 5-16 所示，主要包括设备列表和网络设备图形显示区。

（2）串口设定

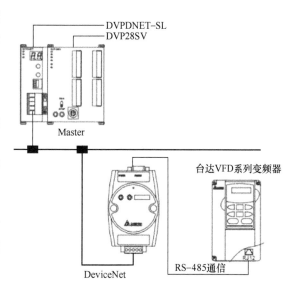

图 5-15　IFD9502 模块的典型应用

选择"设置">>"通信设置">>"系统通道"命令，即出现"串口设定"窗口，如图 5-17 所示。在此对 PC 与 SV 主机的通信参数进行设置，如"通讯端口""通讯地址""通讯速率"及"模式"。

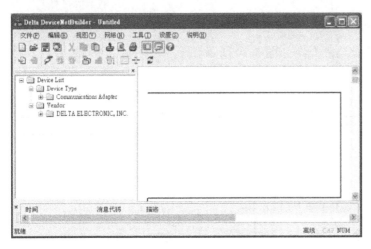

图 5-16　DeviceNetBuilder 软件的主界面

图 5-17　"串口设定"窗口

（3）在线连接

选择："网络">>"在线"命令，弹出"选择通信通道"对话框，显示可以连接的 DeviceNet 扫描模块，单击"确定"按钮后，DeviceNetBuilder 软件开始对整个网络进行扫描，扫描结束后，会提示"扫描网络已完成"。此时，网络中被扫描到的所有节点的图标和设备名称都会显示在网络设备图形显示区中，如图 5-18 所示。双击 DeviceNet 节点图标即可以配置各个节点的相关属性。

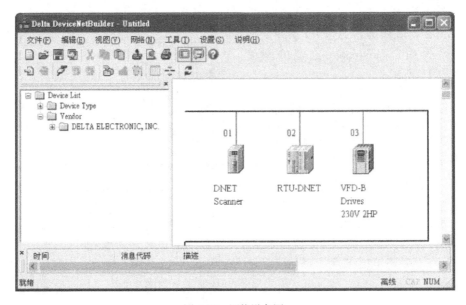

图 5-18　网络设备图

5.8　实例：DeviceNet 网络设计

当需要组建一个网络时，首先必须明白此网络的功能需求，并对需要进行交换的数据进行先期规划，包括最大通信距离、所使用的从站、总的数据交换长度以及对数据交换响应时间的要求。这些信息将决定所组建的网络是否合理，能否满足需求，甚至会直接影响到后期的可维护性及网络容量扩展升级的灵活性。本节将组建一个 DeviceNet 网络，完成由远程的数字量 I/O 模块来控制一台 VFD-B 变频器的起动和停止。

1. 系统硬件设计

DeviceNet 网络采用主 / 从结构，DeviceNet 主站采用台达 DNET 扫描模块与 SV 系列 PLC，装有 DeviceNetBuilder 软件的 PC 机作为 DeviceNet 网络配置工具。DeviceNet 远程从站采用台达 RTU-DNET 模块与 I/O 扩展模块，VFD-B 变频器本身没有 DeviceNet 功能，所以运用 DeviceNet 通信转换模块（IFD9502）作为 DeviceNet 与 Modbus 的通信网关，使变频器通过 Modbus 通信端口作为从站接入 DeviceNet 网络。DeviceNet 系统网络结构如图 5-19 所示，分别通过地址设定开关设置主站的 MAC ID 为 1，远程从站 MAC ID 为 2，变频器从站的 MAC ID 为 3；通过功能设定开关设置 DeviceNet 网络的通信速率为 500kbit/s。

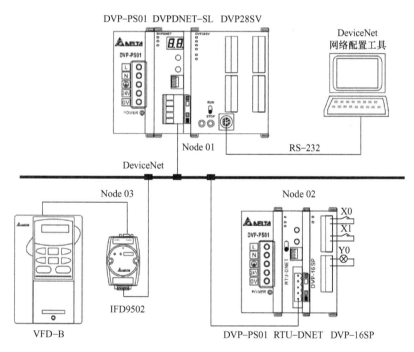

图 5-19　DeviceNet 系统网络结构

2. 用 DeviceNetBuilder 配置网络

进行在线连接后，要正确配置 DeviceNetBuilder 软件通信参数。下面介绍配置网络的方法。

（1）DeviceNet 从站的配置

1）RTU-DNET 节点配置：双击图 5-18 所示窗口中的 RTU-DNET 图标，弹出"节点配置"窗口。如图 5-20 所示。

"节点配置"窗口中给出了RTU-DNET节点的基本信息，可以设置RTU-DNET节点的I/O连接方式，如轮询、位选通、状态变化/循环。此外还可以对RTU-DNET节点的I/O模块进行配置，单击"I/O配置"按钮，弹出"RTU配置"窗口，再单击"扫描"按钮，DeviceNetBuilder软件会检测RTU-DNET所连接的特殊输入/输出模块以及数字量输入/输出模块的点数，并显示在"RTU配置"窗口中，如图5-21所示。确认配置无误后，单击"下载"按钮，将配置下载至RTU-DNET模块。

2）变频器节点配置。双击VFD-B Drives图标，弹出"节点配置"对话框，与RTU-DNET节点配置窗口类似，在此

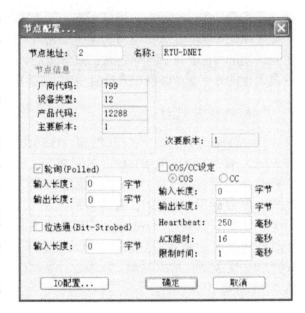

图 5-20　RTU-DNET 节点配置

对VFD-B变频器的识别参数以及I/O信息进行确认。确认配置无误后，单击"确定"，将配置下载到VFD-B变频器内。

（2）DNET 主站模块的配置

双击 DNET Scanner 图标，弹出"扫描模块配置"对话框，可以看出左边的列表里有当前可用节点 RTU-DNET 和 VFD-B Drives 230V 2HP，右边有一个空的"扫描列表"，将左边列表中的 DeviceNet 从站设备移入扫描列表中。选中 DeviceNet 从站节点，然后单击">"按钮，即可将 DeviceNet 从站节点依次移入扫描模块的扫描列表内。

确认无误后，单击"确定"按钮，将配置下载到 DNET 扫描模块内。

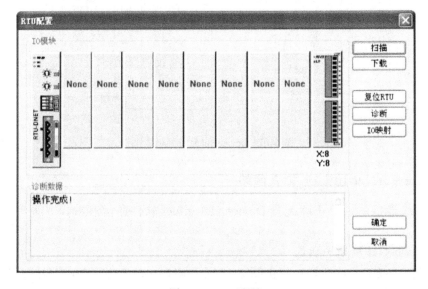

图 5-21　RTU 配置

3. DeviceNet 网络控制

控制要求：当 X0=ON 时，VFD-B 变频器运行，此时 Y0 指示灯亮；当 X1=ON 时，VFD-B 变频器停止，此时 Y0 指示灯灭。

（1）DeviceNet 从站与 PLC 元件的对应关系

DeviceNet 从站与 PLC 元件的对应关系见表 5-14。

表 5-14　DeviceNet 从站与 PLC 元件的对应关系

I/O	PLC 元件	15	14	13	12	11	10	9	8	7	6	5	4	3	2	1	0
输入数据	D6037	X7	X6	X5	X4	X3	X2	X1	X0	N/A							
	D6038	VFD-B 变频器状态								VFD-B 变频器 LED 状态						
	D6039	VFD-B 变频器设置频率															
输出数据	D6287	Y7	Y6	Y5	Y4	Y3	Y2	Y1	Y0	N/A							
	D6288	VFD-B 变频器控制字															
	D6289	VFD-B 变频器频率字															

（2）PLC 梯形图程序

根据系统控制要求编写网络控制梯形图程序如图 5-22 所示。程序说明如下：

1）由于 D 区不能按位进行操作，所以程序的开头使用 MOV 指令将 D6037 的内容与 M0 ～ M15 对应，D6038 与 M20 ～ M35 对应。当 X0=ON 时，D6037 的 bit8=1，而 D6037 的 bit8 对应 M8，所以此时 M8=ON；同理，当 X1=ON 时，M9=ON。

2）D6288 对应 VFD-B 变频器的控制字，当 M8=ON 时，执行 [MOV H2 D6288]，起动变频器；当 M9=ON 时，执行 [MOV H1 D6288]，停止变频器。

3）D6038 的 bit0 对应 M20，bit1 对应 M21。当变频器处于 RUN 状态时，D6038 的 bit0=1，则 M20=ON，执行 [MOV H0100 D6287]，Y0=ON。同理，当变频器处于 STOP 状态时，M21=ON，执行 [MOV H0000 D6287]，Y0=OFF。

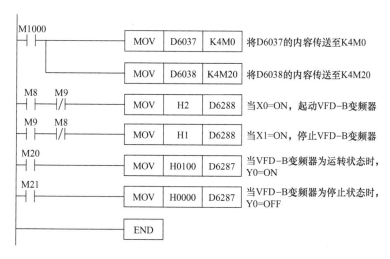

图 5-22　网络控制梯形图程序

第 6 章

工业以太网及其他控制网络

6.1 工业以太网

6.1.1 概述

工业以太网技术是指应用于工业自动化领域的以太网技术。按照国际电工委员会 SC65C 的定义，工业以太网技术分为工业以太网和实时以太网。

工业以太网是指用于工业自动化环境、符合 IEEE 802.3 标准、按照 IEEE 802.1D "媒体访问控制（MAC）网桥"规范和 IEEE 802.1Q "局域网虚拟网桥"规范，对其没有进行任何实时扩展而实现的以太网。它通过减轻以太网负荷、提高网络速度、采用交换技术和全双工通信模式、报文优先级和流量控制，以及虚拟局域网技术实现实时性。Ethernet/IP，FF HSE，Modbus/TCP，PROFINET v1 就属于这种类型。

实时以太网是指不改变 ISO/IEC 8802-3 的通信特征、相关网络组件或 IEC1158 的总体行为，但可以在一定程度上修改，使之满足实时行为，常采用实时应用层协议、优化处理数据传送和提供旁路实时通道、集中调度等技术实现实时性。EPA、Powerlink、EtherCAT、Vnet/IP、TCnet、Modbus/IDA、PROFINET v2、PROFINET v3 等属于此类。实时以太网被设计用于现场设备层或控制层与现场设备层之间的数据通信。

20 世纪 90 年代中期，随着以太网技术的发展，以太网的"不确定性"在一定程度上逐步得到解决，以往用于办公自动化的以太网开始走入工业控制领域。国际上成立了一些工业以太网组织，如：工业以太网协会、工业自动化开放网络联盟等，研究并发展工业以太网技术；一些总线组织，如：现场总线基金会、PROFIBUS 国际组织，P-NET 组织等在其低速现场总线的基础上推出了基于以太网的高速总线；国际电工委员会目前正计划与工业自动化开放网络联盟（IAONA）合作制定包含工业以太网媒体行规在内的"工业网络化系统安装导则"。工程实践表明，通过采用适当的系统设计和流量控制，以太网技术完全能够满足工业自动化领域的通信要求。目前，PLC、DCS 等多数控制设备或系统已经开始提供以太网接口，基于工业以太网的数据采集器、无纸记录仪、变送器、传感器、现场仪表及二次仪表等产品也纷纷面市。人们普遍认为：工业以太网是未来控制网络的发展趋势。

6.1.2　工业以太网的优点

工业以太网作为控制网络具有以下优点：

1）采用以太网作为控制网络，可以保证控制网络的可持续发展。由于以太网的广泛应用，人们已经对以太网技术投入了大量的人力和物力。在这信息瞬息万变的时代，企业的生存发展将在很大程度上依赖于一个快速而有效的通信管理网络，信息通信技术的发展将更加迅速，也更加成熟。如果工业控制领域采用以太网作为控制网络，将保证技术上的可持续发展，并在技术升级方面无需单独的科研投入。

2）采用以太网作为控制网络，可以得到丰富的软、硬件资源。由于以太网技术已被使用多年，其软、硬件产品多种多样。几乎所有的编程语言都支持以太网的应用开发，例如 Java、Visual C++、Visual Basic 等。因此，采用以太网作为控制网络，可以保证多种硬件产品、开发工具、开发环境供选择。

3）采用以太网作为控制网络，可以降低成本。由于以太网技术的广泛应用，它受到硬件开发与生产厂商的高度重视与广泛支持，有多种硬件产品供用户选择。目前以太网技术的硬件价格十分低廉，其中以太网控制器的价格只有 PROFIBUS、FF 等控制网络的十分之一。随着集成电路技术的发展，其价格还将进一步下降。

4）采用以太网作为控制网络，可以提高通信速率。目前以太网的最低速率是 10Mbit/s，1000Mbit/s 以太网技术已经趋于成熟，10Gbit/s 以太网也正在研究。因此，采用以太网作为控制网络，其速率比目前的现场总线快得多。

5）采用以太网作为控制网络，易于与上层网络无缝集成。上层信息网络与下层网络均采用以太网技术，就可以实现无缝集成。

另外，如果采用以太网作为控制网络，可以避免控制网络游离于计算机网络技术的发展主流之外，使控制网络和计算机网络的主流技术很好地融合起来，形成控制网络技术和一般的计算机网络技术相互促进的局面。这将意味着可以实现自动化控制领域的彻底开放，从而打破任何垄断的企图，并使自动化领域产生新的生机和活力。

6.1.3　工业以太网的通信模型

工业以太网的通信模型与 OSI 参考模型的结构比较如图 6-1 所示。

工业以太网的物理层和数据链路层采用 IEEE 802.3 规范，网络层和传输层采用 TCP/IP 协议组，应用层的一部分可以沿用普通以太网的那些互联网应用协议。这些沿用部分正是以太网的优势所在。工业以太网如果改变了这些已有的优势部分，就会丧失其在控制领域的生命力。因此工业以太网标准化的工作主要集中在 ISO/OSI 模型的应用层，需要在应用层添加与自动控制相关的应用协议。

由于历史原因，应用层必须考虑与现有的其他控制网络的连接和映射关系、网络管理、应用参

 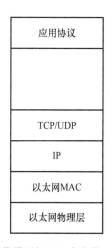

图 6-1　工业以太网的通信模型与 OSI 参考模型的结构比较

数等问题，要解决自控产品之间的互操作性问题。因此应用层标准的制定存在许多困难，目前还没有更好的解决方案。

6.2 Ethernet/IP

6.2.1 Ethernet/IP 模型

Ethernet/IP 是由 ODVA 和 Control Net International 两大国际工业组织所推出的面向工业自动化应用的工业应用层协议。

Ethernet/IP 基于标准的以太网技术，使用所有传统的以太网协议和标准的 TCP/IP 协议，并且采用了通用工业协议（Common Industrial Protocol，CIP），共同构成 Ethernet/IP 的体系结构。Ethernet/IP 协议的各层结构如图 6-2 所示。

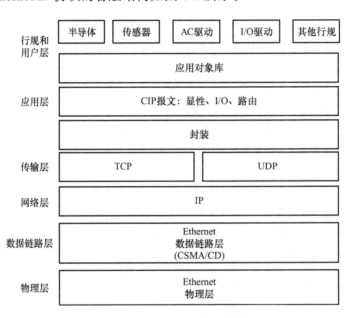

图 6-2　Ethernet/IP 的各层结构

1）在物理层和数据链路层，采用标准以太网技术意味着 Ethernet/IP 可以和现在所有的标准以太网设备透明衔接工作，并且保证了 Ethernet/IP 会随着以太网技术的发展而进一步发展。

2）在网络层和传输层，采用 UDP 协议传送对实时性要求较高的隐式报文，将 UDP 报文映射到 IP 多播传送，实现高效 I/O 交换。用 TCP 协议的流量控制和点对点特性通过 TCP 通道传输非实时性的显式报文。

3）基于标准的 TCP/IP 协议，在 TCP 或 UDP 报文的数据部分嵌入了 CIP 协议，CIP 协议是一个端到端的面向对象并提供了工业设备和高级设备之间连接的协议，独立于物理层和数据链路层，使得连接在以太网上的各种设备具有较好的一致性，从而使不同供应商的产品能够互相交互。

6.2.2　Ethernet/IP 的通信机制

采用 CIP 协议是 Ethernet/IP 的一大特色，其通信机制如下：

（1）通信模式

Ethernet/IP 采用"生产者 / 消费者"通信模式，在此种模式下，数据之间的关联是以生产者和消费者的形式提供。生产者是数据的发起者，向网络上发送数据包，数据包被分配一个指示数据内容"唯一"的标识符。消费者是数据的接收者，所有的消费者都可以通过"唯一"的标识符从网络中获取需要的数据。这样就允许网络上所有的节点同时从一个数据源存取同一数据，每个数据源节点只需要一次性地把数据发送到网络上，其他节点就可以选择性地接收这些数据，避免了浪费带宽，极大地提高了系统的通信效率。

（2）采用 CIP 报文通信

1）CIP 报文。

CIP 报文分为显示报文和隐示报文。显示报文包含解读该报文所需要的信息，用于传输对时间没有苛刻要求的数据。隐示报文用于传输对时间有苛刻要求的数据，这种报文数据的含义在通信连接建立、分配连接标识时就完成了定义，报文中只包含具体应用对象的数值，称为隐示报文。

2）面向"连接"的报文通信。

CIP 将应用对象之间的通信关系抽象为"连接"，并与之相应制定了应用对象逻辑规范，使 CIP 协议可以不依赖于某一具体网络硬件技术，用逻辑对象来定义"连接"关系。在通信开始之前必须建立起连接，获取惟一的 CID。如果连接涉及双向的数据传输，就需要分配两个 CID。针对报文传输，CIP 协议中的网络连接分为显示报文连接和隐示报文连接，分别如图 6-3 和图 6-4 所示。

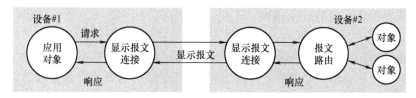

图 6-3　显示报文连接

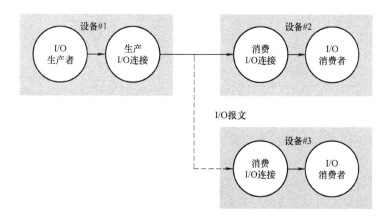

图 6-4　隐示报文连接

显示报文连接适用于传送对时间没有严格要求的非实时信息。显示报文连接使用典型的请求/应答通信模式，通常需要访问报文路由对象，每一个请求报文包含明确的显示信息。它在两个应用对象之间以点对点全双工方式传送报文，通信双方任何一方应用对象都可以根据自身的需求情况而发起和建立这种"连接"关系，非常便于应用对象之间"交互式对话"，通信过程结束后即拆除"连接"并回收资源。

隐示报文连接必须是两个设备之间的直接连接，每个连接方向上需要源地址、目标地址和连接标识，在 Ethernet/IP 网络中源地址、目标地址就是设备的 IP 地址。隐示报文连接针对传送有一定实时性要求数据的通信关系，此种"连接"必须预先使用专门的配置工具逐一对与该"连接"相关联的应用对象及整个数据链路上的各个节点进行配置，一旦"连接"建立成功，设备所需的全部通信资源都被保留，无需再对数据作任何描述。该连接实现了网络节点之间的透明数据交换，当其用于 I/O 信息传输时能够充分利用"生产者/消费者"通信模式的优势，使得数据交换过程所需的网络负载和带宽占用降到最低，传输效率和可靠性很高。

6.2.3　Ethernet/IP 网络的优势

1）基于标准以太网技术的 Ethernet/IP 能够使用户充分利用现有的以太网技术知识和网络知识，使其发挥最大的作用，获得更多的投资回报。

2）可以快速将各种复杂的设备（如 PLC、变频器等）连接在一起构建控制系统并且对设备维护方便，兼容性强，可以与不同厂商的多种设备实现即插即用和相互操作。

3）通信高效稳定，数据传输距离长，且成本低廉，可以方便地与 Internet 连接，实现控制现场的数据与信息系统上的资源共享。

Ethernet/IP 网络采用的 CIP 协议及"生产者/消费者"通信模式极大地提高了对不同厂商设备的兼容性和网络的通信效率。而基于标准的以太网技术，使得标准以太网技术本身的持续创新和成本降低等带来的优势直接体现在 Ethernet/IP 网络上，它的性能也会随着以太网其他技术如信息安全技术、高速传输技术、高速交换技术等的不断发展而进一步完善。可以预见，Ethernet/IP 网络将成为新一代工业控制网络的重要发展方向，其应用的领域和作用范围也将得到进一步扩展和深化。

6.3　EtherCAT

6.3.1　EtherCAT 总线特性

EtherCAT（以太网控制自动化技术）是一个以以太网为基础的开放架构的现场总线系统，最初由德国倍福自动化有限公司研发。EtherCAT 为系统的实时性能和拓扑的灵活性树立了新的标准，同时，它还符合甚至降低了现场总线的使用成本。EtherCAT 的特点还包括高精度设备同步、可选线缆冗余、和功能性安全协议（SIL3）。

EtherCAT 协议采用与标准以太网共享帧的方式工作。EtherCAT 总线数据帧填充到标准以太网帧的数据段部分，通过类型标识符域的十六进制数 88A4 与其他以太网帧类型相区别。这种特性使得它很容易实现与标准以太网的兼容。此外，EtherCAT 协议规定上位主机（主站）与监控分站一起构成一个封闭的环，EtherCAT 协议的工作原理如图 6-5 所示。

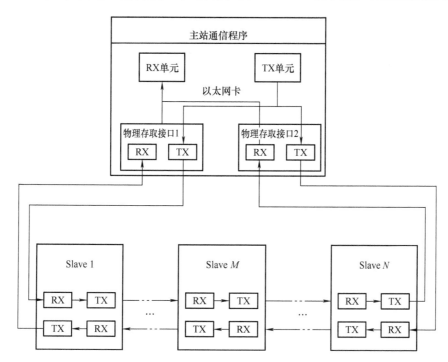

图 6-5 EtherCAT 协议的工作原理

携带从站地址的标准以太网数据帧从主站出发，逐个访问环路上的从站。由于从站接口芯片的独特结构，当数据帧到达时，从站接口芯片就会把从主站输出的数据从以太网帧的数据部分取下来，或把输入主站的数据插入以太网帧的相应数据域位置，然后再把整个以太网帧转发到下一个从站，直到最后一个从站，数据帧才返回主站处理。在此过程中无需像其他工业以太网总线协议那样对数据帧编码/解码，使得数据处理时间大大缩短，每个从站数据处理延迟仅为十几纳秒。此外，由于 EtherCAT 协议支持将连接到网络上的所有从站存储区统一分配一个唯一的逻辑地址，每个从站通过接口芯片特殊的现场存储管理单元结构实现逻辑地址到本地存储器物理地址的映射，因此可以根据监控的需要对每个EtherCAT 的数据帧做合理的规划，从而实现在一次数据帧回还过程中对多个从站、多通道数据的读取。

EtherCAT 协议因其采用特殊的硬件结构及优化的协议规范尤其适用于大容量、高实时性的现场级数据采集与监控。同时，由于 EtherCAT 协议采用独特的数据帧调度形式，一次能够传输高达 1498 个字节的数据，使得系统也适用于大量数据传输的 I/O 应用中。此外，由于采用结构化设计方法，通过修正数据字典和主站程序即可实现更多通道数的扩展，从而可以通过简单的改进应用于现场级的监测监控场合。

6.3.2 EtherCAT 系统的工作原理

在由 EtherCAT 工业以太网现场总线组成的工业控制系统中，系统的通信是由主站发起的并通过过程数据通信控制从站设备的工作状态，继而完成系统任务。这些在工业现场的 EtherCAT 从站设备可以直接接收来自工业以太网中的网络数据报文，而且还能从网络数据报文中提取出主站设备发送给各个从站设备的控制信息和命令，并且插进与自己相关的本地工业现场设备的用户信息及采集的数据，然后在本地从站设备对以太网数据帧处理完成之后，再将这个以太网数据报文传输到下一 EtherCAT 从站设备当中并重复在上一个从站设备中的操作，当这个以太网数据报文传送到最后一个工业现场设备的 EtherCAT 从站并且完成相应的操作的时候，再将这个以太网数据报文按原来的路线发送回去，最后由工业现场里第一个 EtherCAT 从站设备将这个被所有从站设备操作过的网络数据报文作为响应报文发送给自动化控制系统的主站（即控制单元）。整个通信过程中充分利用了以太网全双工处理网络数据的通信特点。

图 6-6 所示为 EtherCAT 的工作原理。整个通信过程都是在 ESC 的硬件中完成的，数据处理过程的延迟时间仅为 100～500ns（取决于物理层器件的特性），因此控制系统的通信性能完全独立于工业现场各个 EtherCAT 从站设备的控制处理器的响应时间。

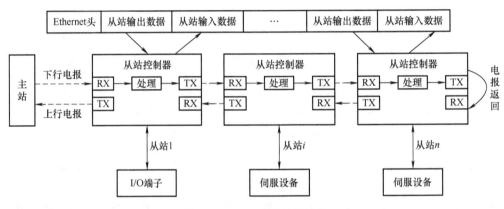

图 6-6　EtherCAT 的工作原理

6.3.3　EtherCAT 的优势

采用 EtherCAT 协议，主站无需特殊的硬件配置，仅需要一台 PC 或者嵌入式 PC，带有一个标准的以太网卡即可。EtherCAT 从站成本也相对降低，因为厂商在研发的时候所付出的通信成本是非常低廉的。在网络的基础设施方面的成本也大大降低，比如网线的采用，普通交换机即可集成到 EtherCAT 网络。此外，EtherCAT 技术支持灵活的拓扑结构的同时，它几乎支持任意的网络拓扑，这样的灵活性使得采用 EtherCAT 做系统规划时非常方便快捷。工程师的工作效率得以提高，进一步降低开发成本。因此，EtherCAT 的高性能和低成本的特点增强了客户的最终产品核心竞争力。

6.4　EPA

6.4.1　概述

EPA（Ethernet for Plant Automation，用于工业自动化的以太网）是 Ethernet、TCP/IP

等商用计算机通信领域的主流技术直接应用于工业控制现场设备间的通信技术。它将大量成熟的 IT 技术应用于工业控制系统，是一种全新的适用于工业现场设备的开放性实时以太网。

EPA 是在我国"863"高科技研究与发展计划的支持下，在国家标准化管理委员会、全国工业过程测量与控制标准化技术委员会的支持下，由浙江大学、浙江中控技术有限公司、中国科学院沈阳自动化研究所、重庆邮电大学、清华大学、大连理工大学、上海工业自动化仪表研究院、机械工业仪器仪表综合技术经济研究所、北京华控技术有限责任公司等单位联合成立的标准起草工作组，经过 3 年多的技术攻关，制定的用于工业测量和控制系统的实时以太网标准。

EPA 实时以太网是在标准以太网协议所规定的数据链路层之上增加了一个 EPA-CSME（Communication Scheduling Management Entity，通信管理实体），用于对数据报文的调度管理。它支持两种通信调度方式：非实时的通信调度和实时性通信调度。非实时的通信使用 CSMA/CD 通信机制，非实时数据直接在 DLE 层和 DLS-User 之间传输，不进行任何缓冲和处理；实时性通信使用确定性调度方式，EPA 将 DLS-User 数据根据控制时序和优先级大小传送给 DLE，然后经过 PHY 发送出去，这样避免了网络中报文的碰撞。另外，EPA 网络为了避免冲突的发生将控制网络分成了若干个由网桥相互隔离的控制区域——微网段，各微网段内通信互不干扰，不同微网段设备的通信需要通过网桥转发来实现。这使得网络中的任何报文都被严格监控，从而避免了广播风暴的产生。

目前，许多公司，比如浙大中控，已经开发了多种 EPA 产品，包括基于 EPA 的控制系统、基于 EPA 的变送器、执行器、远程分散控制站、数据采集器、现场控制器、无纸记录仪。基于 EPA 的分布式网络控制系统已在工厂得到成功应用。

6.4.2　EPA 网络体系结构

EPA 网络体系结构图如图 6-7 所示，主要由三部分组成：Ethernet、TCP/IP、应用层协议。

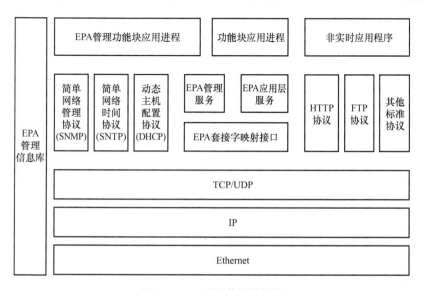

图 6-7　EPA 网络体系结构图

（1）Ethernet

底层为标准的以太网，这样就可以与目前通用的以太网设备进行互联，进而实现数据从现场级到管理、监控级的"无障碍"传输，实现真正的"E（Ethernet）网到底"。

（2）TCP/IP

第2部分包括IP协议、TCP/UDP协议、动态主机配置协议（DHCP）、简单网络时间协议（SNTP）和简单网络管理协议（SNMP）。采用这些标准协议可以在协议栈实现的过程中减少错误和工作量，从而加快协议栈的开发进度并降低开发难度和开发成本。

（3）应用层协议

应用层协议可以分为核心协议和非核心协议。核心协议包括EPA套接字映射接口、EPA管理服务和EPA应用层服务；非核心协议则包括HTTP协议、FTP协议和其他标准协议。所有的实时应用服务都通过核心协议与UDP服务和端口进行通信，而非实时应用服务则通过非核心协议与TCP服务和端口进行通信。

6.4.3 EPA的工作原理

（1）报文传递

为了实现一个EPA设备中的功能块实例与另一个EPA设备中的功能块实例之间的通信，在网络链路中必须能用它们的特性唯一地识别它们。在EPA网络中，功能块实例之间的网络链路由EPA链接对象来管理，EPA设备通信示意图如图6-8所示。

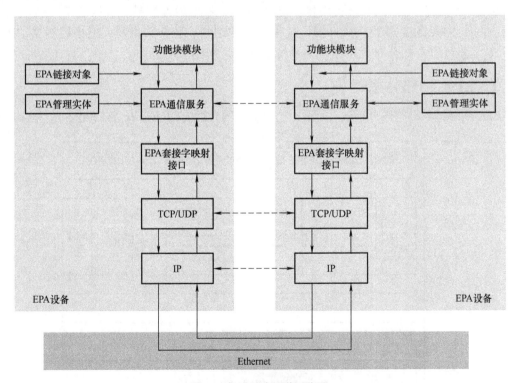

图6-8 EPA设备通信示意图

功能块通过EPA链接对象来定位数据的目的设备标识和目的设备中的功能块标识，

并将数据传送给 EPA 应用层，由 EPA 应用层的通信服务将数据传递给 EPA 套接字映射接口，再经过 TCP/UDP/IP 最终传递到以太网上，进而传递给相应的 EPA 设备中的功能块。

每个 EPA 设备中的套接字映射接口负责监听固定的 EPA 通信端口，并将接收到的报文进行相应的处理。套接字映射接口根据报文中的端口号将报文分为 EPA 管理功能块消息、EPA 应用层服务消息和其他端口消息，并将分类后的报文交给相应的功能模块处理。

（2）应用层服务

EPA 应用层服务是为用户应用进程间的数据通信提供的接口，负责在套接字映射接口和功能块进程之间传递数据。按服务类型来分，EPA 应用层服务可分为需确认的服务和无须确认的服务。需确认的服务采用 C/S 方式传输数据，由客户发出通信请求，并等待接收方的应答，以确认其发出的请求是否被正确响应；无须确认的服务主要用于发布数据和事件通知，数据发布方采用组播或广播方式向网络发送数据，而无须接收方做出是否正确接收的应答。需确认的服务主要用于可靠通信服务（如变量读、写服务），保证数据传输的可靠性；无须确认的服务主要用于传输通信实时性较高的数据，保证数据传输的实时性。

按服务目的来分，EPA 应用层服务可以分为以下 3 种：

1）变量访问服务：变量访问服务为 EPA 功能块应用进程之间提供变量的读、写和发布。

2）事件管理服务：事件管理服务是为 EPA 用户应用进程中出现的越限、故障报警等事件信息的报告而提供的一系列服务，包括事件报告、事件确认、事件条件更改等服务。

3）文件上传/下载服务：所谓文件，可以是一组数据，也可以是用户自定义程序。从数据类型上来看，它是一个或一组位串。这些文件的上传和下载可以采用 EPA 文件上传/下载服务，也可以采用 FTP 或 TFTP 等通用协议中定义的服务。

（3）管理层服务

为实现对 EPA 设备之间的相互识别和互操作，实现设备识别、对象定位、地址分配、时钟同步以及功能块调度等功能，EPA 管理层定义了以下服务：

1）设备识别：EPA 网络上的每个设备都有 3 个标识符（设备 ID、设备位号以及设备冗余号），其中设备 ID 由制造厂商在出厂时设定，而设备位号和设备冗余号可由用户组态。

2）对象定位：对 EPA 设备对象的定位，可通过设备 ID、设备位号、设备冗余号或设备 IP 地址等信息来进行。EPA 管理服务可以通过设备位号来查询某个物理设备的 IP 地址。查询报文通过单播或多播的方式在 EPA 网络上发布，接收到该报文的物理设备检查服务参数中的设备位号，如果与自己的设备位号相符，就通过响应报文返回其 IP 地址。

3）地址分配：在 EPA 网络上，EPA 设备的 IP 地址都是根据 DHCP 动态分配的。EPA 设备地址分配采用客户/服务器模式。设备在网络上启动后，由 DHCP 服务器根据设备请求，为设备动态分配 IP 地址。设备一旦从 DHCP 服务器获得 IP 地址，就可无限期使用这个地址，直到设备断电或因发生故障从 EPA 网络中消失。

4）时钟同步：在 EPA 系统中，由于要进行功能块调度，所以 EPA 设备之间要保持时钟同步。EPA 设备之间的时钟同步是根据 SNTP，由时钟服务器/客户之间的相互协调来实现的。其中 SNTP 客户向时钟服务器发送同步请求，时钟服务器负责为 SNTP 客户提供同步响应以供 SNTP 客户校准本地时钟。

5）功能块调度：一个 EPA 功能块应用进程由分布在一个或几个 EPA 设备中的功能块组成，这些功能块必须按照正确的顺序执行。根据不同的需要，EPA 功能块的调度可分为以下两种：

①按时间调度：EPA 功能块何时启动执行由事先组态好的时间调度表来决定。例如，对于周期性控制回路的各个功能块，可通过组态设定它们的执行时间。这样，只有在功能块的执行时间到的情况下，才由 EPA 管理功能块向功能块应用进程发出一个"执行时间到"事件，通知相应的功能块开始执行。

②事件触发：功能块的执行启动是由来自其他功能块的事件触发的。触发事件可能是来自于同一设备或不同设备内部的数据更新输出，也可能是同一设备内部其他功能块的执行完成事件。

6.4.4　EPA 的技术特点

（1）确定性通信

EPA 是应用于工业现场设备间通信的开放网络技术，采用分段化系统结构和确定性通信调度控制策略，解决了以太网通信的不确定性问题，使以太网、无线局域网、蓝牙等广泛应用于工业企业管理层、过程监控层网络的 COTS 技术直接应用于变送器、执行机构、远程 I/O、现场控制器等现场设备间的通信。

（2）"E"网到底

采用 EPA 网络，可以实现智能工厂中从管理层、控制层直至现场设备层等所有网络层基于以太网的信息无缝集成，用户可以在世界的任何地方通过其访问权限，直接通过常用的工具或软件（而不是专用软件）访问智能工厂中的任何一个设备，可以实现所谓的"E（Ethernet）网到底"。

（3）互操作性

为支持来自不同厂商的 EPA 设备之间的互操作性，EPA 采用 XML 扩展标记语言为 EPA 设备描述语言，规定了设备资源、功能块及其参数接口的描述方法。用户可采用 Microsoft 提供的通用 DOM 技术对 EPA 设备描述文件进行解释，而无需专用的设备描述文件编译和解释工具。

（4）开放性

EPA 标准完全兼容 IEEE 802.3、IEEE 802.1P&Q、IEEE 802.1D、IEEE 802.11、IEEE 802.15 以及 UDP/TCP/IP 等协议，支持其他以太网 / 无线局域网 / 蓝牙上的其他协议（如 FTP、HTTP、SOAP，以及 Modbus、PROFINET、Ethernet/IP 协议）报文的并行传输，可采用满足工业现场应用环境的商用通信线缆（如五类双绞线、同轴线缆、光纤等）。

（5）分层的安全策略

为了确保网络安全，EPA 标准采用分层化的网络安全管理措施。EPA 现场设备采用特定的网络安全管理功能块，对其接收到的任何报文进行访问权限、访问密码等的检测，使只有合法的报文才能得到处理，其他非法报文将直接予以丢弃，避免了非法报文的干扰。在过程监控层，EPA 网络对不同微网段进行逻辑隔离，以防止非法报文干扰 EPA 网络的正常通信，占用网络带宽资源。对于来自于互联网上的远程访问，则采用 EPA 代理服务器以及各种可用的信息网络安全管理措施，以防止远程非法访问。

（6）冗余

EPA 支持网络冗余、链路冗余和设备冗余，并规定了相应的故障检测和故障恢复措施，如设备冗余信息的发布、冗余状态的管理、备份的自动切换等。

6.5　WLAN

6.5.1　概述

无线局域网（Wireless Local Area Network，WLAN）是指在短距离范围内应用无线通信技术将设备互联，实现通信和资源共享的网络技术。它是以 IEEE 802.11 技术标准为基础，即所谓的 WIFI 网络。WLAN 可以让接入用户共享局域网内的信息，也可以通过无线广域网让接入用户共享局域网外的信息。WLAN 本质的特点是利用射频（Radio Frequency，RF）技术，使用电磁波，取代传统有线传输介质将设备与网络连接起来，从而使网络的构建和终端的移动更加灵活。

第一个 WLAN 标准 IEEE 802.11 于 1997 年 6 月颁布实施，但当时的传输速率只有 1 ~ 2 Mbit/s。随后，IEEE 委员会又开始制定新的 WLAN 标准，分别取名为 IEEE 802.11a 和 IEEE 802.11b。IEEE 802.11b 标准首先于 1999 年 9 月正式颁布，其速率为 11 Mbit/s。经过改进的 IEEE 802.11a 标准，在 2001 年年底才正式颁布，它的传输速率可达到 54 Mbit/s，是 IEEE 802.11b 标准的 5 倍。

WLAN 的真正发展是从 2003 年 3 月 Intel 第一次推出带有 WLAN 无线网卡芯片模块的迅驰处理器开始的。尽管当时的无线网络环境还非常不成熟，但是由于 Intel 的捆绑销售，加上迅驰芯片的高性能、低功耗等优点，使得许多无线网络服务商看到了商机，同时 11 Mbit/s 的接入速率在一般的小型局域网也可日常应用，于是各国的无线网络服务商开始在公共场所（如机场、宾馆、咖啡厅等）提供访问热点，实际上就是布置一些无线接入点（Access Point，AP），方便移动商务人士无线上网。

经过两年多的发展，基于 IEEE 802.11b 标准的无线网络产品和应用已经成熟，但 11 Mbit/s 的接入速率还不能满足实际网络的应用需求。

2003 年 6 月，一种兼容原来的 IEEE 802.11b 标准，可提供 54 Mbit/s 接入速率的新标准 IEEE 802.11g 在 IEEE 委员会的努力下正式发布了。目前使用最多的是 IEEE 802.11n（第四代）和 IEEE 802.11ac（第五代）标准，它们既可以工作在 2.4 GHz 频段也可以工作在 5 GHz 频段上，传输速率可达 600 Mbit/s。但严格来说只有支持 IEEE 802.11ac 的才是真正的 5G，而支持 2.4 G 和 5G 双频的路由器其实很多都是只支持第四代无线标准，也就是 IEEE 802.11n 的双频。

6.5.2　WLAN 协议模型（协议簇）

WLAN 协议模型如图 6-9 所示，重点定义了 WLAN 的物理层和数据链路层的 MAC 子层。

在 WLAN 中，物理层分为物理层会聚过程（Physical Layer Convergence Procedure，PLCP）子层和物理媒体相关（Physical Medium Dependent，PMD）子层，数据链路层分为逻辑链路控制（Logical Link Control，LLC）子层和媒介访问控制（Media Access Control，

MAC）子层，下面分别介绍一下各部分的功能。

（1）物理层

PHY 管理：与 MAC 层管理相连，上层通过该模块对 PHY 进行管理、控制。

PLCP：负责载波侦听。

PMD：物理媒体相关子层，负责传输信号的调制解调和编解码。

WLAN 物理层 PHY 定义的技术标准如图 6-10 所示。

（2）数据链路层

LLC：负责数据链路控制，包括差错控制、流量控制等（逻辑链路控制）。

MAC：负责媒体访问控制和分组拆装（媒体访问控制子层）。

MAC 管理：负责 ESS（扩展服务集）漫游、电源管理和登记过程中的关联管理（媒体访问控制子层）。

IEEE 802.11 MAC 子层的媒介访问机制主要有以下两种：

1）分布式协调功能（Distributed Coordination Function，DCF）。

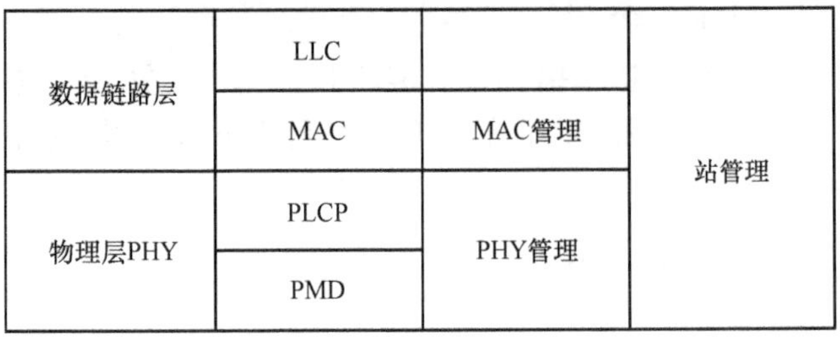

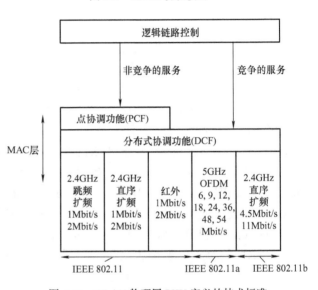

图 6-9　WLAN 协议模型

图 6-10　WLAN 物理层 PHY 定义的技术标准

DCF 是 IEEE 802.11 MAC 的基本接入方法，采用 CSMA/CA 技术，属于竞争方法。节点发送数据时，会监听信道，等待信道空闲时才能发送数据，一旦信道空闲，节点就再等待一个指定的时间 DIFS。如果在 DIFS 结束前没有监听到其他节点的发送，则计算一个随机退避时间，就相当于设置了一个退避时间计时器。节点每经历一个时隙的时间就检测一次信道：若检测到信道空闲，退避时间计时器继续计时，否则冻结退避时间计时器的剩余时间，重新等待信道变为空闲并再经过时间 DIFS 后，从剩余时间开始继续倒计时。如果退避时间计时器的时间减小到零时，就开始发送整个数据帧。

2）点协调功能（Point Coordination Function，PCF）。

PCF 提供点协调器轮询所有站点发送或者接收数据，属于无竞争方法，因此不会发生帧冲撞的情形，但只能用在某种基础架构的 WLAN 中。

（3）站管理

站管理：协调物理层和 MAC 层之间的交互作用。

6.5.3　WLAN 的工作原理和网络结构

（1）WLAN 的工作原理

WLAN 由无线网卡、接入控制器设备（Access Controller，AC）、无线接入点（Access

Point，AP）、计算机和有关设备组成。下面以无线网卡为例说明 WLAN 的工作原理。

一个无线网卡主要包括网卡（NIC）单元、扩频通信机和天线三个组成功能块。NIC 单元属于数据链路层，由它负责建立主机与物理层之间的连接。扩频通信机与物理层建立了对应关系，实现无线电信号的接收与发射。当计算机要接收信息时，扩频通信机通过网络天线接收信息，并对该信息进行处理，判断是否要发给 NIC 单元，如是则将信息帧上交给 NIC 单元，否则丢弃。如果扩频通信机发现接收到的信息有错，则通过天线发送给对方一个出错信息，通知发送端重新发送此信息帧。当计算机要发送信息时，主机先将待发送的信息传送给 NIC 单元，由 NIC 单元首先监测信道是否空闲，若空闲立即发送，否则暂不发送，并继续监测。WLAN 的工作方式与 IEEE 802.3 定义的有线网络的载体监听多路访问 / 冲突检测（CSMA/CD）工作方式很相似。

（2）WLAN 的网络结构

WLAN 使用的端口访问技术 IEEE 802.11b 标准支持两种网络结构。一种是基于 AP 的网络结构，如图 6-11 所示。所有工作站都直接与 AP 无线连接，由 AP 承担无线通信的管理及与有线网络连接的工作，是理想的低功耗工作方式。可以通过放置多个 AP 来扩展无线覆盖范围，并允许便携机在不同 AP 之间漫游，同时考虑到安全因素，AP 必须和交换机各端口进行两层隔离。交换机采用 IEEE 802.1Q 标准的 VLAN 方式。

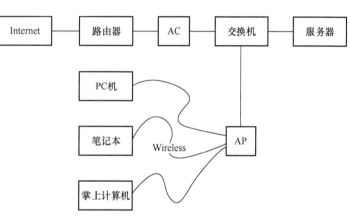

图 6-11 基于 AP 的网络结构

VLAN 对接入交换机每一端口的 AP 都必须分配一个网内唯一的 VLAN ID。另一种是基于 p2p（Peer to Peer）的网络结构，如图 6-12 所示，它用于连接 PC 或 POCKET PC，允许各台计算机在无线网络所覆盖的范围内移动并自动建立点到点的连接。目前实际应用的 WLAN 建网方案中，一般采用这种结构。

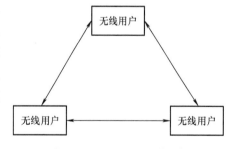

图 6-12 基于 p2p 的网络结构

6.6 WAPI

6.6.1 概述

无线局域网鉴别和保密基础结构（Wireless LAN Authentication and Privacy Infrastructure，WAPI）是我国 WLAN 安全强制性标准，是一种安全协议，最早由西安电子科技大学综合业务网理论及关键技术国家重点实验室提出。WAPI 是 WLAN 中的一种传输协议，与 IEEE 802.11 传输协议是同一领域的技术。

目前全球 WLAN 领域有两个标准，分别是美国行业标准组织提出的 IEEE 802.11 系列标准和中国提出的 WAPI 标准。WAPI 是我国首个在计算机宽带无线网络通信领域自主创新并拥有知识产权的安全接入技术标准。它已由国际标准化组织 ISO/IEC 授权的机构 IEEE Registration Authority（IEEE 注册权威机构）正式批准发布，分配了用于 WAPI 协议的以太类型字段，这也是中国在该领域唯一获得批准的协议。

WAPI 在 WIFI 国际公认有缺陷技术上进行改进修正，实现了设备的身份鉴别、链路验证、访问控制和用户信息在无线传输状态下的加密保护，并可解决各类兼容性问题，具有比 WIFI 更高的安全性。与 WIFI 的单向加密认证不同，WAPI 采用双向认证。因此，WAPI 具有较高的安全性，发展前景广阔。

6.6.2　WAPI 的工作原理

WAPI 安全系统采用公共密钥技术，认证服务器 AS 负责证书的颁发、验证与吊销等，无线客户端与无线接入点 AP 上都安装有 AS 颁发的公共密钥证书，作为自己的数字身份凭证。当无线客户端登录至无线接入点 AP 时，在访问网络之前必须通过认证服务器 AS 对双方进行身份验证。根据验证的结果，持有合法证书的移动终端才能接入持有合法证书的无线接入点 AP。

WAPI 系统工作包含两部分内容：无线局域网鉴别基础结构（WAI）鉴别及密钥管理和无线局域网保密基础结构（WPI）数据传输保护。WAI 不仅具有更加安全的鉴别机制、更加灵活的密钥管理技术，而且实现了整个基础网络的集中用户管理。从而满足更多用户和更复杂的安全性要求。WPI 对 MAC 子层的 MPDU 进行加、解密处理，分别用于 WLAN 设备的数字证书、密钥协商和传输数据的加、解密，从而实现设备的身份鉴别、链路验证、访问控制和用户信息在无线传输状态下的加密保护。

WAPI 的工作过程如图 6-13 所示。

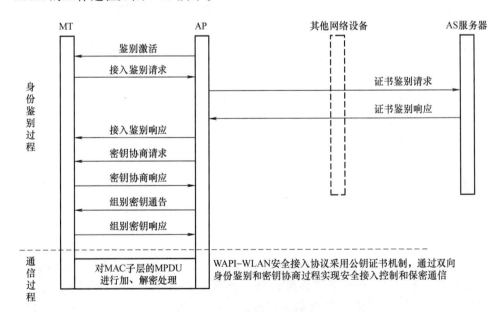

图 6-13　WAPI 的工作过程

1）鉴别激活：当移动终端 MT 登录至 AP 时，由 AP 向 MT 发送鉴别激活，以启动整个鉴别过程。

2）接入鉴别请求：MT 向 AP 发出接入鉴别请求，即将 MT 证书与 MT 当前系统时间发往 AP，其中系统时间称为接入鉴别请求时间。

3）证书鉴别请求：AP 收到 MT 接入鉴别请求后，向 AS 发出证书鉴别请求，即将 MT 证书、接入鉴别请求时间、AP 证书并利用 AP 的私钥对它们签名构成证书鉴别请求报文发送给 AS。

4）证书鉴别响应：AS 收到 AP 的证书鉴别请求后，验证 AP 的签名及 AP 和 MT 证书的合法性。验证完毕后，AS 将 MT 证书鉴别结果信息（包括 MT 证书、鉴别结果及 AS 对它们的签名）、AP 证书鉴别结果信息（包括 AP 证书、鉴别结果、接入鉴别请求时间及 AS 对它们的签名）构成证书鉴别响应报文发回给 AP。

5）接入鉴别响应：AP 对 AS 返回的证书鉴别响应进行签名验证，得到 MT 证书的鉴别结果。AP 将 MT 证书鉴别结果信息、AP 证书鉴别结果信息及 AP 对它们的签名组成接入鉴别响应报文回送至 MT。MT 验证 AS 的签名后，得到 AP 证书的鉴别结果。MT 根据该鉴别结果决定是否接入该 AP。

6）私钥验证请求：AP 和 MT 都需要确认对方是否是证书的合法持有者，私钥验证请求包含实时产生的随机数，请求对方对其签名，以验证对方是否拥有该证书的私钥。该请求可由 AP 或 MT 发起。

7）私钥验证响应：包含对私钥验证请求中随即数据的签名，提供自己是证书合法持有者的证明。

MT 与 AP 之间完成了证书鉴别过程。若鉴别成功，则 AP 允许 MT 接入，否则解除其登录。在证书双向鉴别结束后，若 AP 和 MT 可以利用合法证书的公钥进行会话密钥的协商，上述的私钥验证过程也可省略，实现密钥的集中、安全管理。

6.6.3　WAPI 技术的应用

WAPI 技术由于在信息安全方面有独特的优势，同时得力于国家工业和信息化部的大力支持，因此，WAPI 在标准化、产业化、市场化、商用化、国际化、未来化等方面取得了大规模的进展和突破，在政府、金融、运营商、教育、企业等方面具有广泛的应用前景。比如，在金融行业，银行业是安全敏感型行业，由于 WLAN 本身的实现机制，需要以电磁波为传播介质，具有空口令开放、容易受到监听等缺陷，必须采用有效的手段，建立无线安全策略。既要保留 WLAN 网络的灵活、移动特色，又要保障 WLAN 网络的安全高效。而 WEP 和 WPA、802.11i 技术除自身技术缺陷外，关键技术也受限于人，因此，WAPI 优于 WEP、WPA 和 802.11i 的 WAPI 技术成为最合适的选择。目前，全球已有 100 多家国内外厂商发布了千余款 WAPI 产品。

6.7　控制网络的比较与选择

前面介绍了多种控制网络技术，它们各有所长，在各自的应用领域都显露出自己的技术优势。在各种控制网络并存的形势下，用户不可避免地会面临对这些同类技术的比较与选择。满足应用需要与对环境的适应性，是选择、评判控制网络技术最基本的出发点。

在对控制网络的比较与选择中，对标准的遵从是不容忽视的重要问题。采用主流技术，走标准化之路，尽量遵循国际、国家标准是选择控制网络的原则之一。尽管单一现场总线的标准未能实现，但作为用户在选择数据通信与控制网络技术时，仍然应该坚持一致的通信原则，顺应世界技术发展趋势的大潮流。已成为 ISO 和 IEC 现场总线标准的总线应该说都是控制网络技术竞争中的佼佼者。它们在不同的应用领域，显示了各自的技术优势，它们属于控制网络技术的优选对象。即使不考虑技术因素，一般来说，采用主流技术的产品在性能价格比，供应商供货的成套性、持久性、产品互换性等方面也都会具有明显的优势。

从满足通信系统功能性能的技术要求考虑，对媒体的访问控制机制、通信模式、传输速率、实时时钟、时间同步准确度、执行同步准确度等都会影响到控制网络的通信性能。对有实时性要求的应用场合，应该考察通信技术的实时性。

应该特别指出的是，控制网络不单单是一个完成数据传输的通信系统，而且还是一个借助网络完成控制功能的自控系统。许多其他类型的通信系统往往只需要把数据、文件或声音从网络的一个节点传送到另一个节点就完成了其使命。而控制网络除了完成数据传输之外，往往还需要依靠所传输的数据和指令，执行某些控制计算与操作功能，需要理解数据指令的意义，并由多个网络节点协调完成自控任务。因而它需要在应用功能上满足开放系统的要求，满足互操作条件，例如开放通用的功能块结构、设备描述、位号识别、分配能力等。

控制网络应用系统的规模和控制设备所处地域的分布范围也是需要认真考虑的问题。要考察某项控制网络技术中对每个网段的最大长度、可寻址的最大节点数、可挂接的最大节点数的限制等。

在比较选择中考虑对环境适应性方面的要求时，应考察某项控制网络技术所支持的传输介质种类，是否支持介质冗余、本质安全、总线供电等。也并非各项指标越高越全才越好，关键还是适合自己的应用需要。例如石化生产企业会重视产品的本质安全防爆性能，发电厂的应用环境则无需考虑这些因素，而转向重视通信的快速性、实时性等。

参考文献

[1] 阳宪惠. 工业数据通信与控制网络 [M]. 北京：清华大学出版社，2003.

[2] 赵新秋. 工业控制网络技术 [M]. 北京：中国电力出版社，2009.

[3] 王振力. 工业控制网络 [M]. 北京：人民邮电出版社，2012.

[4] 王海. 工业控制网络 [M]. 北京：化学工业出版社，2018.

[5] 李正军，李潇然. 现场总线与工业以太网 [M]. 北京：中国电力出版社，2018.

[6] 郭琼. 现场总线技术及其应用 [M]. 北京：机械工业出版社，2021.

[7] 王永华. 现场总线技术及应用教程 [M]. 北京：机械工业出版社，2020.

[8] 陈瑞阳，席巍，宋柏青. 西门子工业自动化项目设计实践 [M]. 北京：机械工业出版社，2021.

[9] 丁刚，严辉，夏巍. 基于 CAN 总线的煤矿瓦斯报警节点系统的设计 [J]. 工矿自动化，2008（2）：63-65.

[10] 曹茂永，李亮报，程学珍. 基于 PROFIBUS 现场总线的煤矿粉尘在线监控系统研究 [J]. 山东科技大学学报（自然科学版），2007(4)：36-39.

[11] 杨更更. Modbus 软件开发实战 [M]. 北京：清华大学出版社，2021.

[12] 张辉. 嵌入式 MCGS 串口通信入门及编程实例 [M]. 北京：化学工业出版社，2021.

[13] 牛跃听. CAN 总线嵌入式开发——从入门到实践 [M]. 北京：北京航空航天大学出版社，2020.

[14] Philips Semiconductors. Data Sheet TJA1050，High Speed CAN Transceiver[Z].2000.

[15] Philips Semiconductors.Data Sheet PCA82C250，CAN Controller Interface [Z].2000.

[16] Siemens AG. SPC3 Siemens PROFIBUS Controller User Description[Z]. 2000.

[17] Siemens AG. ASPC2/HARDWARE User Description[Z]. 1997.

[18] ODVA Inc. DeviceNet Specification[Z].1999.

[19] 包振水，傅鹏. 基于 DeviceNet 的电机变频调速系统设计 [J]. 工业控制计算机，2014，27（7）：7-8.

[20] 吴超群，郜广磊，尹绪伟，等. ABB 机器人控制系统 I/O 模块扩展方法及工业应用 [J]. 机械设计与制造，2020（4）：274-277.

[21] 田学成，徐英会. 工业以太网 EtherNet/IP 协议安全分析 [J]. 信息技术与网络安全，2019，38（7）：6-13.

[22] 冯涛，王帅帅，龚翔，等. 工业以太网 EtherCAT 协议形式化安全评估及改进 [J]. 计算机研究与发展，2020，57（11）：2312-2327.

[23] 陈根，夏青，廖利平，等. 基于 EPA 实时以太网的多业务流复合传输系统设计与实现 [J]. 中国仪器仪表，2015（9）：42-45.

[24] 刘灿江，贾云涛. EPA 工业控制网络安全测试系统设计与实现 [J]. 数字技术与应用，2011（7）：126，128.

[25] 张闽，钱晨喜，陈清华 . 802.11 ax 下一代 WLAN 和 LTE 异构密集网络数据卸载方案 [J]. 小型微型计算机系统，2021，42（8）：1767-1773.

[26] GUESSOUS M, ZENKOUAR L. A NURBS-optimized dRRM solution in a mono-channel condition for IEEE 802.11 entreprise Wlan networks[J]. International Journal of Electrical and Computer Engineering, 2020, 10(4): 4189-4207.

[27] 苏洪雨 . 无线安全标准"WAPI"的分析与应用 [J]. 信息与电脑，2015（24）：112-114.